U0807805

# 鄂尔多斯盆地奥陶系岩溶储集体特征及改造

李克智　张永春　李月丽　唐明远　编著

中国石化出版社

**图书在版编目(CIP)数据**

鄂尔多斯盆地奥陶系岩溶储集体特征及改造/李克智等编著
.—北京：中国石化出版社，2022.3
ISBN 978-7-5114-6604-4

Ⅰ.①鄂… Ⅱ.①李… Ⅲ.①鄂尔多斯盆地-奥陶纪-碳酸盐岩-气藏-储集层特征 Ⅳ.①P618.130.2

中国版本图书馆CIP数据核字(2022)第039034号

未经本社书面授权，本书任何部分不得被复制、抄袭，或者以任何形式或任何方式传播。版权所有，侵权必究。

**中国石化出版社出版发行**
地址：北京市东城区安定门外大街58号
邮编：100011 电话：(010)57512500
发行部电话：(010)57512575
http://www.sinopec-press.com
E-mail:press@sinopec.com
北京力信诚印刷有限公司印刷
全国各地新华书店经销
*
787×1092毫米 16开本 14印张 244千字
2022年4月第1版 2022年4月第1次印刷
定价:68.00元

# 前　言

鄂尔多斯盆地海相碳酸盐岩的油气资源量巨大，具有广泛的勘探开发前景。但由于碳酸盐岩储层具有很强的非均质性、低孔、超低渗特征，需要进行压裂酸化等增产措施才能新建产能和准确评价储层。

鄂尔多斯盆地大牛地气田下古生界奥陶系是强非均质性含膏碳酸盐岩气藏的典型代表。储层类型多样，包括洞穴型、孔隙型、裂缝－孔洞型等。溶蚀孔、缝、洞在层内和层间构成不同规模的储集空间组合，分布不均，导致非均质性强，酸压改造难度大，压后效果参差不齐。经过国家“十二五”示范工程、国家“十三五”科技重大专项攻关，逐步形成了适合不同类型储层的酸压工艺技术。

本书立足大牛地气田下古生界碳酸盐岩储层开发和矿场试验，并结合以油气藏为中心的地质－地球化学、地质力学等综合研究，从地质－工程一体化的理念出发，较为全面地阐述了大牛地气田碳酸盐岩储层改造理论成果和成功经验。全书第一章详细阐述了研究区奥陶系碳酸盐岩储层的沉积相标志、沉积体系、纵向沉积演化，以及马一段至马五段的沉积展布规律；第二章通过对研究区奥陶系白云岩化作用、破裂作用、岩溶作用和胶结作用的特征和成因分析，探讨了成岩改造对储层发育的影响；第三章通过储层基本特征分析，划分了储层类型，明确了储层发育的主控因素，以及优质储层的分布；第四章到第十章分别从储层工程地质特征、不同类型碳酸盐岩储层酸压裂缝延伸机理及针对性改造技术、酸压入井材料、酸压返排制度和矿场试验典型井案例等方面，详细讲述了不同岩溶储集体针对性酸压工艺技术现场实践及效果。

本书由中国石油化工股份有限公司华北油气分公司组织编写。全书共十章，各章编撰工作分工如下：前言由李月丽和唐明远编写，第一章由崔梦迪编写，第二章由崔璐编写，第三章由唐明远编写，第四章由李晓明编写，第五章由李嘉瑞编写，第六章由李月丽编写，第七章由蒋艳芳编写，第八章由姚昌宇编写，第九章、第十章由李凌川编写，全书由李克智、张永春通稿。

中国石油化工股份有限公司华北油气分公司总地质师何发岐在碳酸盐岩体积酸压理念的确立和实践中，多次给予指导并亲自推动，有力地促进了体积酸压理念和技术的快速发展。本书在编写过程中，中国石化出版社对本书进行了详细的审查和修改，谨向他们表示衷心的感谢和诚挚的敬意。

由于笔者水平所限，如有疏漏和不妥之处，敬请读者提出宝贵意见。

# 目　　录

# 第一章　碳酸盐岩储层沉积特征

## 第一节　沉积背景

奥陶纪，鄂尔多斯地台东部翘起、西部倾伏，南邻秦祁海槽，北接兴蒙海槽，西被贺兰和陕豫晋拗拉谷夹持，构造简单、沉积稳定、地层平缓。早奥陶世，东部形成华北海域，西部形成祁连海域。整个华北台地处于陆表海沉积环境，与东部广海及西南部水体的交换严重受限。古气候干燥炎热，蒸发作用强烈而降水少，地台内海水的补给量远远小于蒸发量，在强烈的蒸发潮坪沉积环境中，局部区域形成盐度很高的膏盐湖。中奥陶世，南部祁连海槽向阿拉善地块俯冲，整个华北陆块向上抬升。奥陶纪末期，受加里东地壳运动影响，华北地块整体抬升，经历1.5亿年的物理和化学的风化淋滤作用，使上奥陶统、志留系、泥盆系及中、下石炭统遭受长期的侵蚀作用(缺失马六段)，马家沟组白云岩经过表生大气淡水岩溶期形成岩溶风化壳，为后期气藏的形成提供良好的地质条件(郭彦如等，2012；朱筱敏等，2013；吴冬等，2015；付金华等，2017；龙文骏，2017；李凯，2018；苗胜东，2018；上官于谦，2018；牛童，2019)。马家沟各期沉积环境和沉积相存在差异(冯增昭和鲍志东，1999；付金华，2012；白晓亮，2016；包洪平等，2017；魏新善等，2017；于洲等，2018；付斯一等，2019；郭艳琴等，2019；吴伟涛等，2019；王果等，2019；雷涛等，2020)。

马一段沉积期鄂尔多斯盆地发育4个云坪，即西部云坪、中部云坪、南部云坪和东部云坪，这4个云坪彼此相连，根据石盐含量确定多个盐湖和含盐湖，根据石膏含量确定多个膏湖，最后把云坪和各种膏、盐湖以外的海域确定为西部开阔海、东部开阔海和南部开阔海(冯增昭和鲍志东，1999)(图1－1－1)。

在马二段沉积期有3个陆地，即阿拉善陆、伊盟陆和庆阳陆；有1个环陆云坪，环庆阳陆分布；有3个滩，即桌子山灰泥颗粒滩、青龙山灰泥颗粒滩和陇县灰泥颗粒滩；有1个准滩，即岐山灰泥颗粒准滩；有3个雏滩，即偏关亮晶颗粒雏滩、布a井亮晶颗粒雏滩和耀参a井亮晶颗粒雏滩；有3个开阔海，即西部开阔海、南部开阔海和东部开阔海；开阔海的范围比马一期大(冯增昭和鲍志东，1999)，西部开阔海和南部开阔海与深水的祁连海槽和秦岭海槽相连。马二期岩相古地理格局与马一期相比发生了很大的变化，主要是陆地面积变小，云坪面积变小，开阔海面积变大，各种滩相发育(图1－1－1)。

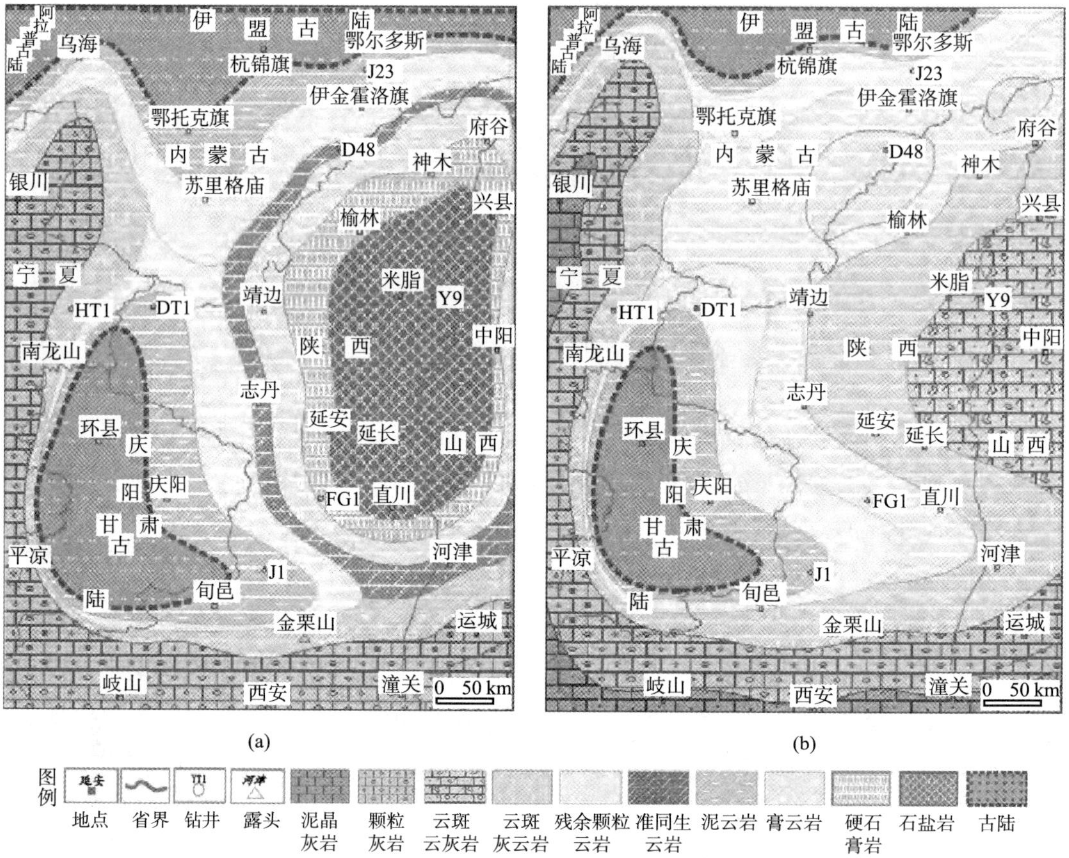


图 1-1-1　鄂尔多斯盆地马一段(a)和马二段(b)岩相古地理(据王起琮等，2018)

在马三段沉积期有 3 个陆地，即阿拉善陆、伊盟陆和庆阳陆；有 3 个云坪，即环陆云坪、中部云坪、东南部云坪；有 1 个膏湖、2 个含膏湖和 1 个盐湖，即榆 a 井膏湖、中部含膏湖、召探 a 井含膏湖和米脂盐湖；有 3 个灰泥滩，即桌子山灰泥颗粒滩、李 a 井灰泥颗粒滩和陇县灰泥颗粒滩；有 2 个准滩，即布 a 井灰泥颗粒准滩和青龙山灰泥颗粒准滩；有 1 个雏滩，即鄂 f 井亮晶颗粒雏滩；有 2 个开阔海，即西部开阔海和南部开阔海，二者均为继承性开阔海(冯增昭和鲍志东，1999)。马家沟二期时的东部开阔海，至马三期演化为云坪，说明马三期为海退期。马三期古地理格局与马二期的相比，发生了很大的变化。马三期云坪和膏盐湖发育，这与马一期十分相似，但陆地面积比马一期小(图 1-1-2)。

在马四段沉积期阿拉善陆和庆阳陆依旧出露；有 2 个云坪，即环庆阳陆云坪和淳探 a 井云坪；有 1 个滩，即陇县灰泥颗粒滩；有 1 个准滩，即鄂 f 井亮晶颗粒准滩。有 3 个雏滩，即桌子山、富探 a 井和任 d 井雏滩；有 3 个开阔海，即西部开阔海、南部开阔海和中东部开阔海(冯增昭和鲍志东，1999)。马四期岩相古地理具有以下几个特点：①陆地面积小，在鄂尔多斯地区奥陶纪各期中，马四期是陆地面积最小的时期；②相应地，在鄂尔多斯地区奥陶纪各期中，马四期是开阔海面积最大的时期；③云坪面积甚小；④无膏湖和盐湖；⑤滩尚发育(图 1-1-2)。

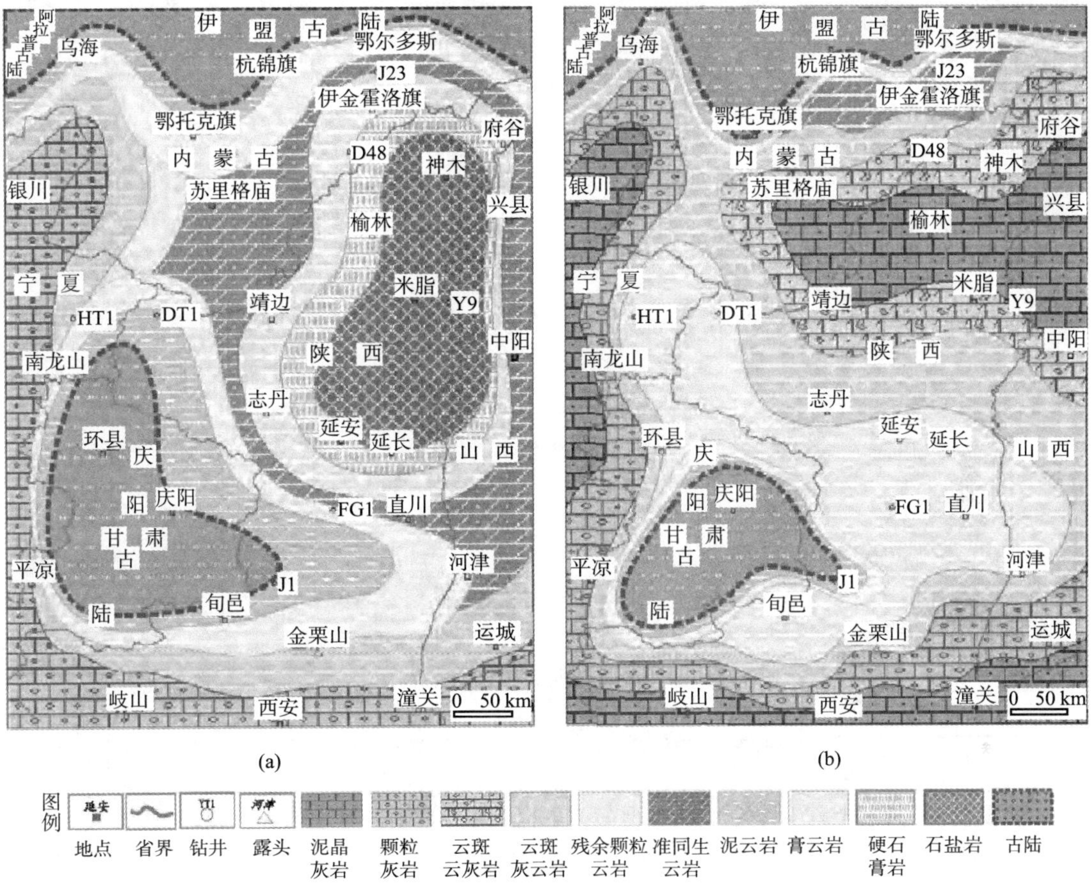


图 1－1－2 鄂尔多斯盆地马三段(a)和马四段(b)下部岩相古地理(据王起琮等，2018)

在马五段沉积期有 3 个陆地，即阿拉善陆、伊盟陆和庆阳陆。有 3 个云坪，即环陆云坪、北部云坪和东部云坪；有 2 个膏湖，即米脂膏湖和临汾膏湖；有 2 个滩，即李 a 井灰泥颗粒滩和陇县灰泥颗粒滩；有 2 个雏滩，即桌子山灰泥颗粒雏滩和鄂 f 井灰泥颗粒雏滩；有 2 个开阔海，即南部开阔海和西部开阔海，均为继承性海域；有 1 个局限海，即北部局限海(冯增昭和鲍志东，1999)。马五期又是一个陆地面积较大、云坪广布和膏盐湖发育的时期，显然又是一个海退期(图 1－1－3)。

在马六段沉积期有 1 个陆地，即庆阳陆；有 3 个滩，即天 a 井亮晶颗粒滩、李 a 井灰泥颗粒滩、陇县灰泥颗粒滩；有 2 个准滩，即蒲 a 井亮晶颗粒准滩和耀参 a 井灰泥颗粒准滩；有 2 个雏滩，即桌子山灰泥颗粒雏滩和环 ad 井灰泥颗粒雏滩；有 3 个开阔海即西部开阔海、中东部开阔海和南部开阔海。马六期开阔海广布，古地理格局与马四期的相似(冯增昭和鲍志东，1999)。

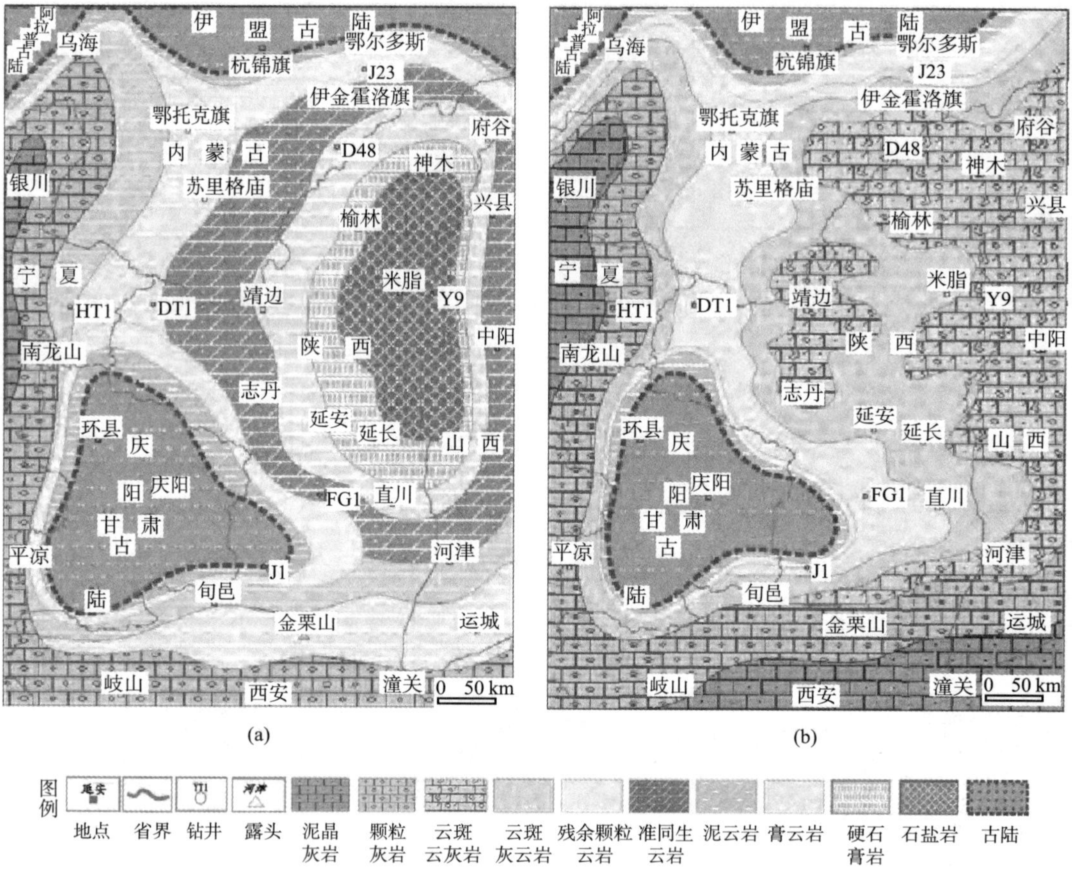


图 1-1-3　鄂尔多斯盆地马五 6-10 亚段(a)和马五 5 亚段(b)岩相古地理(据王起琮等，2018)

# 第二节　岩相识别与沉积相标志

## 一、岩相识别

通过对马家沟组 20 口关键井取心观察发现，大牛地井区马家沟组以白云岩为主要岩性，灰岩其次，泥岩、膏岩、盐岩局部发育。这 5 种主要岩性相互组合，形成 5 大类主要岩相类型，包括 15 类岩相，即泥晶 - 微晶白云岩、细晶 - 粉晶白云岩、颗粒白云岩、鲕粒白云岩、泥晶 - 微晶灰岩、颗粒灰岩、膏岩、盐岩、云质灰岩、灰质云岩、含膏白云岩、含盐白云岩、泥质白云岩、含膏灰岩和泥质灰岩等(表 1-2-1)。其中，包括 4 类白云岩岩相，2 类灰岩岩相、1 类膏岩岩相、1 类盐岩岩相和 7 类过渡岩相。

这 15 类主要岩相中有 3 类为基础岩相，即普遍存在于马家沟组的岩相，包括泥晶 - 微晶白云岩相、细晶 - 粉晶白云岩相和泥晶 - 微晶灰岩相。

**表 1-2-1　大牛地井区马家沟组主要岩相类型**

| 岩性岩相 | | 典型取心井(分布层段) | 指示意义 |
|---|---|---|---|
| 白云岩 | 泥晶-微晶白云岩 | Dabb 井(马三段)、Dabd 井(马五 6 亚段)、Dha 井(马五 7 亚段) | 基础岩相，广泛发育 |
| | 细晶-粉晶白云岩 | Da-eco 井(马五 5 亚段)、Ddh 井(马五 5 亚段)、Dkb 井(马五 5 亚段) | |
| | 颗粒白云岩 | Dabf 井(马二段)、Dabc 井(马三段) | 高能动荡环境 |
| | 鲕粒白云岩 | Dabc 井(马三段)、Dabf 井(马五 6 亚段) | |
| 灰岩 | 泥晶-微晶灰岩 | Dcg 井(马五 5 亚段)、Dkb 井(马五 5 亚段)、Dfg 井(马四段) | 基础岩相，广泛发育 |
| | 颗粒灰岩 | Deo 井(马四段)、Dabc 井(马四段)、Dhh 井(马五 5 亚段) | 高能动荡环境 |
| 膏岩 | 膏岩 | Dabf 井(马一段)、Dabb 井(马三段) | 蒸发环境 |
| 盐岩 | 盐岩 | Dabf 井(马二段) | |
| 过渡岩 | 云质灰岩 | Dabc 井(马四段)、Dcg 井(马五 5 亚段)、Daoa 井(马五 5 亚段) | 开阔-局限过渡环境 |
| | 灰质云岩 | Ddh 井(马五 5 亚段)、Dbk 井(马五 5 亚段) | |
| | 含膏白云岩 | Dcg 井(马一段) | 动荡且蒸发强烈环境 |
| | 含盐白云岩 | Dcg 井(马一段)、Dabf 井(马二段) | |
| | 泥质白云岩 | Ed 井(马二段)、Dabf 井(马二段)、Dcg 井(马二段) | |
| | 含膏灰岩 | Dabb 井(马四段)、Dabc 井(马四段)、Ddh 井(马五 5 亚段) | |
| | 泥质灰岩 | Dabb 井(马四段)、Deo 井(马五 5 亚段)、Dhh 井(马五 5 亚段) | |

(a)PGbg井,马五5亚段,2987.1m

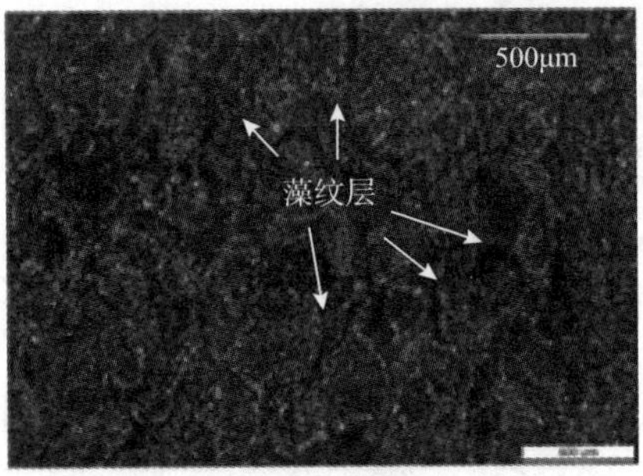


(b)Dabd井,马五6亚段,3115m

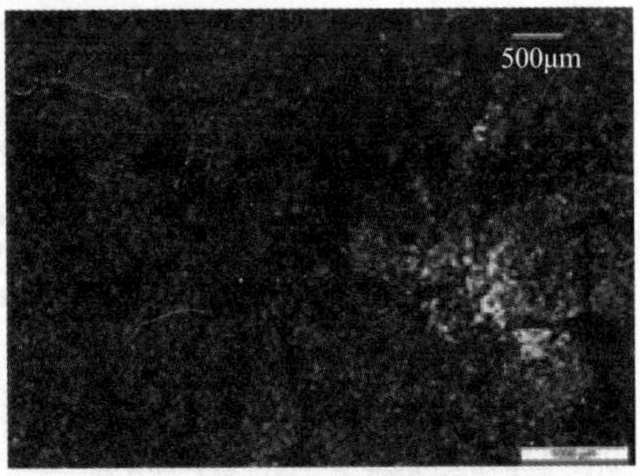


(c)Dabc井,马五6亚段,3291.18m

图 1-2-1　大牛地井区马家沟组泥晶-微晶白云岩相岩石学特征

## 1. 泥晶-微晶白云岩相

泥晶-微晶白云岩相分布于马三段、马五 6 亚段和马五 7 亚段等多个地层(表 1-2-1)，主要包括泥晶白云岩、泥微晶白云岩、泥微晶灰云岩等。镜下观察泥晶－微晶白云岩颗粒直径＜30μm，藻纹层发育。岩心观察常见纹层状构造、波状构造，有时纹层会发生形变，泥晶－微晶灰云岩中可见参与纹层和灰化交代结构，岩石呈灰、云过渡类型（图1－2－1）。泥晶－微晶白云岩也会和泥质白云岩伴生，并发育针状石膏晶型。X衍射数据显示，泥晶－微晶白云岩的白云石有序度比细晶－粉晶白云岩的白云石有序度更低，反映了其结晶程度的不足，其晶间孔相对不发育。

### 2. 细晶－粉晶白云岩相

细晶－粉晶白云岩相沉积构造多为块状，灰色或灰黄色。镜下常单独出现，亦可出现在缝合线中，与黏土质伴生。其晶粒直径为30～100μm，个别晶粒可达200μm，较泥晶－微晶白云石晶粒粗，为自形－半自形晶粒结构，较泥晶－微晶白云石晶粒自形程度好（图1－2－2），说明细晶－粉晶白云岩形成时间晚于泥晶－微晶白云岩。细晶－粉晶白云石颗粒大小相对均匀，说明白云石化流体流经灰岩时，灰岩整体渗透性较好，白云石交代作用比较充分。在马五6亚段、马五7亚段等地层中发育的细晶－粉晶白云岩可能与早期形成的微晶－泥晶白云岩重结晶作用有关。马五5亚段灰岩中亦可见细晶－粉晶白云岩（表1－2－1），通过对其Fe、Mn等主微量元素分析，以及对薄片进行阴极发光分析，认为马五5亚段灰岩中分布的粉晶白云石与准同生期回流渗透白云石化作用有关。细晶－粉晶白云石晶间孔及晶间溶孔极为发育，溶孔发育可能为后期作用的结果，也可见晶间孔和晶间溶孔被方解石胶结、全充填现象。

(a)Dkb井,马五5亚段,2988.11m

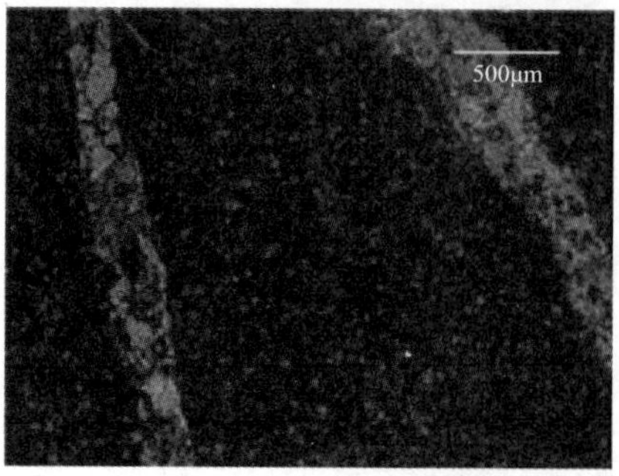


(b)Dkb井,马五5亚段,2971.05m

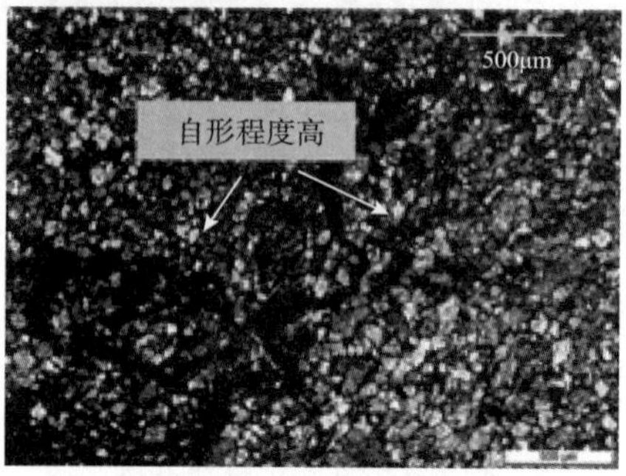


(c)Dha井,马五7亚段,2844.49m

图1－2－2　大牛地井区马家沟组细晶－粉晶白云岩相岩石学特征

### 3. 泥晶－微晶灰岩相

泥晶－微晶灰岩相特征明显。岩心深灰色或灰黑色为主，多发育高角度斜交缝，缝面未充填或半充填。薄片视域内几乎全部都是较纯的泥晶灰岩，茜素红染色为红色，一些样品可见零星分布的粉晶或微晶白云石，不染色(图1－2－3)。泥晶－微晶灰岩主要发育在马五5亚段(表1－2－1)，多口取心井均揭示该岩相，在马四段常为基质存在，和灰岩颗粒或细晶－粉晶白云岩共生。泥晶－微晶灰岩反映沉积水动力较小的、能量较弱的环境，局部可见含膏质的泥晶－微晶灰岩(即含膏灰岩)，膏质假晶被亮晶方解石交代。

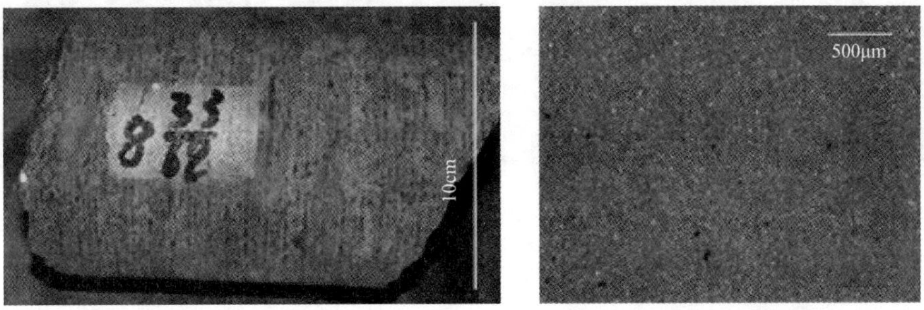


(a)Dfg井,马四段,3150.01m　　(b)Dcg井,马五5亚段,2924.92m

图1－2－3　大牛地井区马家沟组泥晶－微晶灰岩相岩石学特征

大牛地井区马家沟组广泛分布白云质灰岩相和灰质白云岩相，二者实际上是作为基础岩相的泥晶－微晶白云岩、泥晶－微晶灰岩和细晶－粉晶白云岩的混合，指示了过渡的沉积环境。

除了广泛发育的基础岩相，这15类主要岩相中还有10类为环境指示岩相，即可以指示原始沉积环境的岩相，包括鲕粒白云岩相、颗粒白云岩相、颗粒灰岩相、含膏白云岩相及膏岩相、含盐白云岩相及盐岩相、泥质白云岩相和泥质灰岩相。

### 4. 鲕粒白云岩相

大牛地井区马家沟组鲕粒白云岩相特征明显，薄片鉴定清晰，以正常鲕(真鲕)为主，偶见放射鲕(图1－2－4)。鲕粒中央为泥晶白云石，不染色，常被亮晶白云石和泥晶－微晶白云石包裹，可见沿鲕粒同心层溶蚀的孔隙被方解石充填现象，方解石染色。现有资料揭示Dabc井和Dabf井的马五6亚段和马三段发育鲕粒白云岩相，反映了相对较强的水动力环境。

### 5. 颗粒白云岩相

颗粒白云岩形成于水动力高能量与低能量之间的过渡区，由异地搬运来的高能量形成的颗粒与低能量的平静环境沉积的泥晶－微晶混合形成颗粒灰岩，经由准同生白云石化作用形成。颗粒类型多样，包括生物碎屑(生屑)、内碎屑(砂屑)等(图1－2－4)，颗粒无圈层结构，薄片下可见砂屑磨圆、分选均较好。

①Dabc井，马三段，3591.75m　①Dabf井，马二段，3319.18m　①Dcg井，马四段，3048.38m

②Dabc井，马三段，3592.29m　②Dabf井，马二段，3324.02m　②Dcg井，马四段，3048.38m

(a)鲕粒白云岩　(b)颗粒白云岩　(c)颗粒灰岩

图1-2-4　大牛地井区马家沟组鲕粒白云岩相、颗粒白云岩相和颗粒灰岩相岩石学特征

## 6. 颗粒灰岩相

该岩相主要分布于马五5亚段和马四段，分布较广，多口取心井均钻遇。颗粒常见砂屑和生物碎屑(图1-2-4)，泥晶基质则为较弱水动力环境条件下沉积形成的，总体反映较强水动力条件下形成的颗粒落入低能环境沉积的过程。

## 7. 含膏白云岩相和膏岩相

含膏白云岩相和膏岩相往往伴生，以膏质含量多少来区分，膏质含量少的为含膏白云岩，膏质含量多的为膏岩。含膏白云岩相以泥晶-微晶结构为主，也可见鲕粒结构(图1-2-5)。白云石呈非平面它形晶，白云石晶粒直径通常在5~20μm。石膏形态主要为结核状和板条状，后期由于岩溶改造作用，石膏被完全溶蚀或被方解石交代，而后又被方解石全充填或半充填，呈现高级干涉色(图1-2-5)。含膏白云岩是马一段、马二段、马三段、马五10亚段和马五6亚段主要的岩石类型，也是研究区主要的储层类型。在马五1~4亚段，强烈的岩溶作用与白云石中大量分布的膏岩密切相关，大气淡水淋滤岩层，使岩石中的石膏消融，岩石结构遭受破坏，不断垮塌。

## 8. 含盐白云岩相和盐岩相

含盐白云岩相和盐岩相往往伴生，以盐质含量多少区分，盐质含量少的为含盐白云岩，盐质含量多的为盐岩。含盐白云岩相多分布于马二段和马三段。在蒸发环境中，盐类的沉淀最为困难，难于碳酸盐和膏类。受钻井液等影响，岩心柱外壁的盐类已经被溶解(图1-2-5)，形成较好的储集空间，但其溶蚀时间和原因有待进一步查明。

### 9. 泥质白云岩相

泥质白云岩相主要分布于马五 6 亚段、马二段和马三段，其特征是黏土质含量较高。岩心观察常见黏土质纹层和白云岩层互层现象，纹层平直或变形，镜下可见灰色、褐色和深棕色黏土(图 1－2－5)。该类岩相的出现代表了临近陆源碎屑，同时蒸发量较大的沉积环境。

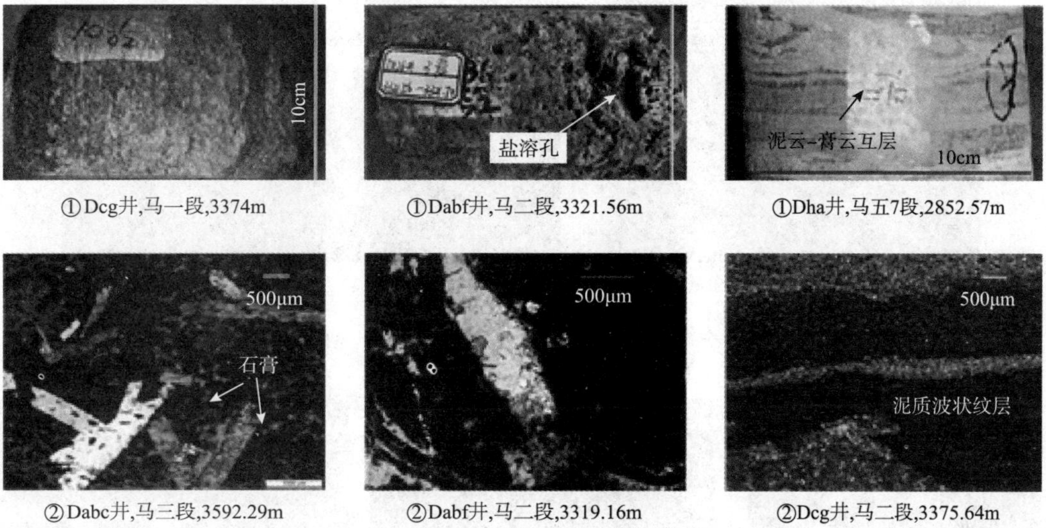


(a)含膏白云岩→蒸发台地　(b)含盐白云岩→蒸发台地　(c)泥质白云岩→陆源碎屑影响

图 1－2－5　大牛地井区马家沟组含膏白云岩相、含盐白云岩相和泥质白云岩相岩石学特征

### 10. 泥质灰岩相

泥质灰岩相分布较局限，主要分布于马四段和马五 5 亚段，其特征是黏土质含量高，GR 值上升。部分学者认为研究区不发育泥质灰岩，但 GR 数值起伏变化揭示了泥质灰岩存在的可能性。岩心观察常见黏土质纹层和灰岩层互层现象，纹层平直或变形，镜下可见灰色、褐色和深棕色黏土。该类岩相的出现代表了临近陆源碎屑，同时海平面相对较高的沉积环境。

### 11. 含膏灰岩相

含膏灰岩总体不发育，部分层段局部位置可见。膏质的形成受到上覆含膏白云岩影响。

### 12. 膏岩(硫酸岩)相

以含白色硬石膏条带或团块的泥灰－褐灰色粉晶白云岩等为主要岩性，石膏含量可大于 15%。膏湖所含的石膏岩主要为同生期或准同生期产物。灰色膏岩、含膏白云岩为主要岩性(图 1－2－6)。

另外，还有一些相对少见的岩相类型，例如角砾状灰岩相和角砾状白云岩相、砾屑白云岩相等。虽然少见，但这些岩相仍然具有明显的地质特征，揭示了一定的储层成因类型。砾屑白云岩相岩心观察可见竹叶状构造，反映了沉积时较强的水动力条件，镜下可见泥砾“漂浮”于白云石之上，泥砾长度0.8~2.5mm。角砾状灰岩相和角砾状白云岩相成因与岩溶作用有关。马五5亚段和马五6亚段岩溶改造层位，除可通过岩心观察到宏观岩溶网状缝外，还可通过镜下观察到微岩溶特征；即便是岩心观察不到明显岩溶作用的区域，镜下依然可见裂纹镶嵌特征，揭示了马五5~6亚段岩溶角砾的储集性能(图1-2-7)。

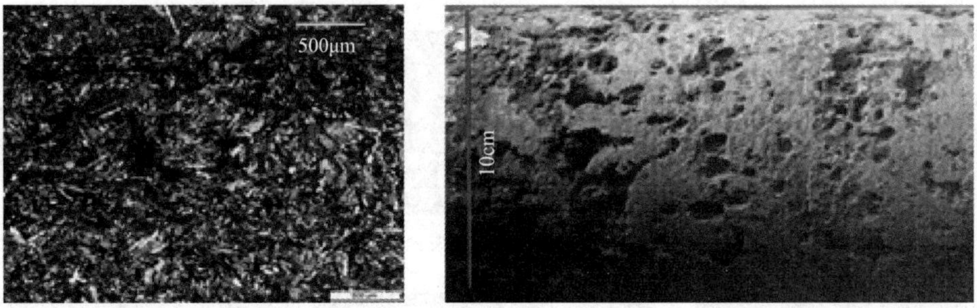


(a)Dabc井，马三段，3591.81m，膏岩　　(b)Eh井，马二段，3297.39m，含盐白云岩

图1-2-6　大牛地井区奥陶系马家沟组膏湖和盐湖岩石学特征

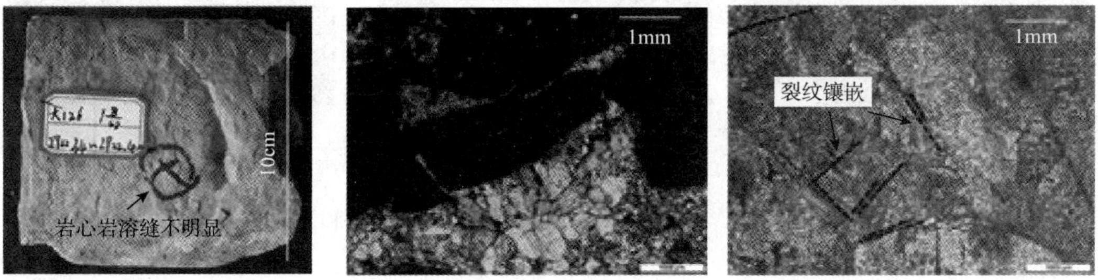


(a)Dabf井,马五6亚段,2922.35m　　(b)Dfe井，马五5亚段，2853.86m，角砾状灰岩　　(c)Dabf井，马五6亚段，2922.35m，角砾状白云岩

图1-2-7　大牛地井区马家沟组角砾状灰岩相和角砾状白云岩相岩石学特征

### 13. 角砾状白云岩相

角砾状白云岩相的描述主要基于白云石集合体间的相互关系而非成分或沉积成因。马五6亚段的角砾状白云岩形成和演化与亚段内部的岩溶作用密切相关。受岩溶影响，白云岩体被切割，但角砾位移不明显或就近堆积，角砾次棱状居多，部分被溶蚀呈现次圆状，但碎裂的角砾基本都可拼回原位，角砾间为方解石胶结，方解石晶型较好，晶体较大，反映晚期成因。角砾状白云岩多见于马五1亚段至马五4亚段，马五5亚段不甚发育。

### 14. 角砾状灰岩相

与角砾状白云岩相类似，其描述主要基于方解石集合体间的相互关系而非成分或沉积成因。角砾状灰岩主要分布于马五5亚段，其形成与马五5亚段内部的岩溶作用密切相关。受岩溶影响，方解石集合体被切割，但角砾位移不明显或就近堆积，角砾次棱状居多，部分被溶蚀呈现次圆状，但碎裂的角砾基本都可拼回原位，角砾间为方解石胶结，方解石晶型较好，晶体较大，可达粗晶级别(图1-2-7)，反映晚期成因。与角砾状白云岩相比，角砾状灰岩在整个马家沟组地层中分布局限，这与马家沟组白云岩含量总体更高的特征一致。

## 二、沉积相标志

沉积相标志是用来识别古代沉积体的重要依据，一般包括：岩石的类型(成分)和结构、岩石的矿物标志、岩石的沉积构造、古生物(生物化石)、岩石的地球化学参数、岩石相序、岩石的测井响应和岩石的地震反射响应等。在缺乏沉积相解释的地震资料的情况下，依靠岩石类型、岩相组合和测井响应来识别沉积相。

沉积相标志包括沉积相标志、沉积亚相标志和沉积微相标志，前人已经对鄂尔多斯盆地(包括大牛地井区)沉积相进行深入研究，认为发育碳酸盐岩台地相(赵文智等，2015；张晓涛等，2016)，台地包括蒸发台地、局限台地、开阔台地、台缘颗粒滩、台缘生物礁、斜坡、陆棚等多个亚相类型。从大牛地井区位于鄂尔多斯盆地的位置来看，马家沟组应发育蒸发台地、局限台地和开阔台地中的一种或多种。结合上述岩相归类和描述，认为马一段至马三段发育蒸发台地亚相，马四段发育开阔台地亚相，马五段发育局限台地亚相(图 1－2－8)。

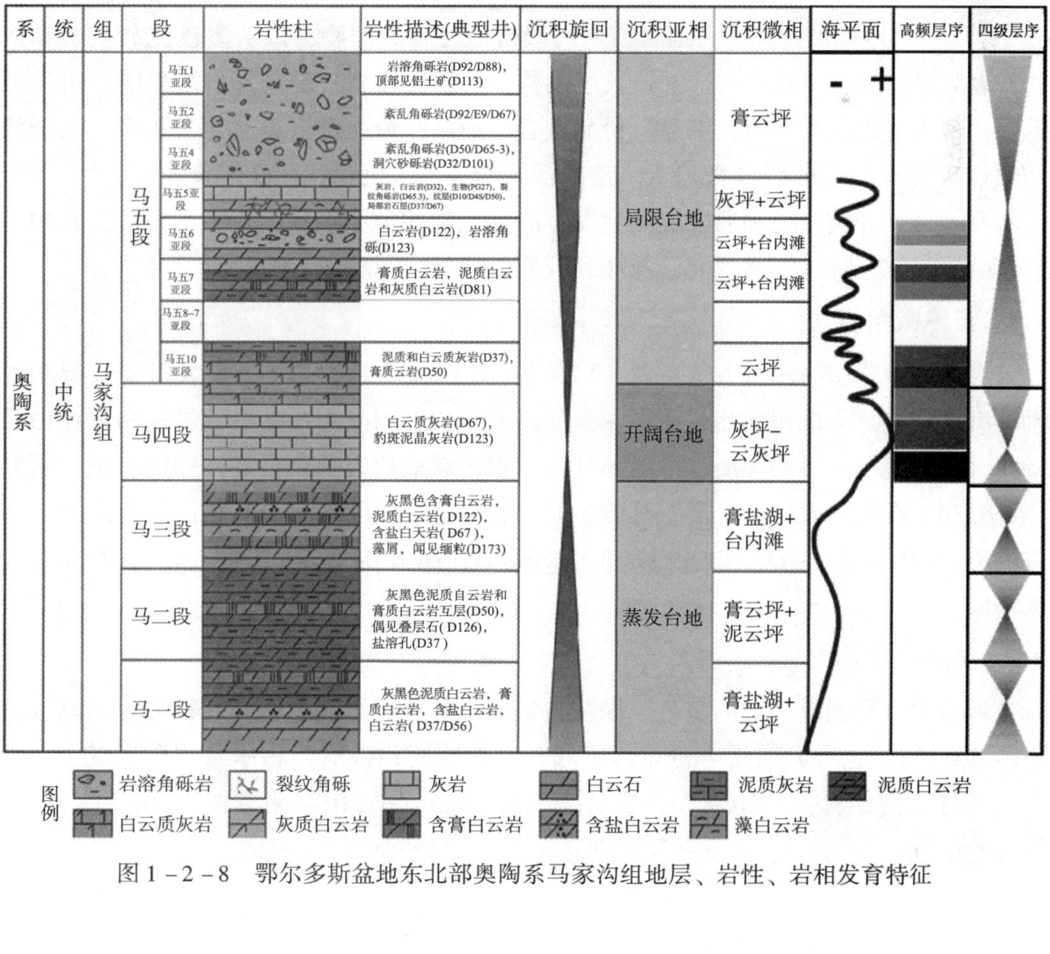

图 1－2－8　鄂尔多斯盆地东北部奥陶系马家沟组地层、岩性、岩相发育特征

蒸发台地亚相分布于马一段至马三段。马一段发育灰黑色泥质白云岩和膏质白云岩，局部可见竹叶状白云岩，镜下可见细晶－微晶白云岩，岩相变化指示了水面的短暂涨落。马二段可见灰黑色白云岩与膏质白云岩互层，局部发育叠层石，岩石表面可见盐溶孔，镜下可见细晶－粉晶白云岩、颗粒白云岩、泥质白云岩和泥晶－微晶白云岩。马三段上部发育一层灰黑色白云岩，中部为白色膏质白云岩及含盐白云岩，部分盐被溶解，镜下可见泥晶－微晶白云岩、细晶－粉晶白云岩、鲕粒白云岩、砾屑白云岩等，偶见硅质碎屑。

开阔台地主要分布于马四段(马五5亚段短暂发育)。下部和中部为厚层灰岩，可见不均匀的白云石化特征，形成豹斑状灰岩和豹斑状灰质白云岩，上部为云质灰岩，镜下可见颗粒灰岩、含膏灰岩、泥质灰岩、细晶－粉晶白云岩。

局限台地主要分布于马五段。马五10亚段以豹斑泥质灰岩和膏质白云岩为主；马五7亚段泥质含量总体较少，GR表现为低幅曲线，局部发育泥质白云岩，并与膏质白云岩频繁互层，镜下可见细晶－粉晶白云岩、泥晶－微晶白云岩和细晶－粉晶灰岩；马五6亚段以均质白云岩和泥质白云岩为主要岩性，受岩溶作用影响，马五6亚段白云岩广泛发育网状缝，缝中充填白色方解石，破碎岩石漂浮于方解石之中，镜下可见细晶－粉晶灰岩、细晶－粉晶白云岩、鲕粒白云岩、角砾状白云岩、泥晶颗粒白云岩、细晶－粉晶灰岩；马五5亚段是局限台地过渡到开阔台地再变回局限台地过程的产物，以灰黑色泥晶灰岩和灰黄色白云岩为主，见生物扰动构造和藻纹层结构，局部见石膏，受局部岩溶影响，可见裂纹角砾岩；镜下可见泥晶灰岩、细晶－粉晶灰岩、细晶－粉晶白云岩、含膏灰岩、角砾状灰岩和颗粒灰岩等；马五1～4亚段受岩溶改造影响强烈，沉积特征受到破坏。

蒸发台地、开阔台地和局限台地常发育的沉积微相类型包括：灰坪、云坪、膏湖、盐湖、台内滩、泥云坪、泥灰坪、云灰坪和灰质云坪等(冯增昭，2004)。

### 1. 云坪微相标志

云坪岩心观察多为浅灰－灰黄色－褐灰色(图1－2－9)，总体来看发育藻纹层和生物扰动等沉积构造。该沉积微相是泥晶－微晶白云岩相、细晶－粉晶白云岩相和颗粒白云岩相的集合，颗粒可见生物碎屑，可能与其他沉积区碳酸盐岩颗粒再旋回作用有关。研究区内广泛分布，在马一段、马二段、马五5亚段和马五6亚段均有分布且比较稳定。云坪的测井响应：GR为22～43API，PE为3～3.5b/el，DEN为2.5～3.0g/$cm^3$，AC为141～190μs/m。

### 2. 灰坪微相标志

灰坪主要发育相对质纯的灰色－深灰色灰岩，基质以泥晶为主，颗粒可为泥晶－微晶(图1－2－10)，也可为细晶－粉晶，还可含生物碎屑和砂屑，总体泥质含量较少，相对致密。灰坪的测井响应：GR为16～30API，PE>3.5b/el，DEN为2.4～3.0g/$cm^3$，AC为158～190μs/m。

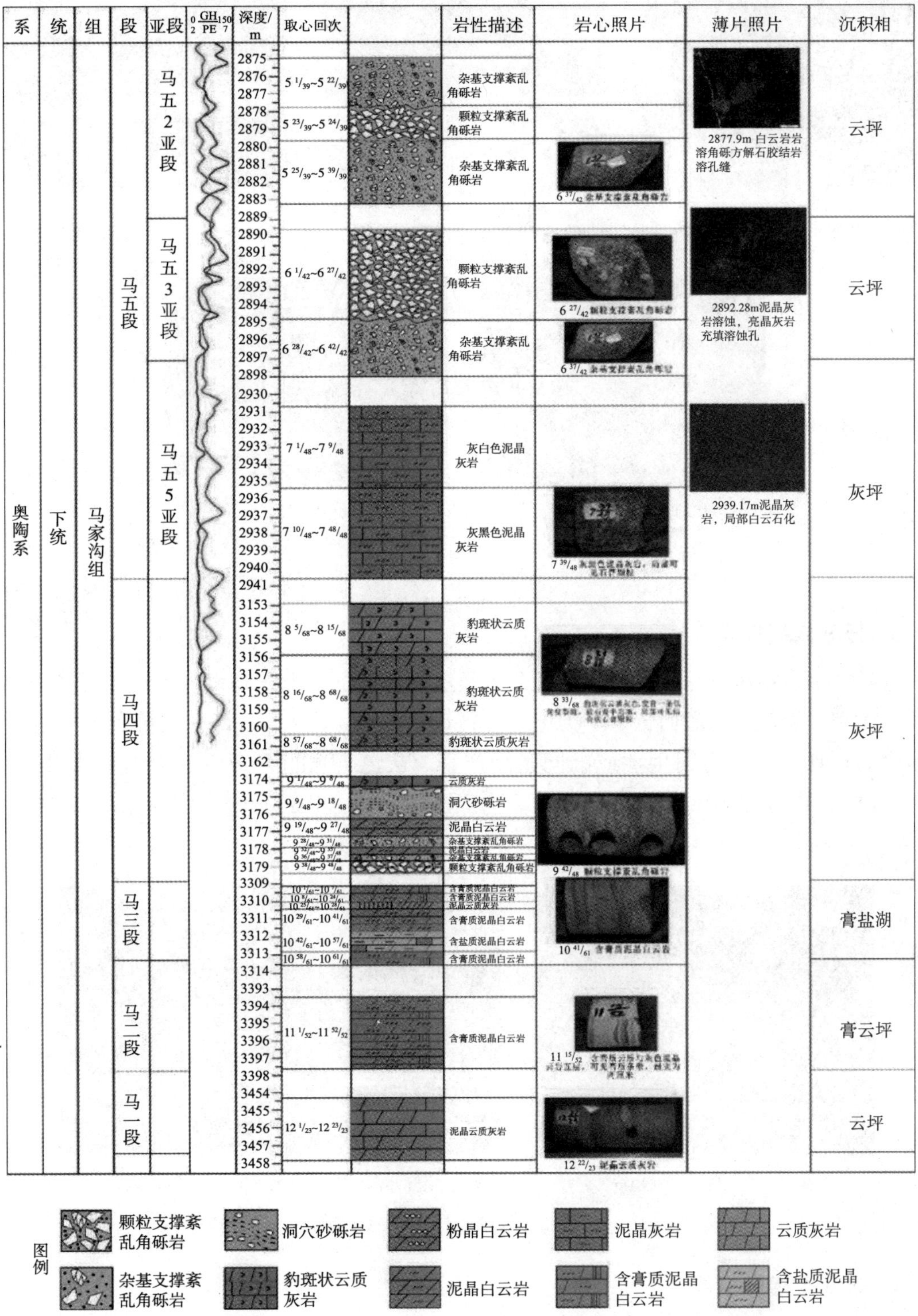


图1-2-9　大牛地奥陶系马家沟组云坪和灰坪沉积特征和响应(Dfg 井)

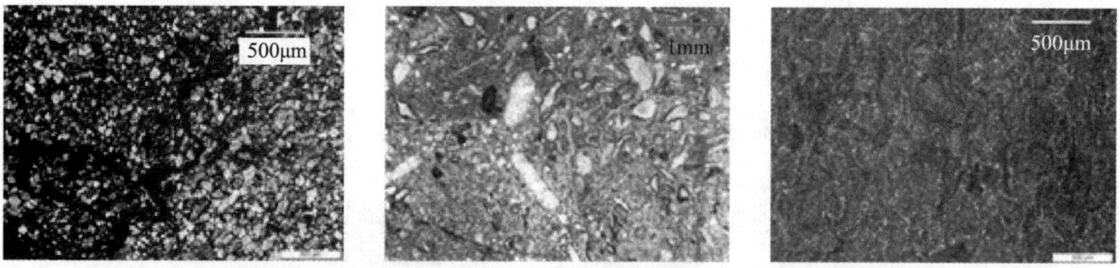


(a)Dha井，马五7亚段，2844.49m，细晶-粉晶结构　(b)Dabb井，马一段，3549.52m，生屑白云岩　(c)Dabd井，马五6亚段，3115.00m，藻纹层

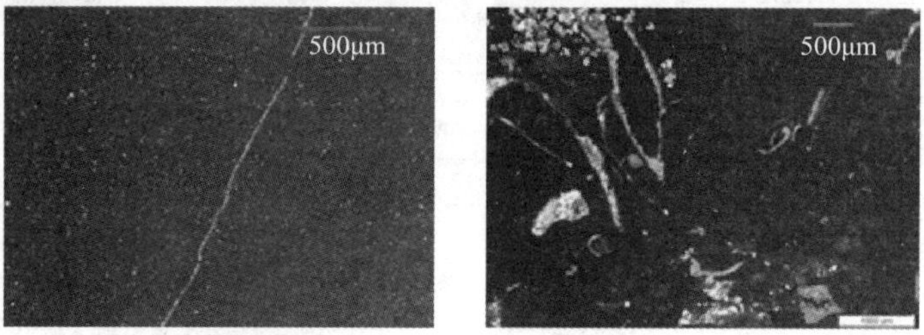


(d)Ddh井，马五5亚段，3026.26m，泥晶灰岩　(e)Dabc井，马四段，3491.01m，生屑灰岩

图 1－2－10　大牛地奥陶系马家沟组云坪和灰坪岩石学特征

### 3. 膏湖微相标志

膏湖的水体相对较深且蒸发程度强，该类沉积环境下的沉积物以含白色硬石膏条带或团块的泥灰－褐灰色粉晶白云岩等为主要岩性(图 1－2－11)，石膏含量可大于15%。膏湖所含的石膏岩主要为同生期或准同生期产物。灰色膏岩、含膏白云岩为主要岩性(图 1－2－12)。膏湖的测井曲线特征及数值为：GR 为 8～48API，PE 为 4～5b/el，DEN 为 2.8～2.9g/cm$^3$，AC 为 150～170μs/m。

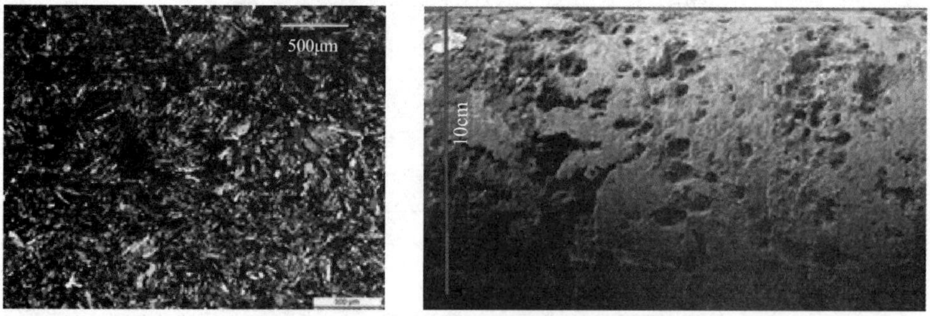


(a)Dabc井，马三段，3591.81m，膏岩　(b)Eh井，马二段，3297.39m，含盐白云岩

图 1－2－11　大牛地奥陶系马家沟组膏湖和盐湖岩石学特征

### 4. 盐湖微相标志

盐湖发育于海退期，位于盆地蒸发中心，石盐含量较多。在岩心上由于盐岩被钻井液溶蚀而呈现溶蚀孔洞(图 1－2－13)。盐湖的曲线特征及数值应与膏湖有所不同，主要为

声波时差更大，密度更小：GR 为 18 ~ 28API，PE 为 4 ~ 4.5b/el，DEN < 2.4g/cm$^3$，AC > 170μs/m。

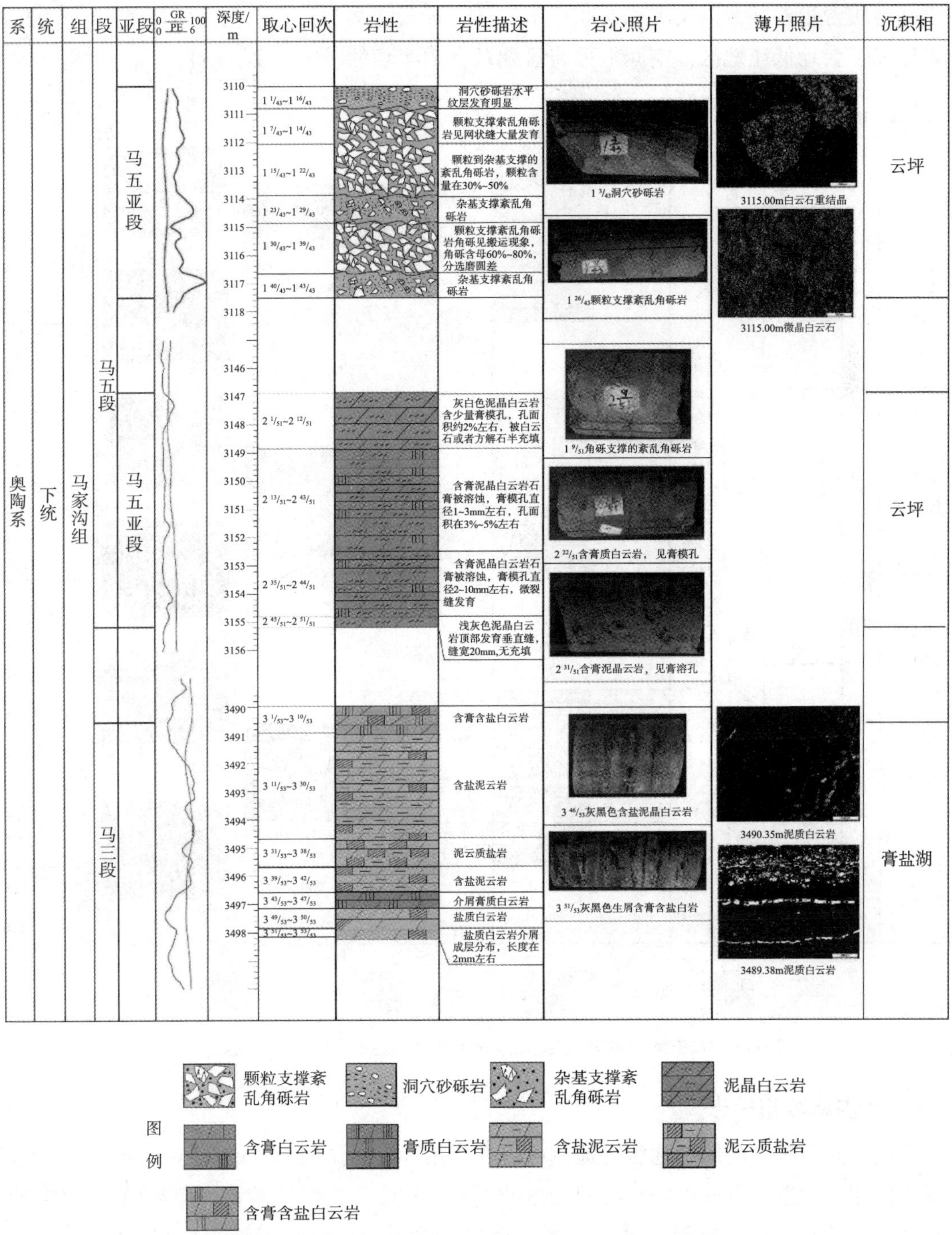


图 1－2－12　大牛地奥陶系马家沟组膏湖和盐湖沉积特征和响应（Dabd 井）

### 5. 膏云坪微相标志

膏云坪的沉积特征和测井响应与膏湖基本类似，两者均以含膏白云岩为主，主要区别在于其膏质含量差异，以及沉积的亚相不一样，膏云坪常与云坪、灰坪等微相伴生，膏湖主要形成于台地低洼地区，空间上可与盐湖及台内滩相邻(图 1－2－13)。

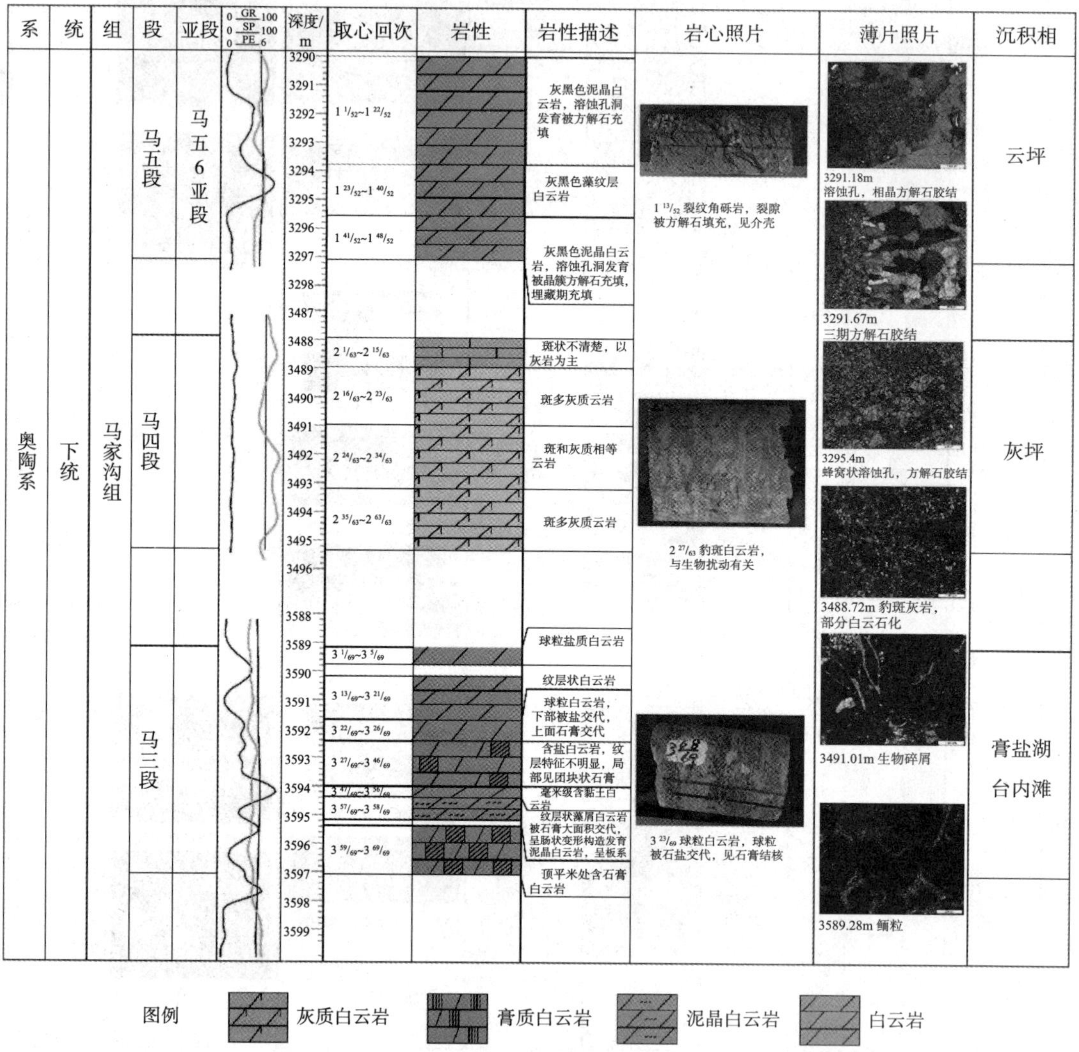

图 1－2－13　大牛地奥陶系马家沟组膏湖和台内滩沉积特征和响应(Dabc 井)

### 6. 台内滩微相标志

台内滩是台地内的局部地貌高地或由沉积作用、生物作用形成的隆起区受到较强波浪和潮汐作用的改造，形成以颗粒沉积为主的点滩沉积体，其岩性主要为鲕粒白云岩和颗粒白云岩。薄片观察结果显示，颗粒主要由砂屑、藻屑及少量生屑等组成(图 1－2－14)，主要分布在马一段、马二段马三段和马五 6～10 亚段内。台内滩微相测井响应特征：GR 为 15～30API，PE 为 3～4b/el，DEN 为 2.7～2.85g/$cm^3$，AC 为 160～170μs/m。

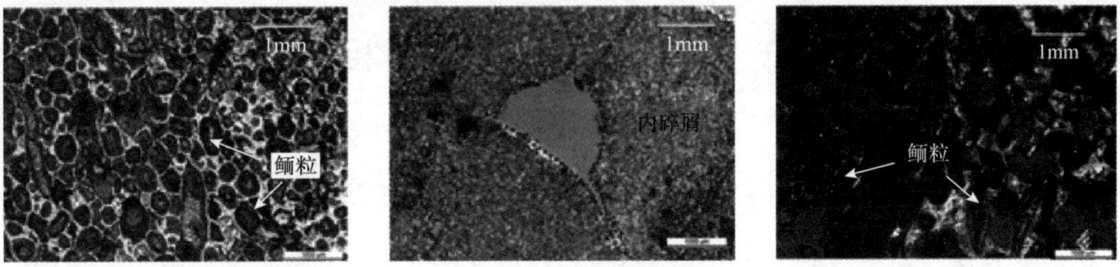


(a)Dabf井，马五6亚段，2926m　(b)Dabd井，马五7亚段，3153.52m　(c)Dabc井，马三段，3589.28m

图 1－2－14　大牛地奥陶系马家沟组台内滩岩石学特征

### 7. 泥云坪微相标志

沉积岩性主要为灰黄色泥质白云岩及含泥质泥晶－微晶白云岩，岩心与薄片中可见方解石脉、黄铁矿等矿物，为表生溶蚀阶段沿溶解缝贯入。泥质白云岩的泥质分布比较乱，层理明显差或不具层理(图 1－2－15)。泥云坪分布于临近物源区的局限台地上部，泥质来源主要为陆源碎屑，马一段、马二段、马三段和马五 5 亚段的泥云岩主要为泥云坪环境产物。泥云坪沉积微相的曲线特征及数值：GR 为 44～92API，PE 为 3～4b/el，DEN 为 2.4～2.9g/cm$^3$，AC 为 163～207μs/m。

### 8. 泥灰坪微相标志

泥灰坪主要岩性为褐灰色、灰色含泥灰岩，该沉积微相以泥质含量较高的灰岩为特征(图 1－2－15)，有时可见陆源碎屑，指示了泥质主要来源于古陆。泥灰坪主要分布于马五 5 亚段和马四段，这两段 GR 值普遍较低，普遍较低的背景上发育的较高值可以指示泥灰坪的存在。泥灰坪沉积微相的曲线特征及数值：GR 为 50～99API，PE 为 3.3～5b/el，DEN 为 2.4～2.9g/cm$^3$，AC 为 176～207μs/m。

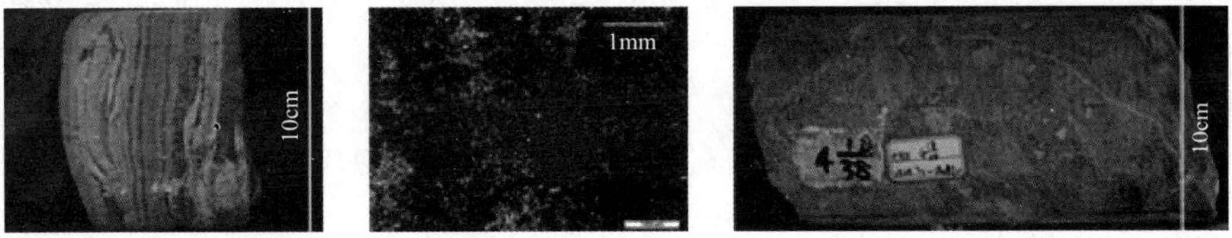


(a)Dha井，马五7亚段，2852.57m，泥质-膏质云岩　(b)Ed井，马二段，3422.91m，泥质团块　(c)Dhh井，马五5亚段，2838.85m，泥质灰岩

图 1－2－15　大牛地奥陶系马家沟组泥云坪和泥灰坪岩石学特征

另外，值得一提的是，马四段上部普遍发育云灰坪，该套沉积微相以齿化明显的 PE 曲线特征区别于下伏马四段中部和下部发育的灰坪，由于该特征十分明显，该套地层厚度大、分布广，识别和划分较为容易，因此不单独赘述。

# 第三节　沉积微相与沉积相体系

## 一、沉积微相

依据岩心描述和薄片观察认识，结合整个鄂尔多斯盆地北部奥陶系地层和沉积特征分析，认为大牛地马家沟组总体属于奥陶系早期华北陆表海碳酸盐岩台地沉积环境，台地边缘位于远离大牛地井区的鄂尔多斯盆地西部和南部，在西部桃 38 井已经发现台缘颗粒滩的存在(图 1－3－1)。根据海平面涨落情况又进一步分为蒸发台地、局限台地和开阔台地等 3 类亚相，根据岩性、岩相和测井响应特征，进一步细分为灰坪、云坪、膏湖、盐湖、膏云坪、台内滩、泥云坪、泥灰坪等 8 种微相(表 1－3－1)。

表 1－3－1　大牛地马家沟组沉积微相类型和分布

| 微相类型 | 岩相组合 | GR/API | PE/(b/el) | DEN/(g/cm$^3$) | AC/(μs/m) |
|---|---|---|---|---|---|
| 灰坪 | 泥晶－微晶灰岩＋颗粒灰岩 | 16～30 | >3.5 | 2.4～3.0 | 158～190 |
| 云坪 | 泥晶－微晶白云岩＋细晶－粉晶白云岩＋颗粒白云岩 | 22～43 | 3～3.5 | 2.5～3.0 | 141～190 |
| 膏湖 | 含膏白云岩＋膏岩 | 8～48 | 4～5 | 2.8～2.9 | 150～170 |
| 盐湖 | 含盐白云岩＋盐岩 | 18～28 | 4～4.5 | <2.4 | >170 |
| 膏云坪 | 含膏白云岩 | 12～60 | 3.5～3.8 | 2.6～2.9 | 160～190 |
| 台内滩 | 鲕粒白云岩＋颗粒白云岩 | 15～30 | 3.0～4.0 | 2.7～2.85 | 160～170 |
| 泥云坪 | 泥质白云岩 | 44～92 | 3.0～4.0 | 2.4～2.9 | 163～207 |
| 泥灰坪 | 泥质灰岩 | 50～99 | 3.3～5.0 | 2.4～2.9 | 176～207 |

## 二、沉积相体系

大牛地气田位于鄂尔多斯盆地北部，该区奥陶纪的古地理环境主要受古华北海的控制，沉积环境以碳酸盐岩台地为主。晚加里东运动使盆地抬升，马家沟组顶部地层也因长期暴露在地表而遭受剥蚀(杨华等，2006；王起琮等，2018)。依据盆地区域性标志层、沉积旋回和古生物特征，可将马家沟组划分为六个沉积阶段三期海进－海退沉积旋回：下部马一段和马二段为第一期，中间马三段与马四段为第二期，上部马五段与马六段为第三期。在马家沟组马一、马三、马五段为相对海退期，开阔海域缩小，并广泛发育各类云坪和膏盐湖，其岩性以白云岩、岩盐及硬石膏岩为主，含少量石灰岩。马家沟组马二、马四、马六段均为相对海进期，沉积特征类似，即开阔海域扩大，不发育云坪和膏盐湖，其岩性以石灰岩为主，白云岩次之。研究区马一段至马三段总体处于蒸发台地环境，海平面较低，蒸发作用强于淡水补充，到马四期遭受大规模海侵影响，马五期海平面下降，但尚末及马一期至马三期程度，主要表现为海退、海侵的反复“拉锯”，形成了浅水、高咸、暴露频繁的中低能沉积环境，岩性从灰岩逐渐变为白云岩甚至含膏白云岩(图1-3-1)。

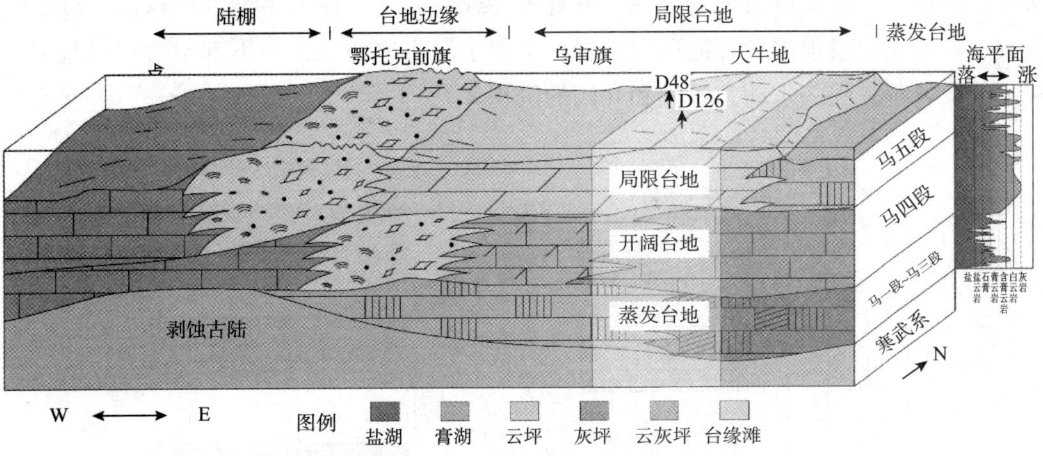


图1-3-1　大牛地马家沟组沉积体系特征

综上所述，海平面的变化对大牛地马家沟组沉积亚相(蒸发台地、局限台地和开阔台地)和微相的分异产生了巨大影响。进一步研究发现在同一微相(例如马五6亚段局限台地云坪)内，海平面变化依然是岩性岩相转变的关键因素。

马一段形成于初始海侵，并伴有短期的海退，总体海平面较低，发育膏盐湖含膏白云岩和泥质白云岩，局部地区见风暴作用形成的竹叶状白云岩，均指示了较浅的海平面。马二段整体类似加积层序，海平面持续上升，但上升速率相对缓慢，膏岩和盐岩形成于短期的海退，陆源供给的泥质依然充足，白云岩总体颜色较深，海侵环境下形成的灰岩在马二段不甚发育，局部见叠层石，揭示了海平面的进一步升高。马三段为一次大规模的海退，形成台地内部蒸发环境，该时期形成的白云岩中膏岩广泛分布，盐岩亦十分发育。马四段为一次大规模的海侵，较高的海平面为厚层灰岩的沉积提供条件。马五段开始海平面再一次下降，除了马五5亚段沉积期发生短暂海侵，形成一套稳定灰岩，其他亚段均以白云岩及含膏白云岩为主要岩性。

根据测井、岩性特征分析马五段内部差异，认为马五5亚段发育三期向上变浅的海退旋回，每期旋回底部为灰岩，顶部为白云岩或藻云岩(图1-3-2)，揭示了马五5亚段沉积期沉积亚相由局限台地往开阔台地过渡并最终又变回局限台地的演化过程。

马五6亚段整体为次级海退，可以进一步划分为三次海退。在大牛地气田西侧，以DKac-FPh井为例(图1-3-3)，马五6亚段主要发育颗粒云岩、藻纹层云岩和块状云岩，对应台内滩和云坪微相。马五6亚段顶部受岩溶影响较大，在3017.89~3018.24m可见岩溶角砾岩，3035.53m可见颗粒白云岩，发生去白云石化作用而发红。中部3034.55~3034.59m发育残余颗粒白云岩，孔隙度较高，气测全烃显示较好。下部3050.77~3051.06m发育纹层状白云岩，均显示了相对较高的水动力条件和沉积背景。在大牛地气田中部，以石a井为代表，马五6主要发育膏云坪、台内滩和云坪。马五6亚段上部岩溶影响强烈，可见铸模孔和去白云石化的鲕粒白云岩，反映了较强的水动力环境和较为局限的沉积背景。在大牛地气田北部，以 Dfh 井为代表，马五 6 亚段受到岩溶影响强烈，从镜下薄片观察得出，以泥质白云岩为主，发育云坪或泥云坪。在大牛地气田东部，以 Dgc 井为代表，马五 6 亚段顶部发育泥质白云岩，沉积于泥云坪环境，中下部发育泥晶灰岩、粒屑灰岩，反映了较强的水动力条件和开阔的沉积背景。

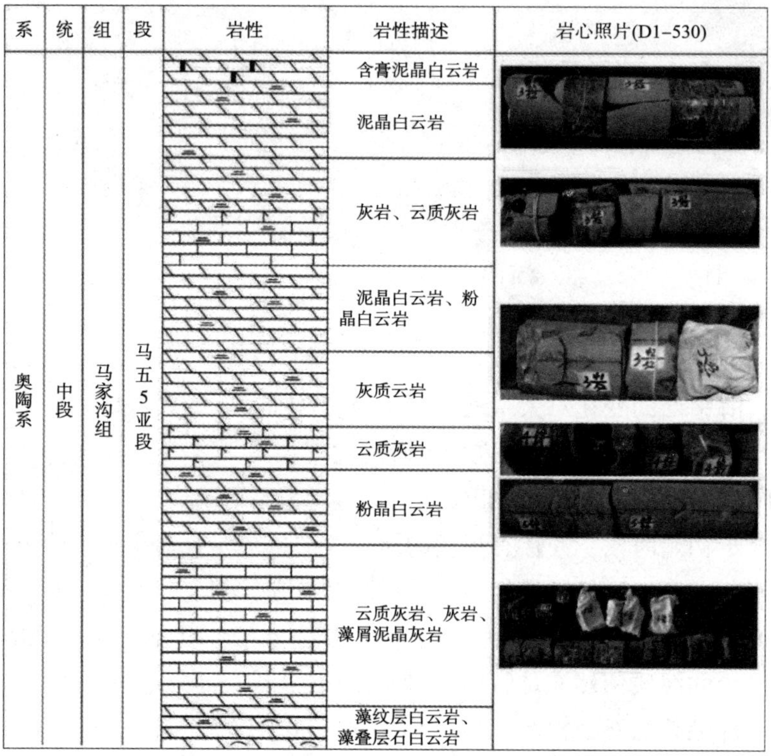


图 1－3－2　大牛地马五 5 亚段沉积旋回特征

马五 7 亚段可以进一步细分为两段，总体反映沉积水体先开阔然后转为局限的特征。马五 7 亚段为第二次海退(第一次海退为马三段沉积期，第二次海退为马五段沉积期)背景下次一级海侵(马五段内部马五 9 亚段、马五 7 亚段、马五 5 亚段、马五 3 亚段和马五 1 亚段均为海侵沉积环境形成)的产物，该段中间发育次级海泛面，GR 呈尖峰状。在大牛地气田西侧，DKac－FPh 井揭示马五 7 亚段主要发育颗粒云岩、晶粒云岩，含膏，石膏多溶蚀，铸模孔反映原始岩相特征(图 1－3－3)；往东方向，石 b 井揭示马五 7 亚段中段泥质增加，颜色变深，岩石破碎对应 GR 峰值(图 1－3－4)。

马四段中部和下部沉积特征相对简单，以白云质灰岩、豹斑灰岩为主，反映了沉积环境持续稳定。小壕 a 井揭示了马四段上部发育泥质和膏质，膏质的存在显示了前人认为的马四段开阔环境“并没有那么开阔”，在沉积晚期，马四段已经开始局限，并向马五段过渡，发育膏质甚至石膏岩(图 1－3－5)。

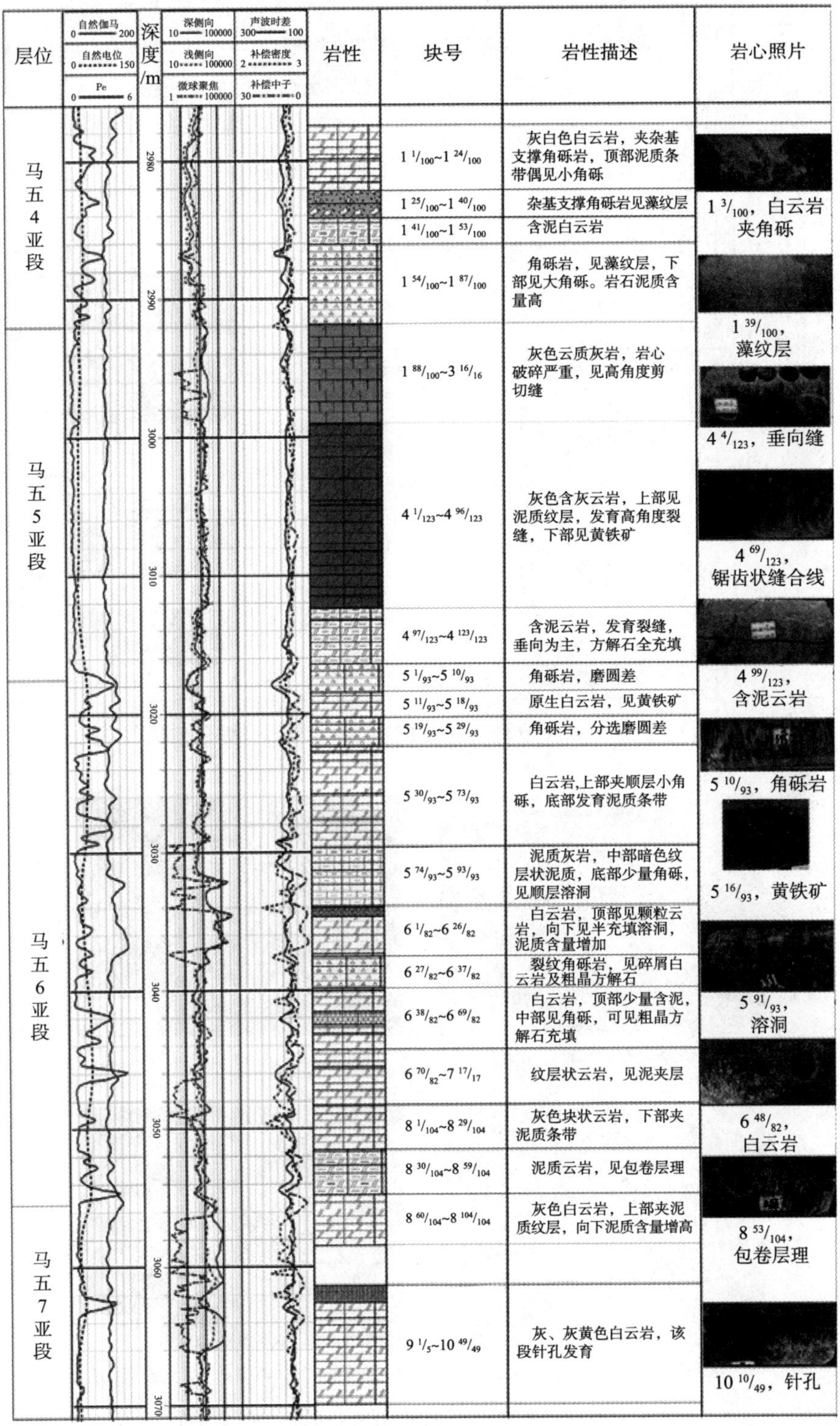


图 1-3-3　大牛地 DKac-FPh 井马五 6+7 亚段综合柱状图

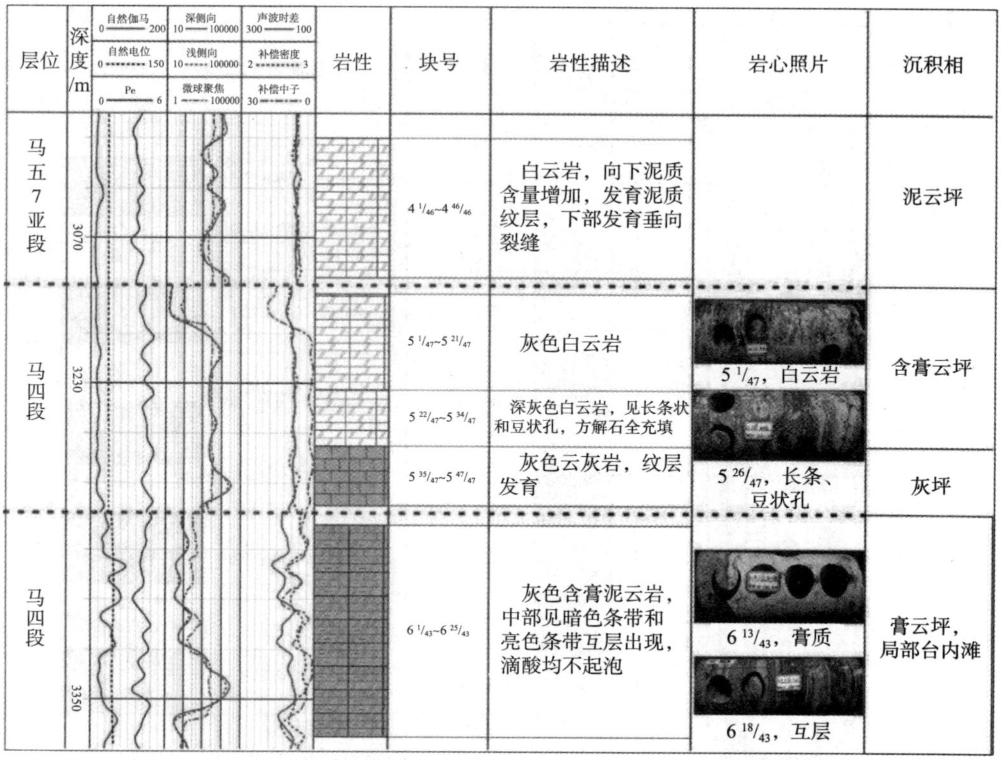


图1-3-4 大牛地石b井马五7亚段、马四段综合柱状图

(a)小壕a井，3139.65m，泥质条带

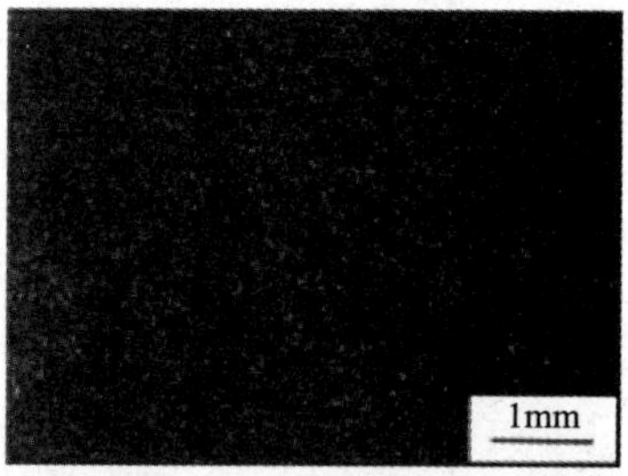


(b)小壕a井，3140.25m，白云石化

(c)小壕a井，3146.64m，膏岩

(d)小壕a井，3149.01m，针状石膏集合

图1-3-5 大牛地小壕a井马四段顶部局限沉积特征

## 第四节 沉积相演化与展布规律

大牛地井区马家沟组沉积岩性复杂，岩相繁多，单一地依靠岩心观察或测井相分析很难有效地识别不同沉积微相、准确刻画单井沉积微相分布特征、明确沉积相演化与展布规律。本次研究采用分层优先，定性 - 定量相结合的方法多层次递进、多手段综合研究单井沉积微相分布特征。

根据目的层沉积背景和沉积体系来对单井进行沉积亚相划分，马一段至马三段为蒸发台地亚相，马四段为开阔台地亚相，马五段为局限台地亚相。在这种大背景之下，膏湖和盐湖微相倾向发育于马一段至马三段，灰坪倾向发育于马四段和马五 5 亚段。因此即便是某些沉积微相测井响应相近或测井数值区间存在重叠，但其应该分布的层位不同，可以首先区别开来。

根据取心描述和薄片鉴定结果识别取心段沉积微相类型，对大牛地井区 20 口取心井进行了详细的观察和描述，磨制了 200 余个岩石薄片，力求同时在广度和深度上满足研究精度需要。同时，对不同沉积微相进行测井数值标定，建立沉积微相测井响应特征（图 1 -4 -1），根据不同沉积微相的测井响应特征在无取心井和无取心段识别、刻画沉积微相。

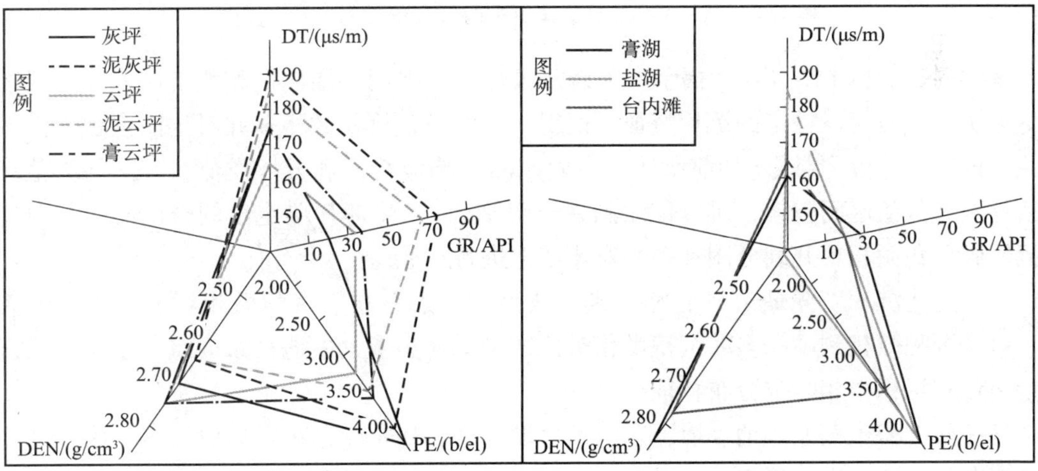


图 1 -4 -1 大牛地马家沟组不同沉积微相测井响应特征

考虑到不同沉积微相测井响应数值区间相互重叠的地方较多，测井沉积微相的划分依然采用多层次推进的方法。先用 PE 区分云坪和灰坪，大于 3.5b/el 的为灰坪，小于 3.5b/el 的为云坪。在区分灰坪和云坪的基础上，再用 GR 区分泥质云坪和泥质灰坪，泥质云坪和泥质灰坪的 GR 一般大于 40API。在马一段和马三段内，利用高 PE、低 GR 的特征来识别膏湖，再利用高 PE、高 AC、低 DEN 的特征来识别盐湖。台内滩和云坪测井响应特征相近，难以区分，主要靠岩石薄片鉴定。

从两条沉积微相连井对比图(Da-eco—Dabc—Dabb—Dabf—Dgh 连井对比图和 Dcg—Ddh—Daf—Ed—Dabb—PGca 连井对比图)上不难看出，东西向剖面(图 1 -4 -2)揭示了大牛地井区马家沟组同一层内沉积相发生改变，反映了大牛地区块东西分异的沉积特征，显然该特征受东西向海侵影响。

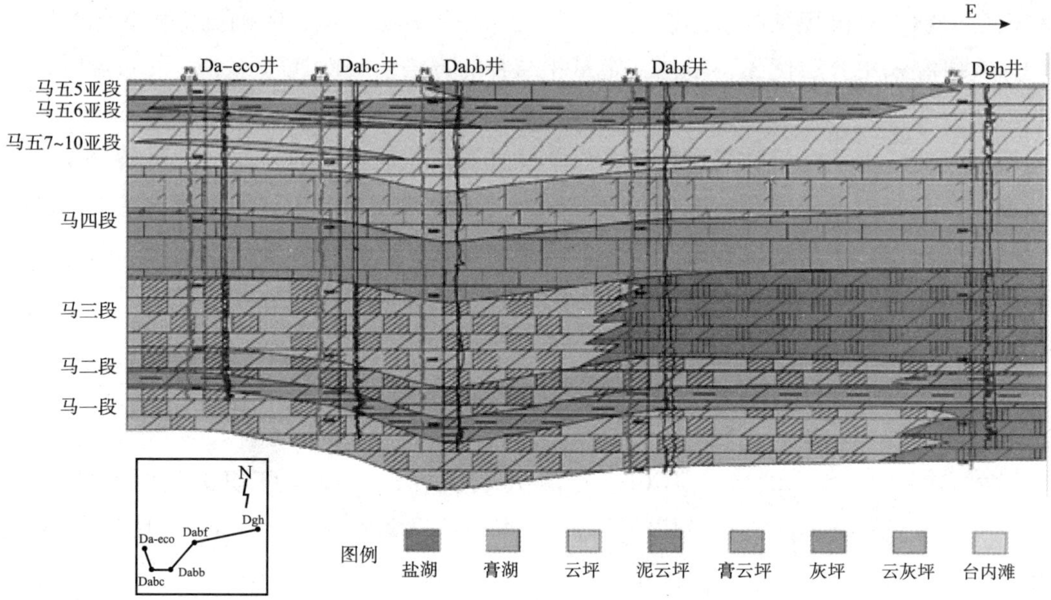


图 1 -4 -2　大牛地马家沟组东西向沉积微相连井剖面图

南北向剖面(图 1 -4 -3)揭示大牛地井区马家沟组同一层内沉积相变化不大，反映大牛地区块南北向相对稳定的沉积特征。值得一提的是，沉积微相多井对比图上台内滩的识别主要依靠薄片鉴定结果(如前所述，台内滩测井响应特征和云坪类似，其测井数值区间被云坪测井数值区间包含，难以依靠测井资料刻画)，将薄片鉴定出的台内滩微相对应深度投影到沉积微相单井划分图和多井对比图上进行示意。

综合上述沉积背景研究、岩相识别、典型相标志分析、沉积微相划分、沉积体系建立、单井沉积微相刻画和多井沉积微相对比结果，落实了大牛地马家沟组一段至五段沉积环境演化和沉积微相时空分布特征。

马一段沉积于蒸发台地环境，东南角盐度较高，Dgh 井存在含盐白云岩，因此认为东南角存在膏盐湖，进一步将马一段细分为膏湖和盐湖，化学沉积物呈环带状围绕湖盆中心分布[图 1 -4 -4(a)]。

马二段依然沉积于蒸发台地环境，该环境海平面比马一段的略有上涨，早期发育泥质含量较高的泥云坪，后期可能受海平面进一步上涨的影响，变为云坪微相，仅 Dgh 井区分布少量泥云坪沉积物[图 1 -4 -4(b)]。

马三段沉积期海平面短暂下降，蒸发台地沉积环境愈加局限，随着蒸发量不断增加，研究区又变回了马一段沉积时的环境。马三段沉积膏盐湖，又可细分为膏湖和盐湖，呈环带状分布，水体最深处于盐湖。自下而上，盐度减小，从盐湖过渡为膏湖[图 1 -4 -4(c)]。

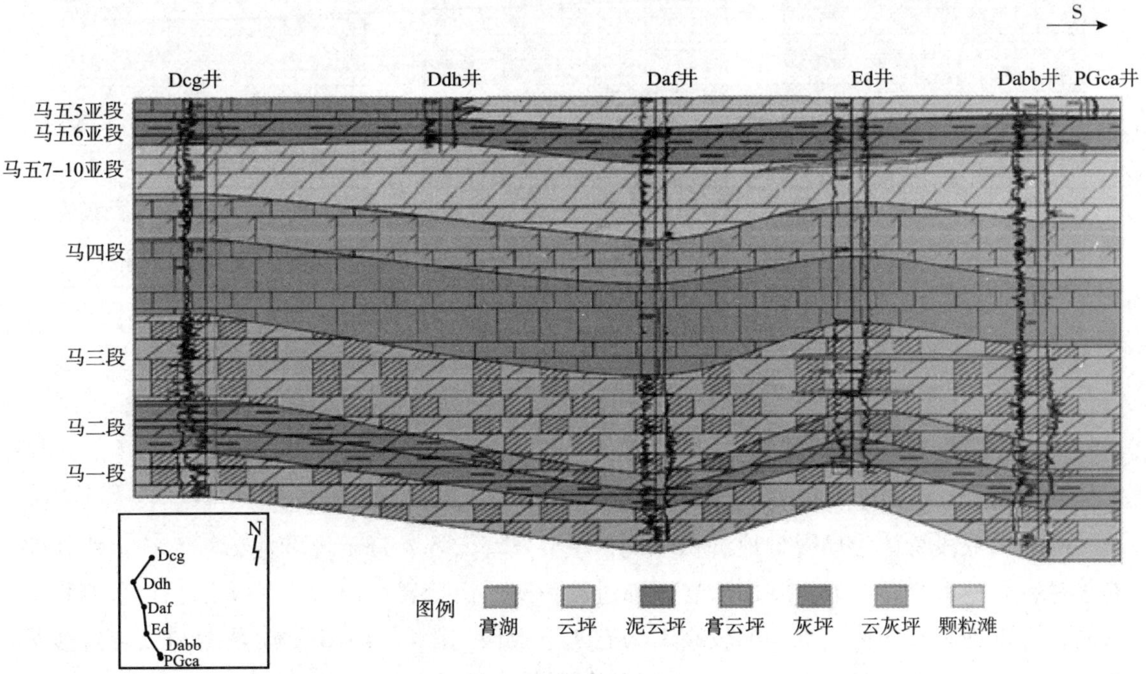


图 1－4－3　大牛地马家沟组南北向沉积微相连井剖面图

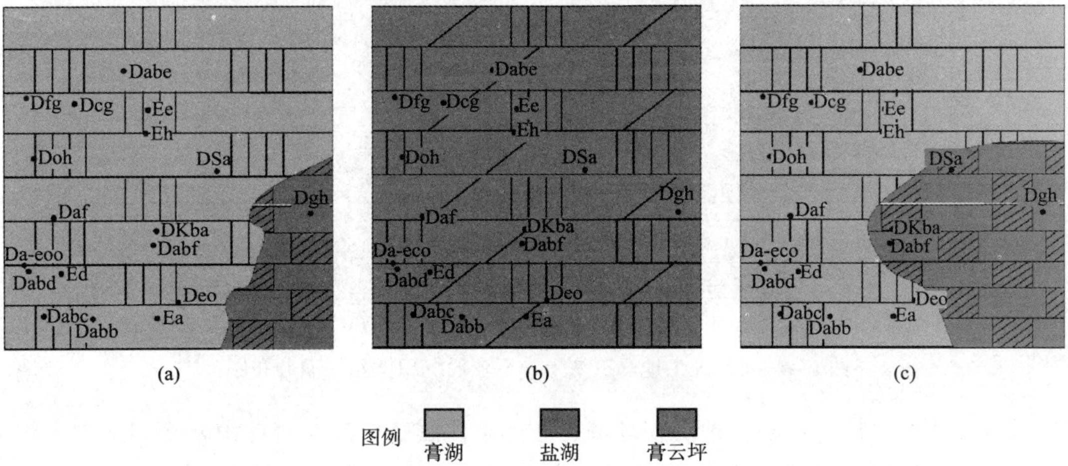


图 1－4－4　大牛地马一段～马三段沉积微相平面分布图

马四段沉积于开阔台地环境，其中上部白云岩、泥质和膏质发育，下部发育砂屑灰岩、豹皮灰岩，自下而上沉积微相由灰坪逐渐过渡为云灰坪，岩石类型由豹斑灰岩逐渐过渡为豹斑灰岩＋白云质灰岩＋灰质白云岩＋含膏白云岩，反映了海平面上涨至最高而后缓慢下降、沉积环境逐渐开阔然后缩小的过程。马四下段[图 1－4－5(a)]和马四中段[图 1－4－5(b)]往西从灰坪过渡到云灰坪，马四上段[图 1－4－5(c)]往西从灰坪过渡到灰云坪。

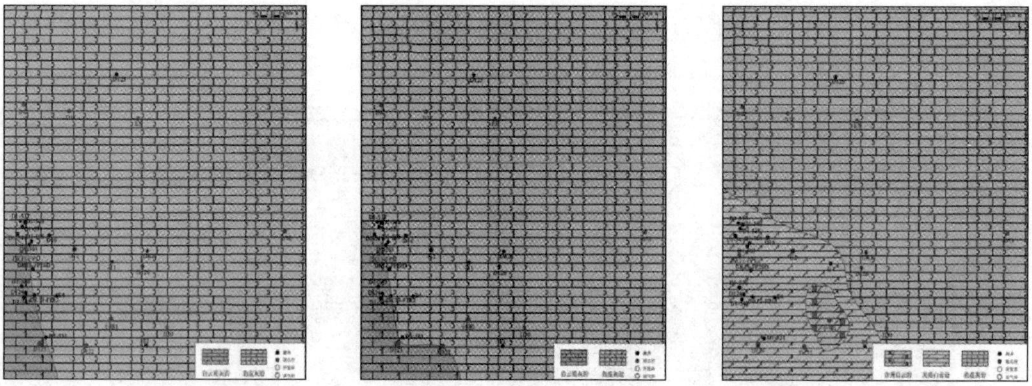

(a) (b) (c)

图1-4-5 大牛地井区马四段沉积微相平面分布图

马五8~10亚段主要发育云坪。

马五7亚段总体为局限台地沉积环境，主要发育云坪、膏云坪和泥云坪，往上水体略有加深，岩性由含膏白云岩+白云岩逐渐过渡为灰质白云岩+白云岩，从沉积物分布特征来看，西部在马五7亚段沉积期较高。马五7下亚段[图1-4-6(a)]往西从云坪过渡为膏云坪，马五7上亚段[图1-4-6(b)]往西从灰云坪过渡为云坪。

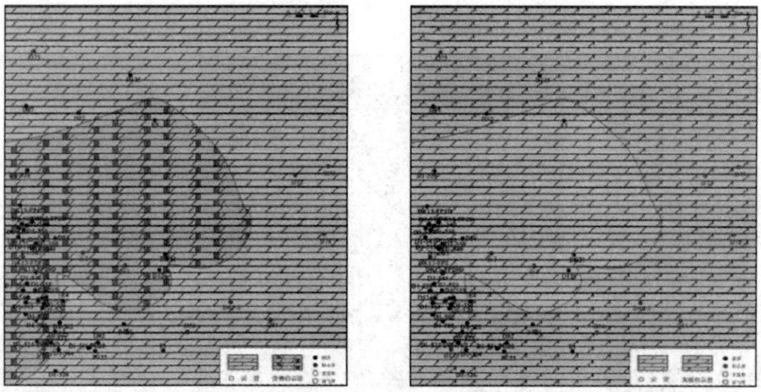

(a) (b)

图1-4-6 大牛地马五7上、下亚段沉积微相平面分布图

马五6亚段总体为局限台地沉积环境，往上水体震荡变浅，岩性由膏云岩+白云岩+灰云岩+云灰岩逐渐过渡为含膏白云岩+白云岩，从沉积物分布特征来看，研究区西部(包括西南部和西北部)在马五6亚段沉积期较高，往东变深，水体开阔，尤其是马五6亚段沉积早期，该特征较为明显。通过对石a井、Dfh井、大深a井和Dgc井等多口井马五6亚段的研究，认为西部和中部马五6下亚段多发育细粉晶白云岩、颗粒白云岩，受岩溶影响去白云石化作用普遍，含泥质条带和膏质，东部马五6下亚段多发育泥晶灰岩和含砾屑灰岩[图1-4-7(a)]；西部马五6中亚段发育颗粒白云岩，中东部测井解释为灰质白云岩，薄片可见膏质和鲕粒[图1-4-7(b)]；在马五6上亚段总体发育粉晶白云岩，西部可见膏质和泥质[图1-4-7(c)]。

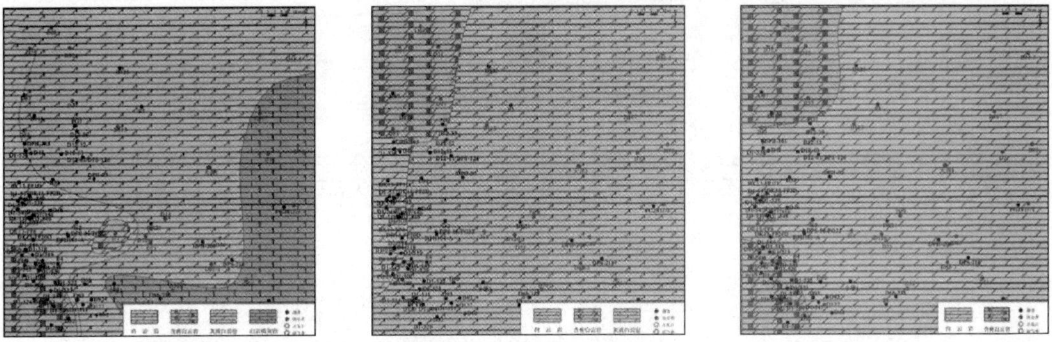

(a)　(b)　(c)

图 1－4－7　大牛地井区马五 6 上、中、下亚段沉积微相平面分布图

马五 5 亚段沉积于华北地台最后一次短暂海侵，主要发育灰坪。灰坪内沉积的深灰色、灰色泥晶－微晶灰岩及颗粒灰岩在大牛地井区分布范围广，厚度稳定，是区域性的标志层，俗称“黑腰带”。灰坪内局部发育准同生期白云岩，形成分散分布的云坪(图 1－4－8)。

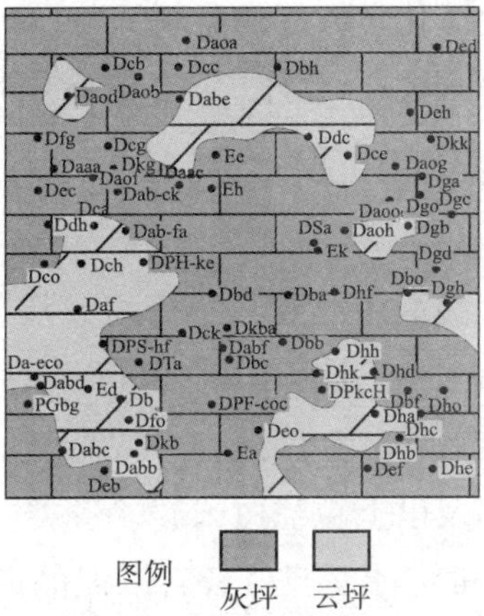


图 1－4－8　大牛地马五 5 亚段沉积微相平面分布图

# 第二章　成岩作用及其对储层发育的控制

## 第一节　白云岩化作用

### 一、白云岩化特征

通过系统分析不同类型白云岩的岩石学特征和地层特征，并在此基础上结合微量元素、碳氧同位素、锶同位素等地球化学数据的分析，对白云石化流体的来源和白云石化机制进行研究，建立白云石化成因模式，为白云岩优质储层预测及评价提供可靠的理论依据。

#### 1．白云岩显微结构特征

根据研究区白云岩的晶型、晶面、晶粒大小等可以反映白云石成因的显微结构特征，并依据《中华人民共和国石油天然气行业标准》中岩石薄片鉴定部分（SY/T 5368—2000）关于碳酸盐岩的晶粒大小分级方案，将研究区白云岩按晶级划分为4类：泥晶白云岩、泥－粉晶白云岩、粉晶白云岩和细晶及以上粒径白云岩。各类白云岩在所统计的200多张岩石薄片中的占比见表2－1－1，通过统计发现白云岩以泥晶白云岩和粉晶白云岩为主，分别占统计样品的47%和39%，在研究区不同层位均有分布；部分样品为粒径介于泥晶和粉晶之间的泥－粉晶白云岩；少数白云岩样品中见细晶及较粗颗粒的白云石，主要出现在马一和马三层段。

表2－1－1　研究区不同晶粒白云岩分类

| 类　型 | 泥晶白云岩 | 泥－粉晶白云岩 | 粉晶白云岩 | 细晶及以上白云岩 |
|---|---|---|---|---|
| 占比/% | 47 | 11 | 39 | 2 |
| 粒径范围/mm | <0.03 | 0.02～0.07 | 0.06～0.1 | 0.1～0.24 |

不同类型白云岩的显微结构特征分述如下：

1）泥晶白云岩

白云石主要呈它形和半自形，晶粒普遍小于0.03mm，可见细小膏质结核被方解石交代，黄铁矿零星分布，近水平藻纹层较发育［图2－1－1（a）］。藻纹层保留了原始沉积构造，表明白云石的形成时间较早。藻纹层保留处泥晶白云石晶粒普遍发育，在孔隙发育处可见半自形白云石晶粒较大，可能为随后重结晶作用有关。裂缝发育，并被方解石充填[图2－1－1(b)]，胶结物含量较低，一般不超过5%。

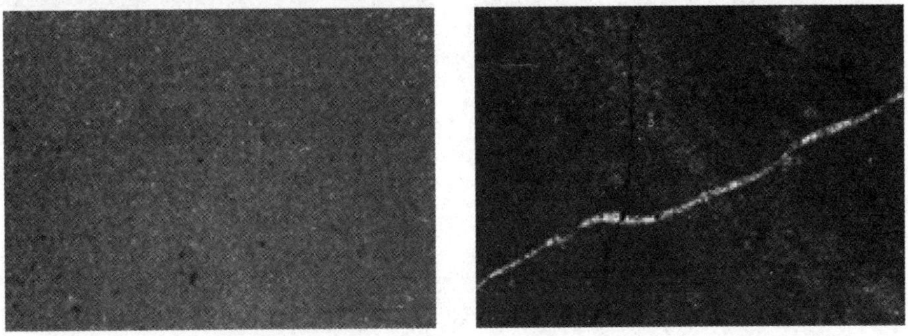

(a)Dcg井，马五5亚段，2926.91m　　(b)Dcg井，马五5亚段，2924.92m

图2－1－1　泥晶白云岩镜下特征

2)泥－粉晶白云岩

白云石颗粒较小，粒径为0.02～0.07mm，晶体呈它形和半自形，它形镶嵌接触[图2－1－2(a)]。裂缝少发育，胶结物主要为方解石，胶结物含量一般小于10%。局部可看到半自形晶粒切割其他白云石基质[图2－1－2(b)]，说明泥晶白云岩受温度升高的影响经历了重结晶作用，且半自形白云石晶粒较其他基质白云石稍晚。

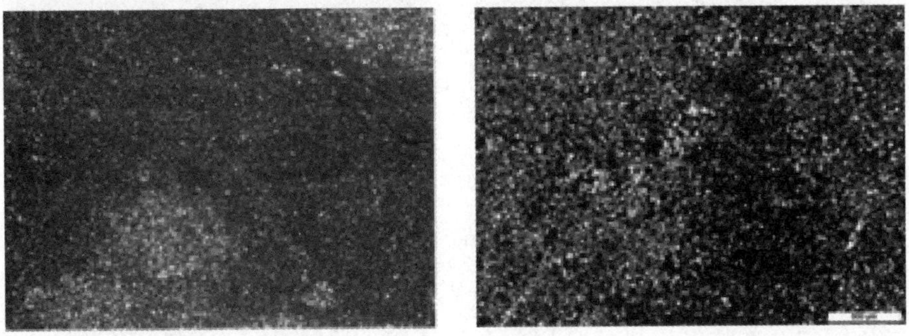

(a)PGbg井，马五5亚段，2981.96m　　(b)Da-eco井，马五5亚段，3107.28m

图2－1－2　泥－粉晶白云岩镜下特征

3)粉晶白云岩

白云石主要呈半自形－自形，晶粒结构，晶粒直径为0.06～0.1mm。镜下可见早期的成岩缝合线切割了白云石晶粒[图2－1－3(a)]，说明白云石的形成时间可能较早。粉晶白云岩较泥晶白云石晶粒粗，自形程度好[图2－1－3(b)]，其形成时间晚于泥晶白云石，而早于早期缝合线形成时间，可能为浅埋藏期白云石化作用结果。

4)细晶及以上粒径白云岩

白云石晶粒普遍较粗，自型程度好，呈四边形或菱形(图2－1－4)，偶见方解石胶结，胶结物含量一般小于1%。

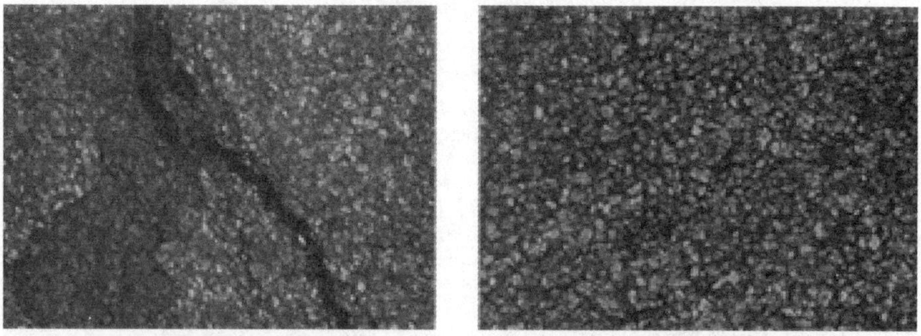

(a)Ddh井，马五5亚段，3020.72m　　(b)Ddh井，马五5亚段，3013.0m

图 2－1－3　粉晶白云岩镜下特征

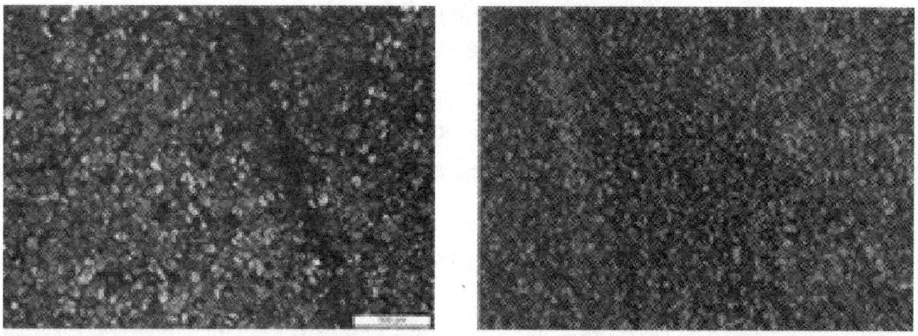

(a)Dha井，马五10亚段，2843.7m　　(b)Dcg井，马一段，3516.11m

图 2－1－4　细晶及以上粒径白云岩镜下特征

## 2. 阴极发光特征

研究区马五 5 亚段泥晶、泥粉晶和粉晶白云岩的阴极发光整体偏暗，白云石呈暗红色，残余灰岩基质不发光(图 2－1－5)。因为 $Mn^{2+}$ 含量决定了碳酸盐矿物的阴极发光性，所以白云岩的阴极发光强度可以反映白云石形成时的流体 $Mn^{2+}$ 含量(黄思静，1992)。由于海水中 $Mn^{2+}$ 含量($7.3\times10^{-9}$)偏低，由此可以推测马五 5 亚段白云岩的形成很可能是海

(a)Ddh井，马五5亚段，3023.54m，单偏光　　(b)Ddh井，马五5亚段，3023.54m，阴极发光

图 2－1－5　Ddh 井马五 5 亚段粉晶白云岩的阴极发光性特征

源流体，并且在近地表海水条件下，锰离子还未进入白云石晶格，反映白云石形成于早期低温阶段。

马四段白云岩的阴极发光表现出两种不同类型，一种为发暗红色的泥晶白云岩[图2-1-6(a)、(b)]，另一种为发亮红色的豹斑白云岩[图2-1-6(c)、(d)]，即两种白云岩形成的时间先后有差异。阴极发光呈发暗红色的泥晶白云岩其成因与马五5亚段白云岩相似，应为准同生期渗透回流白云岩化成因；而豹斑白云岩晶粒呈亮红色，说明锰离子逐渐进入晶格，可能反映沉积环境进入埋藏还原环境。

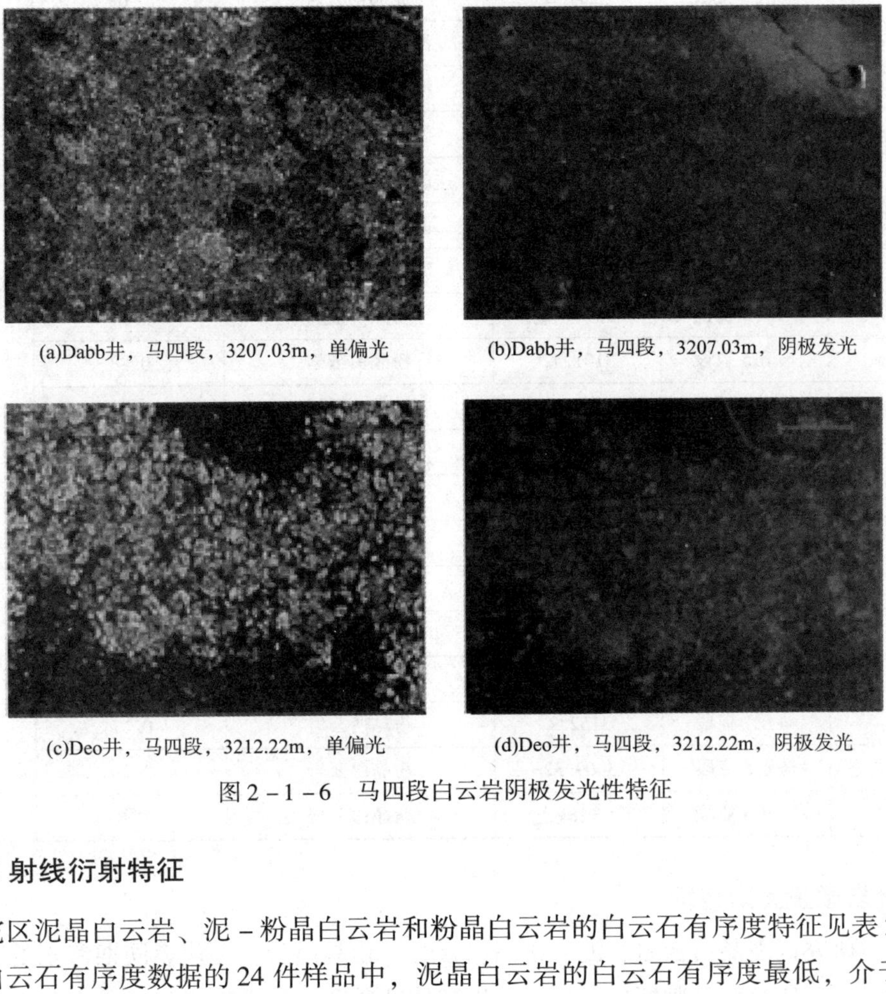

(a)Dabb井，马四段，3207.03m，单偏光　(b)Dabb井，马四段，3207.03m，阴极发光

(c)Deo井，马四段，3212.22m，单偏光　(d)Deo井，马四段，3212.22m，阴极发光

图2-1-6　马四段白云岩阴极发光性特征

### 3. X射线衍射特征

研究区泥晶白云岩、泥-粉晶白云岩和粉晶白云岩的白云石有序度特征见表2-1-2。在测得白云石有序度数据的24件样品中，泥晶白云岩的白云石有序度最低，介于0.56~0.73之间，平均值为0.68。泥-粉晶白云岩的白云石有序度稍高于泥晶白云岩，有序度变化范围0.63~0.75，平均值为0.71。总体而言，泥晶白云岩和泥-微晶白云岩的白云石有序度偏低，表明该类白云岩生长速度较快，白云石没有足够条件达到理想的结晶程度，按白云岩化机制，可能形成于准同生阶段。粉晶白云岩的白云石有序度较高，介于0.74~0.91之间，平均值为0.81，可能是渗透回流白云石化成因。

表 2-1-2 研究区不同晶粒白云岩中白云石有序度特征

| 井 号 | 层 位 | 深度/m | 岩性描述 | 白云石有序度 | 平均值 |
|---|---|---|---|---|---|
| Dfg | 马五 2 亚段 | 2881.3 | 泥晶白云岩 | 0.65 | 0.68 |
| Dfg | 马五 2 亚段 | 2877.6 | 泥晶白云岩 | 0.66 | |
| Dabc | 马五 6 亚段 | 3291.67 | 泥晶白云岩 | 0.73 | |
| PGbg | 马五 5 亚段 | 2977.9 | 泥晶白云岩 | 0.69 | |
| Daac | 马五 2 亚段 | 2863.22 | 泥晶白云岩 | 0.71 | |
| Dabc | 马五 6 亚段 | 3297.2 | 泥晶白云岩 | 0.65 | |
| Da-eco | 马五 5 亚段 | 3082.71 | 泥-粉晶白云岩 | 0.73 | 0.71 |
| Da-eco | 马五 5 亚段 | 3093.61 | 泥-粉晶白云岩 | 0.75 | |
| Da-eco | 马五 5 亚段 | 3106.75 | 泥-粉晶白云岩 | 0.63 | |
| Dha | 马五 10 亚段 | 2846.68 | 泥-粉晶白云岩 | 0.74 | |
| Dabd | 马五 6 亚段 | 3110.9 | 泥-粉晶白云岩 | 0.71 | |
| Daac | 马五 3 亚段 | 2870.3 | 泥-粉晶白云岩 | 0.68 | |
| Da-eco | 马五 5 亚段 | 3097.42 | 粉晶白云岩 | 0.91 | 0.81 |
| Da-eco | 马五 5 亚段 | 3101.42 | 粉晶白云岩 | 0.88 | |
| Da-eco | 马五 5 亚段 | 3111.83 | 粉晶白云岩 | 0.83 | |
| Da-eco | 马五 5 亚段 | 3112.78 | 粉晶白云岩 | 0.74 | |
| Da-eco | 马五 5 亚段 | 3115.62 | 粉晶白云岩 | 0.79 | |
| PGbg | 马五 5 亚段 | 2979.52 | 粉晶白云岩 | 0.83 | |
| PGbg | 马五 5 亚段 | 2983.96 | 粉晶白云岩 | 0.82 | |
| PGbg | 马五 5 亚段 | 2987.35 | 粉晶白云岩 | 0.83 | |
| Dabd | 马五 7 亚段 | 3147.2 | 粉晶白云岩 | 0.76 | |
| Dabd | 马五 7 亚段 | 3152.2 | 粉晶白云岩 | 0.77 | |
| Ddh | 马五 5 亚段 | 3009.32 | 粉晶白云岩 | 0.79 | |
| Ddh | 马五 5 亚段 | 3013 | 粉晶白云岩 | 0.8 | |

### 4. 全岩微量元素特征

通过对研究区泥晶白云岩、泥-粉晶白云岩、粉晶白云岩和代表同期海水的泥晶灰岩微量元素进行对比分析，判断白云岩的成岩流体性质和成岩蚀变强度，为白云石化成因及储层发育机理提供依据。

1）锶元素含量

研究区泥晶灰岩中锶元素含量最高，其值为 95.1～277.5μg/g，平均为 163.1μg/g；泥晶、泥粉晶白云岩中锶元素含量较泥晶灰岩低，其值为 61.7～119.3μg/g，平均为 79.5μg/g；粉晶白云岩的锶元素含量低于泥晶白云岩，其值为 38.4～79.6μg/g，平均值为 60.8μg/g。通过对比不同类型白云岩和泥晶灰岩的锶元素含量变化（图 2-1-7），随白云岩化作用的进行，岩石中锶元素含量有降低的趋势，经过成岩作用改造稳定后的碳酸盐岩具有较低的锶元素含量，这种成岩过程中对应的元素迁移和缺失关系，反映了成岩蚀变的强度和成岩环境的变迁。

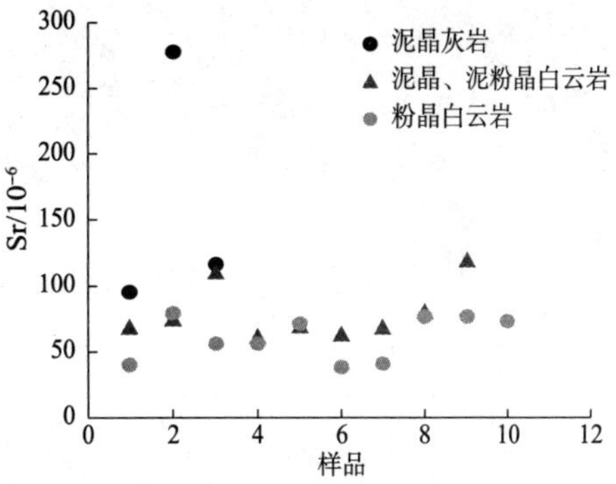


图 2－1－7　研究区不同类型碳酸盐岩锶元素含量分布特征

2）Mg、Ca 元素特征

研究区不同层位、不同井位的 Ca/Mg 比值变化如图 2－1－8 所示，马五 5 亚段总体 Ca/Mg 比值高于马五 3 亚段和马五 6 亚段，从岩性来看马五 5 亚段以灰岩为主，马五 3 亚段和马五 6 亚段以微晶白云岩为主；马五 5 亚段内部 Ca/Mg 比值变化明显，表明马五 5 亚段白云岩分布可能受高频的海侵－海退旋回控制；马四段 Ca/Mg 比值较高，马三段 Ca/Mg 比值较低。从 Dfg 到 Ddh 到 Da－eco（从北到南），马五 5 亚段 Ca/Mg 比值明显降低，即灰质含量明显降低；从 Dfg 到 Daac（自西向东），马五 2 亚段和马五 3 亚段的 Ca/Mg 比值相差不大。

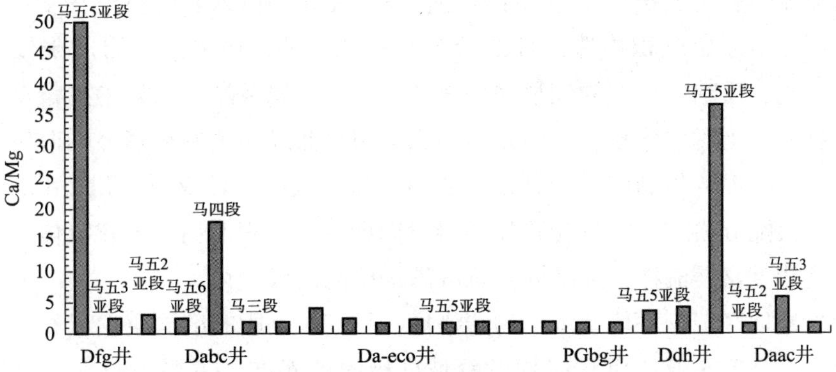


图 2－1－8　研究区不同井位、不同层位白云岩 Ca/Mg 比值分布直方图

3）稀土元素特征

泥晶、泥－粉晶和粉晶白云岩的稀土元素含量均低于泥晶灰岩，但稀土元素配分模式与泥晶灰岩相似，表明白云岩化流体为海水或海源流体，且在白云岩化过程中稀土元素发生迁移贫化。各类白云岩的 δEu 值平均为 0.84，δCe 值平均为 0.93，显示该类白云岩形成于氧化环境，可能为准同生白云岩化。

## 5. 碳、氧同位素特征

研究区不同类型白云岩的 $\delta^{13}C$ 值变化范围比较接近（图 2－1－9），泥晶白云岩碳同位素 －2.6‰ ~ +1.1‰，平均值为 －0.1‰；粉晶白云岩碳同位素 －2.2‰ ~ +0.8‰，平均值为 +0.2‰。泥晶白云岩和粉晶白云岩的碳同位素值均接近于同时期海相灰岩的碳同位素值，白云岩与灰岩碳同位素组成相近，表明白云石化流体具有海水来源特征，氧同位素

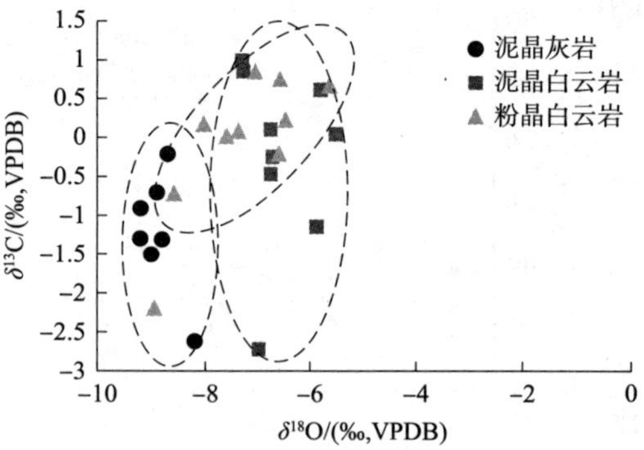


图 2-1-9 研究区碳酸盐岩碳氧同位素分布特征

值偏正，可能受蒸发环境影响，盐度稍增加的海水，存在渗透回流白云石化机理。

**6. 锶同位素特征**

研究区碳酸盐岩不同类型白云岩的锶同位素组成变化区间不大，接近马家沟组同期海水锶同位素比值(0.709)，表明白云岩化流体为海水来源。

## 二、白云岩化成因

基于以上白云岩的岩石学和地球化学特征，奥陶系白云岩化作用主要表现为渗透回流机制，分别为准同生阶段渗透回流机制和埋藏阶段白云石交代作用。

**1. 准同生渗透回流白云岩化**

准同生白云石化作用是指在灰泥沉积后非常短暂的时间里白云石化流体交代灰岩的过程，白云石化流体就是沉积流体。马家沟组泥晶、泥粉晶白云岩的自形程度较低，藻纹层发育，藻纹层保留原始沉积构造，且白云石有序度较低，该类白云岩的阴极发光普遍较暗，呈暗红色光，反映白云石为较早期快速结晶而成。泥微晶白云岩中少量针状膏质被方解石交代，反映了当时水体较浅，白云岩形成于相对低温的蒸发环境。同时，根据其地球化学特征，泥晶、泥-粉晶白云岩具较高的Sr、Na含量，与泥晶灰岩具相似的$\delta^{13}C$分布区间及稀土元素配分模式，Sr同位素比值接近同期海水，表明白云岩化流体为与海水密切相关的中-高盐度富镁流体，为准同生阶段渗透回流白云岩化。

结合大牛地地区沉积环境及沉积构造格局，马五5亚段的准同生白云石化作用主要为渗透回流模式。马五5亚段沉积时期发育坡度极缓的斜坡，主要为蒸发条件下的潮下上部-潮间带沉积，水体较浅且海域范围较广。因此，虽然发育少量的石膏，但只能反映沉积水体盐度较高，而中盐度的海水产生的密度差异导致了流体向下倾方向回流。与此同时，中盐度的海水回流很大程度上受海平面变化(高频)的控制，马五5亚段为一次迅速海侵而后缓慢海退的过程，因此在海退背景下，干旱炎热的气候条件产生的中盐度的海水在回流过程中迅速交代准同生的灰泥，发育了一套它形-半自形的薄层状泥晶、泥-粉晶白云岩。

根据马四段泥晶白云岩的阴极发光特征，该类白云岩形成机制也为渗透回流模式(图2-1-10)。马四3亚段以豹斑灰岩和大量生物发育为特征，云岩仅在生物扰动区域局部发育，反映盐度正常的开阔沉积环境；马四2亚段形成较薄的云灰互层，云岩沉积区域扩大，水体变浅，生物较马四3亚段有所减少；随水体进一步变浅，水体盐度增加，富镁卤水下渗，在马四1亚段形成白云岩。

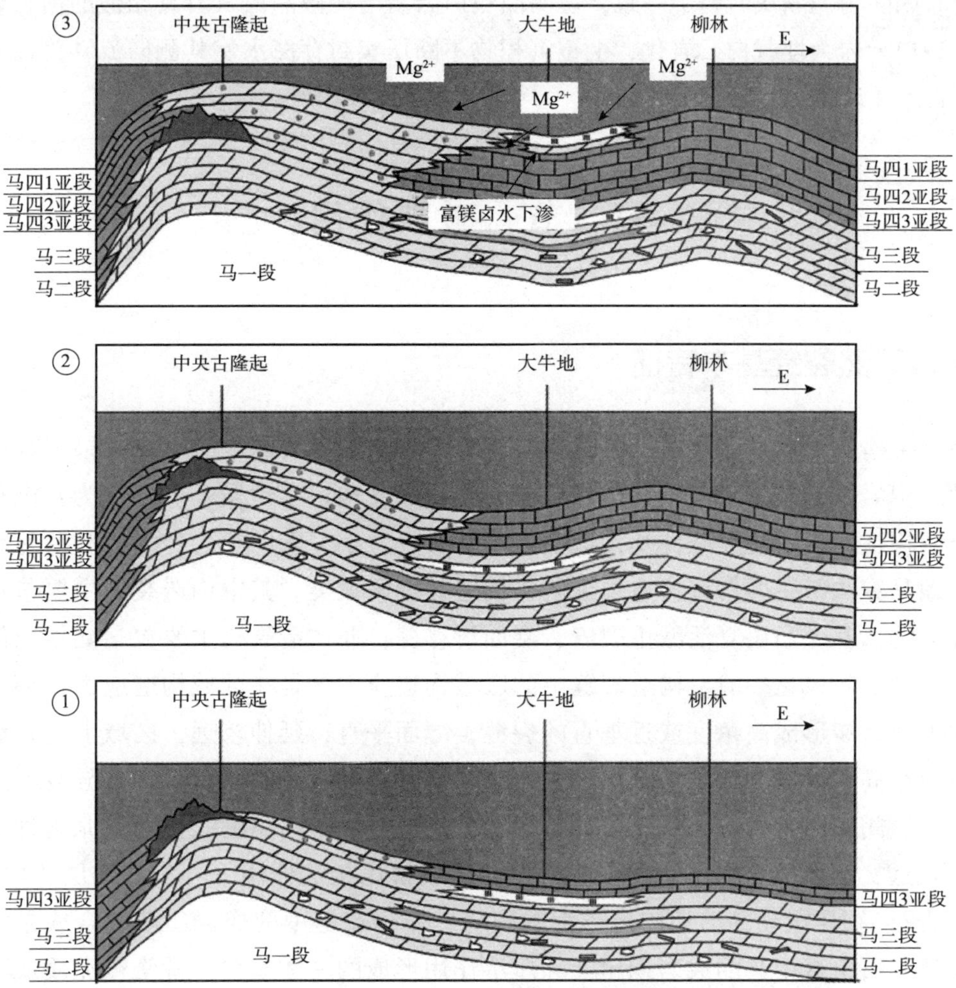


图2－1－10　马四段渗透回流白云岩化模式图

## 2. 埋藏白云岩化

埋藏期白云岩分布在生物扰动区及缝合线附近(图2－1－11)。浅埋藏期，生物碎屑中的高镁方解石向方解石转变，以及压溶过程中的镁离子的析出，导致在岩性疏松区(生物钻孔及扰动区域)发生局部云化，由于镁离子不足，云化不彻底，呈现斑块状，且白云石晶粒间为方解石。晶粒白云岩伴生矿物少，偶见黄铁矿，晶体结构多为曲面它形，阴极发光为中－弱橘红色光，有序度高，Sr含量较低，Na和Mn含量与泥晶白云岩相近，稀土元素配分模式与泥晶白云岩相似，且与泥微晶灰岩相近，

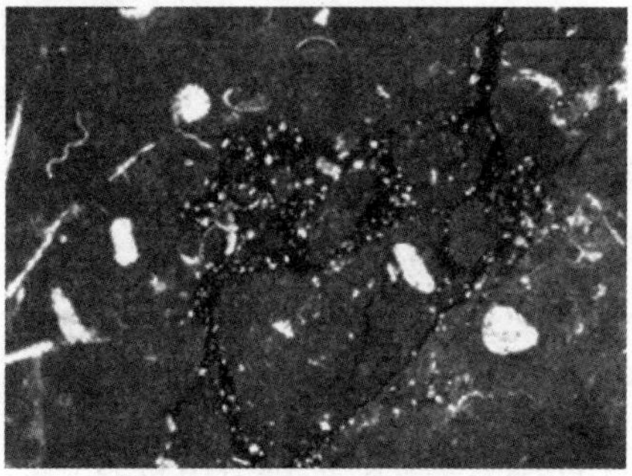

Deo井，马四3亚段，3212.22m

图2－1－11　研究区马四3埋藏白云岩镜下特征

$\delta^{13}C$ 分布区间与泥晶灰岩趋于一致，说明晶粒白云岩与泥微晶白云岩具相似的白云岩化流体，该种白云岩为埋藏白云岩化，上覆沉积物不断压实封存卤水使其侧向流动为白云岩化提供了源源不断的 Mg 离子。

# 第二节　破裂作用

## 一、天然裂缝基本特征

地层裂缝的影响因素众多，但所有裂缝的形成都是两大因素的综合结果。其中内因为：地层中岩石的矿物组成、结构、构造、岩石强度和力学性质等。外因为：沉积、成岩环境、构造背景、边界条件及构造应力的性质、大小、方向等。经岩心和薄片观察认为大牛地马家沟组主要发育构造裂缝与非构造裂缝两大类。其中构造裂缝主要包括区域构造应力缝、基底断层复活派生裂缝、层面滑移缝；非构造裂缝主要包括陡坎两侧差异压实载荷裂缝与风化裂缝。构造裂缝中的区域构造应力缝是在区域构造应力作用下，岩石发生剪切破裂形成高角度或近垂直的裂缝，缝面平直，延伸较远，区域上呈现组系发育，有效性高；基底断层复活派生裂缝是在早期存在的基底断层，后期差异复活，形成一端褶皱紧闭的鼻状构造，产生与低幅褶皱或断层派生的高角度张性缝或张剪性缝，纵向延伸较远，有效较高；层面滑移缝是在伸展或挤压构造作用下，沿着岩层软弱面(含泥层状岩石)顺层滑动的剪切应力产生的裂缝；非构造缝中的成岩压溶缝合线是沉积载荷作用使岩石负载引起的成岩期压实和压溶作用形成的一类裂缝，常常被泥质或沥青充填，有效性差；陡坎两侧差异压实载荷裂缝是指早期形成的陡坎古地貌在沉积后期由于受陡坎两侧沉积载荷的差异性影响，形成的拉张裂缝；风化裂缝非常发育，为了对其进行细致的研究，进一步将其划分为表层风化淋滤裂缝、陡坎拉张裂缝及岩溶崩塌裂缝。其中表层风化淋滤裂缝是近表层的表生风化受物理、机械等风化作用影响形成的一种破裂类型，以垂直的树枝状裂缝为主，末端见分叉，网状风化裂缝常存在于中晚期风化破碎带；陡坎差异载荷裂缝主要位于风化岩溶形成的地貌陡坎附近，由于受到陡坎处重力势能的差异，产生诱导拉张裂缝，这种裂缝上宽下窄、裂缝面曲折，呈现半充填或全充填。这种拉张作用受到岩性、陡坎高度落差和岩层产状的影响。在大牛地包括了三种类型的岩溶崩塌裂缝，即风化期形成较大溶洞的坍塌，从而形成裂缝，陡坎在重力的作用下形成的坍塌，在中深层(马五5)底部可溶部分(含膏盐)溶蚀发生溶孔坍塌。构造裂缝主要发育区域构造应力缝与基底断层复活派生裂缝，非构造裂缝主要发育风化裂缝与陡坎两侧差异压实载荷裂缝(表 2－2－1)。

**表 2-2-1　大牛地地区马家沟组碳酸盐岩裂缝类型与成因机制**

| 类型 | 亚类 | 次亚类 | 成因机制 | 分布层位 |
|---|---|---|---|---|
| 构造裂缝 | 区域构造应力缝 | | 局部或区域构造应力作用下，岩石发生剪切破裂形成高角度或大角度斜交缝 | 马五5亚段-马五7亚段、马四段以下 |
| | 基底断层复活派生裂缝 | | 常与褶皱或断层相伴生，缝面弯曲，延伸不远 | 马五7亚段、马四段、马一段 |
| | 层面滑移缝 | | 在伸展或挤压构造作用下，沿着岩层软弱面（含泥层状岩石）顺层滑动的剪切应力产生的裂缝 | 马五6亚段 |
| 非构造裂缝 | 流体超压裂缝 | | 由于深层含膏层形成的异常压力在含膏云岩或泥岩中产生的裂缝 | 马三段、马二段 |
| | 成岩裂缝 | | 主要包括成岩缝合线和成岩收缩缝，主要由于压溶作用和失水形成 | 马五7亚段、马三段 |
| | 陡坎两侧差异压实载荷裂缝 | | 早期形成的陡坎古地貌，在沉积后期由于受陡坎两侧沉积载荷的差异性影响，形成的拉张裂缝 | 马五6亚段、马五5亚段 |
| | 风化裂缝 | 表层风化淋滤裂缝 | 近表层的表生风化受物理、机械等风化作用影响形成的一种破裂类型，以垂直的树枝状裂缝为主，末端见分叉，网状风化裂缝常存在于中晚期风化破碎带 | 马五4亚段以上 |
| | | 陡坎拉张裂缝 | 在风化表层，由于陡坎处重力势能的差异，产生诱导拉张裂缝 | 马五5亚段、马五4亚段 |
| | | 岩溶崩塌裂缝 | 这种类型在大牛地地区常见，包括了三种类型的坍塌：即风化期形成较大溶洞的坍塌；陡坎在重力作用下的坍塌；在中深层（马五5亚段）底部可溶部分（含膏盐）溶蚀发生溶孔坍塌 | 马五5亚段以上 |

## 二、天然裂缝期次与成因

### 1. 区域主要构造活动

从整个鄂尔多斯盆地地质构造发展来看，在奥陶系马家沟组地层沉积后，印支、燕山和喜山构造运动期对整个鄂尔多斯盆地影响较大。其中印支构造运动期，鄂尔多斯盆地为稳定坳陷盆地，表现为挤压应力环境（图 2-2-1）；燕山构造运动期（尤以燕山Ⅱ幕构造运动最强），是盆地边缘构造主要形成时期，表现为左旋剪切应力环境（图 2-2-2）；喜山构造运动期，盆内隆升和周围断陷，表现为右旋剪切-拉张应力环境（图 2-2-3）。因此，在印支、燕山和喜山构造运动影响下，对目的层位构造裂缝的形成会产生巨大影响。其中，燕山期是盆地构造的主要形成

图 2-2-1　鄂尔多斯盆地燕山期构造应力环境

期，盆地边缘构造形成，盆地内部东倾变为西倾，形成形态不规则北东－南西向鼻褶。燕山期所处最大主应力场状态，应产生 NW－SE 向张性破裂和近 SN 向和 EW 向共轭剪破裂。根据成像测井的裂缝走向玫瑰花分布图可知，裂缝走向与燕山期北西－南东向的挤压应力场相匹配(图 2－2－4)。该其裂缝充填较少，测井解释大部分为高导缝，而成像测井解释也显示近 SN 向为裂缝展布方位的次要方向，该组方向与印支期盆地受南北向挤压应力环境向匹配，该组裂缝充填程度较高，测井解释显示为高阻缝，有效性较低。总体来说，大牛地裂缝为多期次多成因形成，且裂缝的形成主要为加里东风化裂缝、印支期构造裂缝、燕山－喜山期构造裂缝三期。其中加里东期是风化裂缝形成的主要时期，在三期构造运动中较为主要，而印支期裂缝形成较弱，燕山－喜山期是裂缝形成的最主要时期，形成的裂缝有效程度也较高。

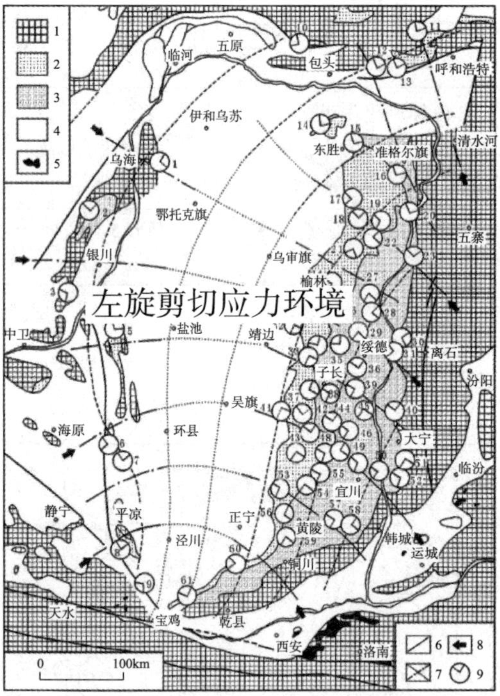

图 2－2－2　鄂尔多斯盆地印支期构造应力环境

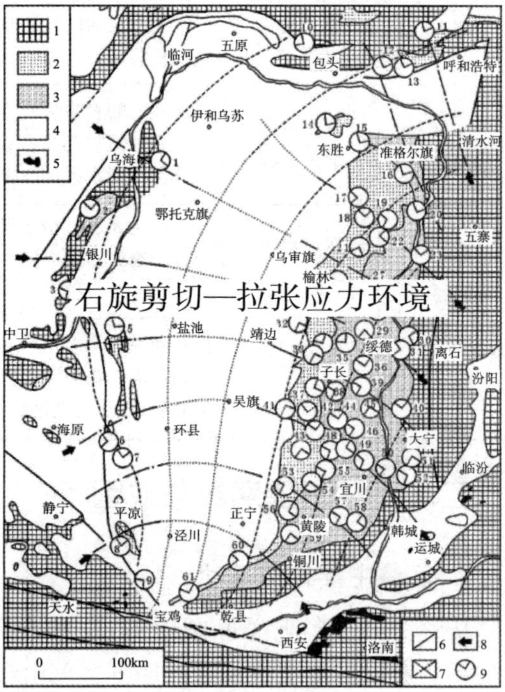

图 2－2－3　鄂尔多斯盆地喜山期构造应力环境

## 2. 构造裂缝形成期次

1)碳氧同位素测试期次分析

由于裂缝的形成过程属于“真空扩容”，饱和的地层水会第一时间进入刚形成的裂隙中，在缝壁富集，可采集裂缝充填物进行期次分析，应该取其缝壁上的矿物。根据所采集的构造裂缝充填物碳氧同位素测试成果发现，无论是垂直裂缝充填物还是斜交裂缝充填物，其充填的方解石 $\delta^{18}$OPDB(‰)值相差较大，介于 －7‰～－18‰，$\delta^{14}$CPDB(‰)相差相对较小，这反映出裂缝应是多期构造运动形成的。

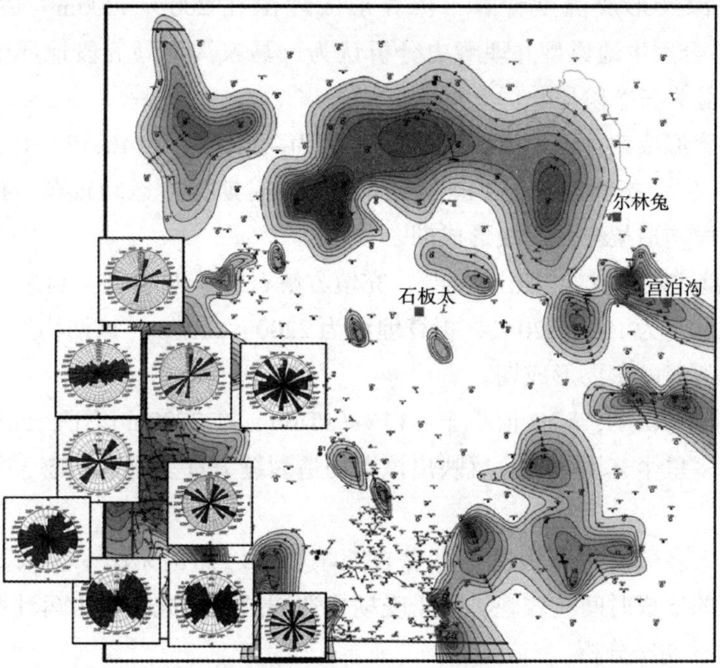


图 2－2－4　大牛地成像测井裂缝走向分布及有效性特征图

据测温方程(Fritz 和 Smith，1972)：

$$t = 41.9 \sim 5.55(\delta^{18}O - \delta^{18}O_w) + 0.7(\delta^{18}O - \delta^{18}O_w)^2 \qquad (2-2-1)$$

式中，$\delta^{18}O$ 为测定样品的氧同位素值,‰PDB；$\delta^{18}O_w$ 为地层水介质的氧同位素值，按混合埋藏变质水，取 －9‰PDB。

折算埋深(按研究区 4.5℃/100m 古地温梯度计算，大牛地气田常年平均温度取 20℃。由此根据同位素测试结果，编制出构造裂缝充填物的稳定同位素分布图(图 2－2－5)，从同位素分布图可以得出如下认识：

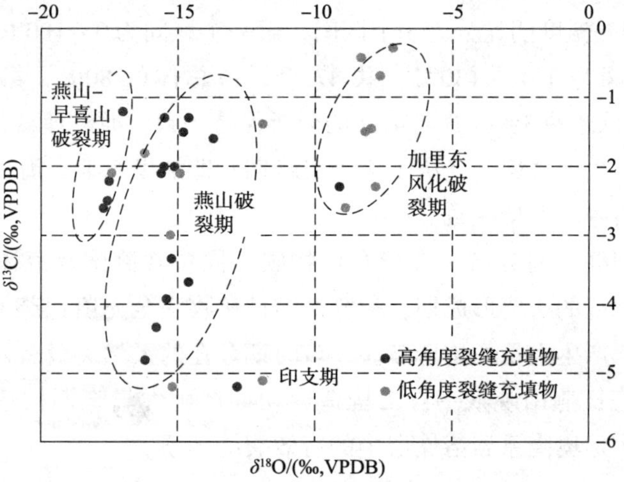


图 2－2－5　大牛地气田储层中下组合裂缝充填物碳氧同位素分布图

根据折算埋深及形成温度计算，折算形成埋深在 200 ~ 4000m，估算形成温度为 40℃ ~140℃，结合大牛地典型井埋藏史分析认为，马家沟组马五段地层中的构造裂缝按同位素大致可以分为三个阶段：

印支构造裂缝形成期：充填方解石的 $\delta^{18}O$ 值为 -11‰ ~ -14‰(PDB)，估算出其形成温度约为 90 ~100℃，折算埋深为 1400 ~2200m，此时期构造运动较弱，持续时间短，是大牛地气田马五段构造裂缝的次级形成期。

燕山构造裂缝主要形成期(燕山早期)：充填方解石的 $\delta^{18}O$ 值在 -14‰ ~ -17‰(PDB)，估算出其形成温度约为 100 ~120℃，折算埋深为 2200 ~2600m，该期构造运动强烈，持续时间长，是构造裂缝的主要形成期。

燕山晚期—早喜山期，$\delta^{18}O$ 值小于 -17‰(PDB)，在 2700m 以下，此时期产生的构造裂缝相对较晚，多呈半充填状态，反映出该期构造裂缝大都呈有效状态，能够为地下天然气流动提供运移。

由于还有绝大多数的构造裂缝都不存在充填物，因此也无法采集来做碳氧同位素分析，但这些裂缝的形成时间应较晚，属于晚期构造裂缝，因此在喜山运动期产生。

2)包裹体测试期次分析

在油气成藏的研究中，包裹体分析技术已成为一种常用的研究手段，由于烃类包裹体同期次形成的盐水包裹体的均温度能够近似代表油气成藏的温度，进而可以确定成藏期次。

大牛地气田有很丰富的包裹体，总的看来，有机包裹体类型丰富，但个体较小，直径一般为 2 ~8μm，少数达 15 ~20μm，形态大多数为近圆形或椭圆形，部分为不规则状。单偏光下油包裹体颜色多为棕色、棕褐色或无色；天然气包裹体多为无色，少数纯气态烃包裹体为黑色或黑灰色，且气、液比比与其共生的同期盐水包裹体大，以含溶解轻烃盐水包裹体、富气态烃包裹体和纯天然气单相包裹体为主。

取测试的 59 个数据点对包裹体的均一温度进行分析和研究，发现包裹体均一温度分布在 80 ~140℃，均一温度明显分为 3 个区间，第一个区间为 0 ~100℃，共 10 个，占总体的 17%，第二个区间为 101 ~ 130℃，共 47 个，占总体的 80%，第三个区间为 130 ~ 140℃，共 3 个，占总体的 3%。这与前面的分析保持一致。通过埋藏史法对包裹体进行成藏模拟，结果表明大牛地气田共经历了 4 个成藏期，即加里东期、海西期、印支期和燕山期，这与前面的分析基本保持一致。

综合成像测井裂缝走向分布、裂缝充填物碳氧同位素测试及流体包裹体测试分析认为：印支期是构造裂缝的次要形成期，裂缝基本被矿物完全充填；燕山构造运动期是构造裂缝的主要形成期，产生大量的构造破裂，该时期存在的天然裂缝有效性最高，裂缝多呈半充填 - 未充填状态；燕山晚期—喜山构造运动期产生大量晚期构造破裂，大多无充填物，构成了现今大牛地奥陶系岩溶储层中的有效裂缝体系。

## 三、天然裂缝发育主控因素与分布规律

### 1. 岩溶古地貌特征与裂缝关系

大牛地奥陶系马家沟组在沉积的末期受加里东抬升运动影响，受到长达 1.2 亿～1.5 亿年的风化和剥蚀，从而形成了现今准平原化的岩溶地貌及奥陶系顶部岩溶风化壳。针对大牛地气田岩溶地貌的恢复，学者们将研究区古地貌划分为 5 个二级地貌单元，即岩溶高地、台丘陡坎、台丘其他/残丘、斜坡及沟槽。对 16 口井在不同的岩溶地貌上的裂缝发育强度及数量进行了统计，其中 Da－eco、PGbg、Daoa 井处于岩溶高地；Ddh、Dkb、Dco 井处于台丘陡坎；Dcg、Dfg、Dabb、Dabd 井处于台丘其他/残丘；Deo、Dabf、Ek 井处于斜坡；Dfe－c、Dha 及 Dhh 井处于沟槽。由构造裂缝、风化裂缝及成像测井统计出的裂缝在岩溶古地貌图上投影可知：裂缝总体在台丘陡坎及台丘其他和残丘处发育强度最大，岩溶高地次之，深沟槽较次之，斜坡和浅沟槽处较少发育(图 2－2－6)。

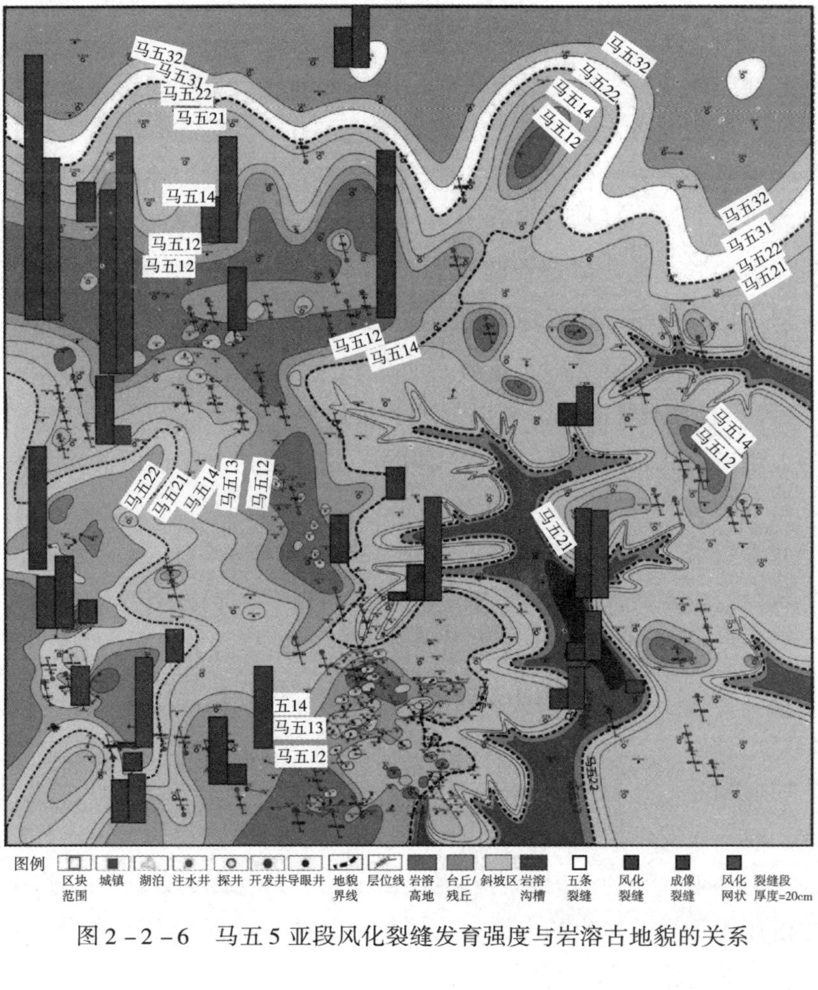


图 2－2－6　马五 5 亚段风化裂缝发育强度与岩溶古地貌的关系

可见，裂缝发育数量在岩溶古地貌上的发育特征与裂缝发育强度一致(图2－2－7)。因此可以看出研究区的岩溶古地貌特征对裂缝的影响较大，不同的地貌单元上裂缝的发育强度存在较大的差别。

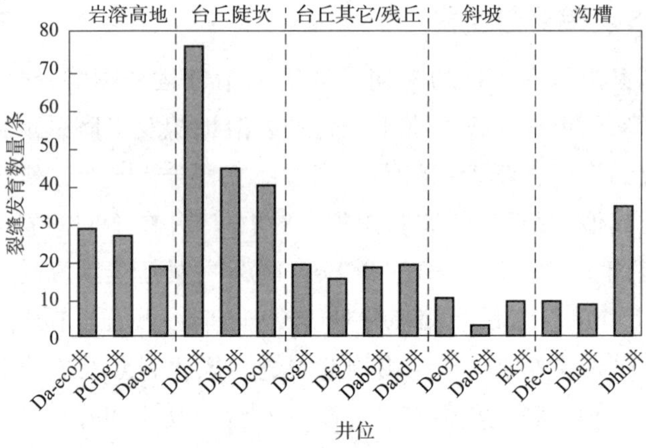


图2－2－7　马五5亚段裂缝发育数量与岩溶古地貌的关系

## 2. 岩性与岩石力学性质对裂缝的影响

岩石本身的性质是其发生破裂的基础，不同岩性的岩石力学强度存在差异，裂缝发育程度也不同，反映在相同应力环境下，不同岩性的岩石产生裂缝的能力不同。不同岩性的各种岩石力学参数反映了岩石在相同构造应力背景下岩石的破裂强度差异。岩石破裂强度是不同岩性破裂难度的决定性指标。在岩石脆性强的岩层中发育强烈，终止于塑形岩层。影响岩石发生破裂的岩石性质体现在两个方面：一是岩石的力学强度，尤其是抗张强度，该性质决定了坍塌坑缘的肩部附近坍塌拉张破裂的产生；二是岩石本身的可溶性，岩性是影响溶蚀孔洞及洞穴产生的重要因素，通常质纯的灰岩与次生的云岩(白云岩化形成的白云岩或灰质白云岩)容易遭受溶蚀，可以形成岩溶储层；而含泥的碳酸盐岩由于抗淡水淋滤作用比较强，难以形成孔洞，有时还会成为隔水层，阻挡淋滤作用的向下纵深。

大牛地气田奥陶系岩溶储层岩性复杂多变，岩石的破裂程度必然存在差异。根据岩心、薄片和测井等资料，将马五段碳酸盐岩分为五种岩性：纯白云岩，泥质白云岩，灰质白云岩，角砾状白云岩和微晶灰岩(马五5亚段中下部所特有)。其中泥质白云岩的岩石抗张强度为8.2MPa，显示出的明显的高值，泥质含量增加导致其塑性增强，相比之下此类岩性不易发生张性破裂。岩性较纯的白云岩岩石抗张强度和抗压强度均明显高于其他岩性(当溶蚀孔洞发育时除外)，在岩心上也鲜见构造裂缝发育，根据镜下薄片分析可知白云岩的颗粒粒度为粉－细晶，其岩石强度的高值应与岩石的粒度有关，粒度越小岩石越致密，岩石强度越大，越不易发生破裂。灰质白云岩、角砾状白云岩及马五5亚段特有的黑色微晶灰岩岩石强度均小于致密纯的白云岩和泥质白云岩，这是因为加里东构造抬升后的风化剥蚀作用、岩溶作用和岩石发生的白云岩化等作用会在一定程度上削弱岩石力学强度，造成了这类岩性更易在构造应力作用下发生破裂，产生大量构造缝(图2－2－8)。大牛地奥陶系岩溶储层中风化裂缝最为发育，对风化裂缝研究发现黑色微晶灰岩、岩溶角砾岩及灰质白云岩是风化裂缝发育的主要岩性，约65%的风化裂缝发育在这几类岩性中，而在粉晶白云岩中发育最少。这主要是因为这几类岩性的抗张强度小，容易被风化，从而产生裂缝。

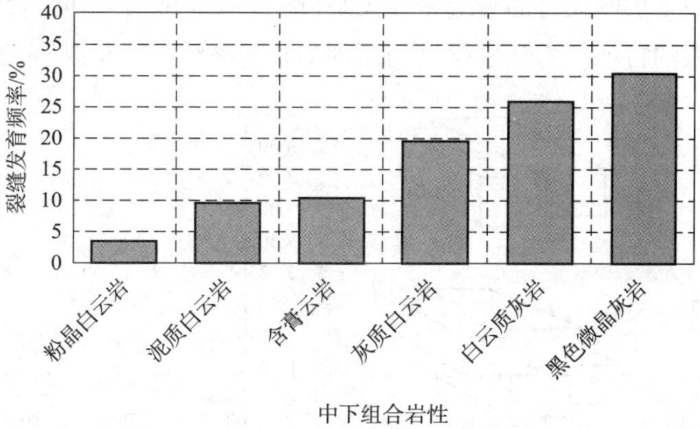


图2－2－8　大牛地气田中下组合构造裂缝发育与岩性的关系

### 3. 构造区曲率对裂缝的影响

曲率法研究对象针对的是构造缝，对于非构造裂缝的评价无意义。在一维的变形状态下，初始无弯曲的岩层会沿某方向发生变形弯曲。岩层在受力弯曲后，岩层中性面以上岩层受拉张应力产生拉张破裂，中性面以下岩层则处于挤压状态，难以形成张性破裂。而实际情况下，岩层的弯曲并不是一维的，存在多个方向变形，因此同一位置的裂缝发育程度应由各单向变形的曲率叠加描述。构造曲率法是利用岩层产生的形变同曲率的关系来评价张性构造裂缝分布的，已有的研究实践表明，曲率值越大，拉张应力也越大，岩石更易发生张破裂，其值的大小能间接反映张性裂缝的发育程度。

### 4. 岩石厚度对裂缝的影响

岩性均一、力学性质相当的单岩层从岩石的破裂角度来说属于一个破裂单元。这里所说的岩层厚度实质上是指岩石力学层厚度，它的厚度受沉积作用控制，力学性质与沉积时岩石颗粒的粒度、成岩作用等各种地质作用有关。前人研究均认为，裂缝通常是发育在岩层内，与层面垂直，终止于岩性界面。根据对岩心和野外剖面的观察结果表明该认识适用于大牛地气田奥陶系岩溶储层，该套地层主要岩性为碳酸盐岩，属于脆性岩层。

大牛地气田奥陶系岩溶储层互层较为明显，通常表现为泥质或灰质含量的变化，也存在因岩溶垮塌形成的局部角砾岩层，在岩心和薄片上观察到的岩性主体为白云岩和灰岩，这种云质和灰质组成的互层，实测可以看作为不同的岩石力学单元层，这种组合岩性容易在构造应力的作用下产生裂缝。另外，根据野外露头剖面的观察结果，也显示裂缝在厚层状灰色粉－细晶白云岩中发育程度与单一岩层的厚度具有较强的关系，单一岩层的厚度越薄，裂缝越发育，且这些裂缝大多终止于岩层面。这种裂缝的发育模式可以用分层走滑机制来解释，按力学性质，可分为左旋和右旋(图2－2－9)，在大牛地气田区，这两种模式均存在于不同的应力背景中。大牛地气田奥陶系碳酸盐岩中发育有纯的白云岩、泥质白云岩、灰质白云岩、岩溶角砾状白云岩和马五段特有的黑色微晶灰岩等主要岩性。这些岩性构成的岩层是控制裂缝分布的主要力学层。在岩心裂缝发育剖面的纵向结构分析基础上，统计了不同岩性的力学岩层厚度和该力学层内发育的裂缝密度关系(图2－2－10)，不同岩性的力学层表现出薄层裂缝密度高于厚层的特征。力学层厚度与层内的构造裂缝密度呈乘幂负相关性。

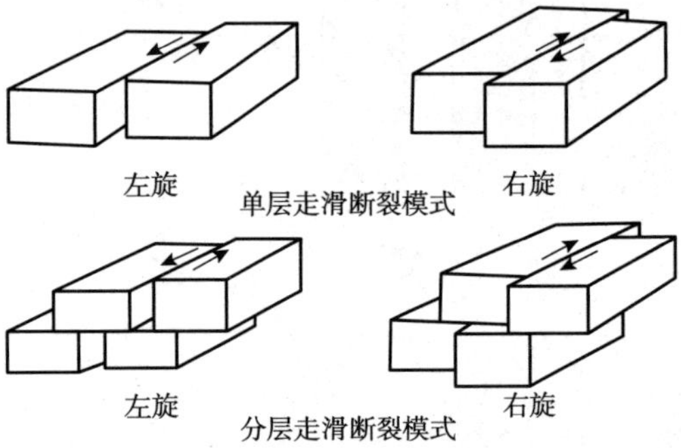


图2－2－9　走滑断裂模式图

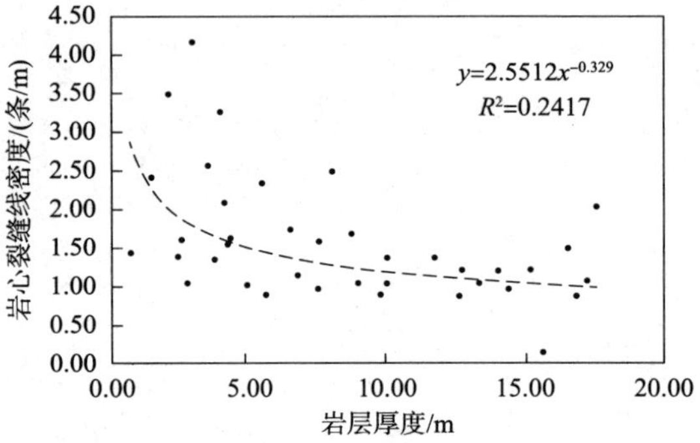


图2－2－10　大牛地气田奥陶系岩层厚度与岩心裂缝线密度关系

# 第三节　岩溶作用

## 一、岩溶作用特征及类型

### 1. 岩溶作用特征

中奥陶统马家沟组地层与中石炭统本溪组呈平行不整合接触，缺失了上奥陶统、下古生界志留系、上古生界泥盆系和下石炭统地层，沉积间断长达148Ma(杨俊杰等，1991)。在如此长的沉积间断中，中奥陶统马家沟组碳酸盐岩地层必然发生岩溶作用。岩溶作用过程中，大气淡水和地下水对碳酸盐岩和易溶盐岩的淋滤、渗透造成岩石的侵蚀和溶解，使得研究区岩体产生大小不等的溶蚀孔洞、溶蚀缝等，同时由于构造运动造成岩体破裂，形成纵横交错的裂缝，在大气淡水持续淋滤及溶蚀作用下，岩体坍塌、崩落可形成大量岩溶砾岩和角砾岩，成为识别岩溶作用的重要标志。

基于取心井的岩心观察，根据角砾的错位程度，识别出了多种不同类型的岩溶角砾特征(图2－3－1)。裂缝岩溶角砾岩是岩层角砾化初期角砾未错位时期的产物，例如岩心上观察到的压裂连续角砾岩和镶嵌角砾岩，角砾间充填有方解石和泥质等[图2－3－1(a)、(b)、(g)、(h)]。紊乱角砾岩在研究区分布最为广泛，例如颗粒支撑紊乱角砾岩和杂基支撑紊乱角砾岩[图2－3－1(c)、(d)]，角砾间往往发育溶蚀孔隙，其中多见淡水亮晶方解石及白云石胶结物。洞穴角砾岩中角砾呈紊乱状态，角砾具有一定磨圆度[图2－3－1(i)、(j)]。

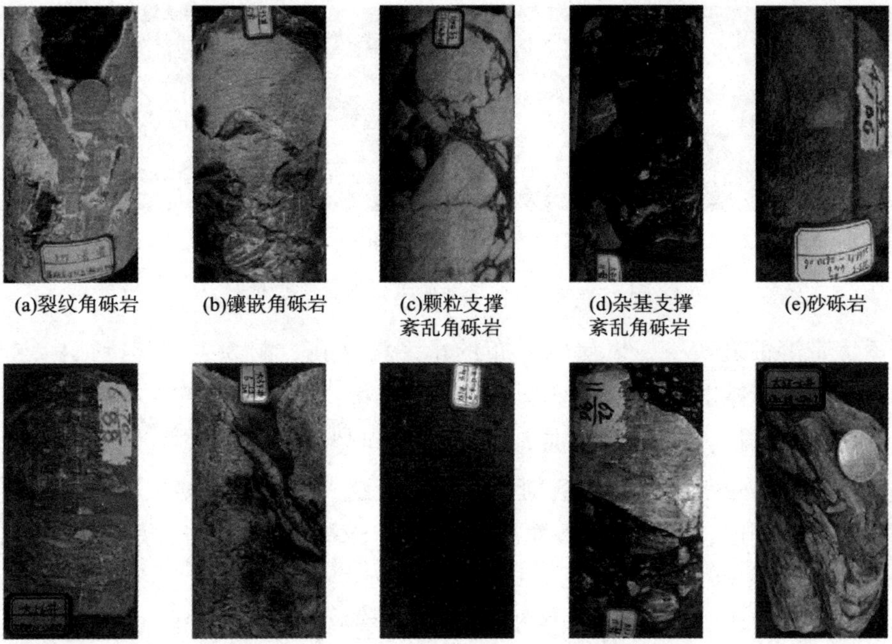

(a)裂纹角砾岩　(b)镶嵌角砾岩　(c)颗粒支撑紊乱角砾岩　(d)杂基支撑紊乱角砾岩　(e)砂砾岩

(f)紊乱角砾岩，砾石定向　(g)镶嵌角砾岩，泥灌入　(h)镶嵌角砾岩　(i)杂基支撑紊乱角砾岩　(j)颗粒支撑紊乱角砾岩

图 2－3－1　研究区岩溶作用特征

根据岩溶特征在岩心上的分布规律，并结合前人对岩溶分带特征的研究，在研究区不同层位划分出垂直渗流带和水平潜流带(表 2－3－1)。同时，根据马五 5 亚段岩心上特殊的岩溶角砾特征，将其归类为深部缓流带。由于不同岩溶带内的水动力特征不同，各自在岩溶剖面上的表现形式也不相同。

**表 2－3－1　研究区表生岩溶特征**

| 岩溶分带 | 岩相标志 | 角砾组成 | 角砾间充填物 | 分布层位 |
|---|---|---|---|---|
| 垂直渗流带 | 连续角砾岩 | 微晶灰岩、磨圆差 | 方解石 | 马五 1＋2 亚段 |
| 水平潜流带 | 颗粒支撑<br>杂基支撑紊乱角砾岩 | (含膏)白云岩<br>有一定磨圆 | 白云石<br>云泥岩<br>泥云岩 | 马五 3＋4 亚段 |
| 深部缓流带 | 裂纹角砾<br>裂纹－镶嵌角砾岩 | 白云岩<br>次生灰岩 | 泥云岩<br>云泥岩 | 马五 5 亚段 |
| 水平潜流带 | 杂基支撑紊乱角砾岩 | 白云岩<br>硅质白云岩 | 云泥岩<br>泥岩 | 马五 6＋10 亚段 |

垂直渗流带以溶蚀孔、洞及垂直溶蚀缝为特征，典型的岩相标志为压裂连续角砾岩、被方解石充填或半充填的高角度的岩溶裂缝，研究区马五 1～2 亚段白云岩主要表现为垂直渗流带特征，马五 1～2 亚段为开阔台地潮上带沉积环境，发育含膏白云岩、泥－粉晶白云岩和泥质白云岩的互层，位于风化壳岩溶剖面顶部，受到表生期古岩溶作用强烈，地层剥蚀较严重，残留地层主要发育高角度裂缝、膏模孔等(图 2－3－2)。

(a)Dhg井，马五2亚段，压裂紊乱角砾岩　　(b)Dhg井，马五2亚段，方解石充填的高角度溶沟

图2-3-2　垂直渗流带岩溶角砾特征

水平潜流带溶蚀缝较少，以层状分布的小型溶蚀孔、洞为主，其特征标志是顺层溶孔、溶沟、溶洞，杂基支撑紊乱角砾岩相和砂砾岩相，研究区马五3~4亚段白云岩主要表现为垂直渗流带特征，马五3~4亚段主要为潮间带沉积环境，主要发育泥云岩与粉晶云岩的不等厚互层，位于风化壳岩溶剖面中部，受到古岩溶作用略次于马五1~2亚段地层，地层局部受到剥蚀，主要发育颗粒支撑和杂基支撑紊乱角砾岩，角砾岩之间以泥质杂基充填为主(图2-3-3)。

研究区马五5亚段为潮下带沉积环境，发育一套厚度稳定的泥微晶灰岩，位于风化壳岩溶剖面底部，古岩溶作用较弱，地层保存完整，局部见裂纹角砾、裂纹-镶嵌角砾岩，裂缝被亮晶方解石充填(图2-3-4)。

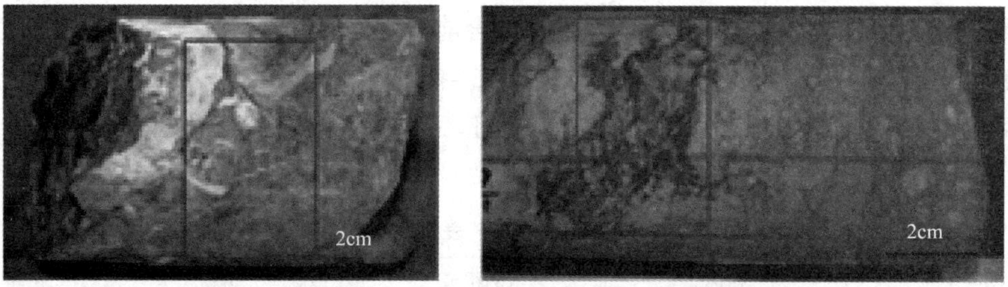

(a)Dkb井，马五3亚段，
杂基支撑紊乱角砾岩　　(b)DPkcH井，马五3~4亚段，
杂基支撑紊乱角砾岩

图2-3-3　水平潜流带岩溶角砾特征

Ddh井，马五5亚段，裂纹角砾岩，方解石脉充填

图2-3-4　马五5亚段岩溶特征

### 2. 岩溶作用特征

基于取心井岩心上岩溶作用统计以及镜下薄片鉴定，主要发育以下三种类型的岩溶作用：

1)同生期溶蚀作用

同生期岩溶作用主要发育在马五7亚段和马三段，同生期当滩相暴露到地表，在大气淡水的淋滤作用下将发生溶蚀作用，在岩心上可以观察到储集空间很好的格架孔隙，镜下可以观察到生屑白云岩中的溶蚀孔洞(图2－3－5)。

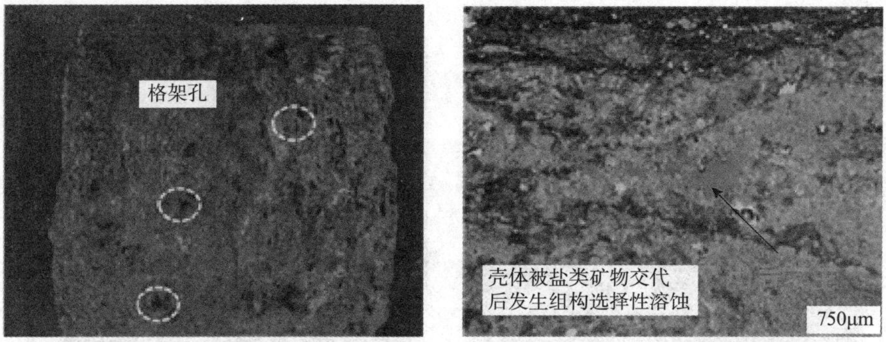


(a)鄂d井，马三段，叠层石发育格架孔　　(b)鄂d井，马三段，生屑白云岩

图2－3－5　同生期岩溶作用特征

2)表生岩溶作用

从同生期到早成岩阶段，在高频出现海进－海退的马五段沉积背景下，于海退时期，大气淡水对处于弱固结的碳酸盐岩以及碳酸盐岩沉积物淋滤，而发生的溶蚀作用，这种溶蚀作用不明显，发育规模也较小。在表生阶段，此阶段为溶蚀作用主要发育期，期间地表抬升受到大气淡水淋滤作用强烈，马五段整个经历了大范围岩溶作用，在地表暴露环境中，淡水将优先对膏质云岩和含膏质云岩进行选择性溶蚀，形成大量的溶孔及溶洞。通过观察Daac井等岩石薄片阴极发光特征，发现岩溶角砾附近白云石受淡水影响，发光性得到增强(图2－3－6)，结合岩心观察到的岩溶现象在大牛地平面分布的差异性，认为研究区马五5亚段岩溶水对储层存在明显的影响，马五6亚段和马五7亚段在工区西部仍然存在表生期顺层岩溶特征，发育岩溶角砾岩。

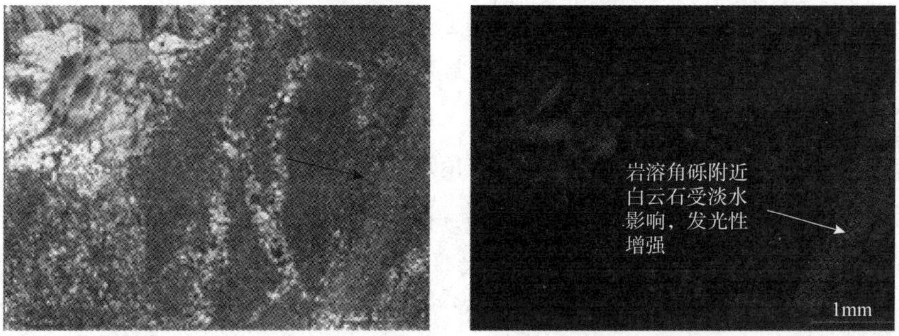


Daac井，马五5亚段，2885.53m

图2－3－6　Daac井岩石薄片阴极发光特征

3）埋藏溶蚀作用

晚成岩阶段，当碳酸盐岩固结成岩深埋地下，温度和压力升高，深部泥质岩夹层中黏土矿物转化释放出结构水，而有机质逐渐热演化成熟过程中产生的有机酸以及 $CO_2$、$H_2S$ 等气体溶于水，形成的酸性流体会对碳酸盐岩产生溶蚀作用[图 2－3－7(a)]；以及深部热液沿构造裂缝上升到碳酸盐岩地层中，镜下可以观察到萤石等热液矿物[图 2－3－7(b)]，或上覆沉积物中地层水下渗到碳酸盐岩地层中与碳酸盐岩产生水岩反应而发生的溶蚀作用，方解石胶结物被溶蚀。

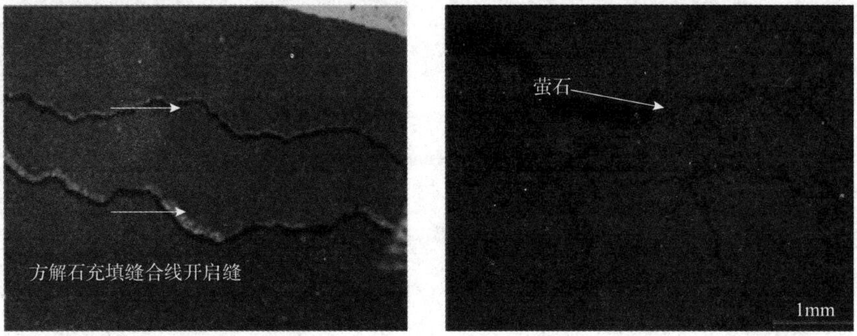


(a)PGbg井，马五5亚段，2994.46m　　(b)Dco井，马五5亚段，3021.35m

图 2－3－7　研究区埋藏溶蚀镜下特征

## 二、岩溶作用分布规律

大量岩心观察表明，马五 1～6 岩溶均广泛发育，马五 7 以下层位岩溶不明显；马五 1～4亚段形成于潮间带－潮上带，含膏白云岩易垮塌；马五 5 亚段形成于潮下带，灰岩为主，同生期白云岩膏质含量低，主要形成裂纹镶嵌角砾岩。马五 5 亚段发育裂纹角砾岩和裂纹－镶嵌角砾岩为主，方解石充填，与上部马五 1～4 亚段地层岩溶角砾岩特征存在明显差异。通过缝洞充填物特征与碳氧同位素测定表明，缝洞形成于加里东期风化岩溶，但后期逐渐被不等粒方解石全充填。平面上不同地貌单元岩溶作用类型和强度会有差异。侵蚀沟槽部位马五 5 亚段岩溶作用强烈，多见溶洞，被方解石充填，多口取心井显示马五 6～7 亚段为角砾云岩，说明风化壳的影响越过了马五 5 亚段。马五 5 亚段岩心上部普遍分布网状缝及垂直裂缝，溶洞不发育，裂缝宽度、密度明显低于侵蚀沟槽。马五 5 亚段岩心裂缝发育程度最低，局部发育不规则裂缝，方解石充填。

同时，纵向上不同岩溶位置、岩石类型，具有不同的岩溶特征。马五 1＋2 亚段位于垂直渗流带，地层剥蚀较严重，主要发育高角度裂缝、膏模孔等，大部分裂缝未见充填。马五 3＋4 亚段主要位于水平潜渗带，地层局部受到剥蚀，主要发育紊乱角砾岩，以泥质杂基充填为主。马五 5 亚段位于深部缓流带，地层保存完整，局部发现裂纹角砾和裂纹－镶嵌角砾岩，裂缝被亮晶方解石充填。不同的古地貌单元，地层保存状况、垂向岩溶深度及强度不一致。在岩溶高地，主要岩溶作用为物理风化剥蚀，间歇性雨水快速管道流溶蚀为主，垂向岩溶带较浅；而在沟槽附近，岩溶作用为面状流水侵蚀和化学淋滤溶蚀，垂向岩溶发育。大牛地地区台丘、斜坡带马五6亚段岩溶分布广泛，可见杂基支撑紊乱角砾岩等水平潜流标志。

## 三、岩溶发育控制因素

基于研究区表生岩溶发育的内部和外部控制因素，从原始岩石组成、垂向岩溶分带叠加特征、隔水层位置、古地貌和裂缝发育特征等方面综合分析了岩溶发育的控制因素。

原始岩石组成是岩溶发育的内部因素，研究区含膏云岩因为含膏易溶，膏溶的同时促进白云岩溶解，形成垮塌岩溶相，云质灰岩多发育搬运岩溶相，微晶灰岩发育破裂岩溶相，含灰泥晶云岩发育垮塌和搬运岩溶相。

垂向岩溶叠加可以导致岩溶相差异，渗流带与潜流带叠加形成以搬运相+垮塌相、垮塌相为主的岩溶特征。深部缓流带以溶蚀破裂相为主。多期潜流带叠加，垂向上多层溶蚀搬运相。深部缓流带与潜流带叠加，形成以破裂相、搬运相为主的溶蚀特征。

隔水层(厚层灰岩和泥岩)的存在将对不同岩溶带的岩溶作用产生一定的影响(如图2-3-8)。在垂向渗流带，邻近隔水层岩溶作用强，岩溶相表现为溶蚀垮塌相，溶蚀垮塌相之上为溶蚀搬运相，隔水层之下为溶蚀破裂相。即岩溶水以垂向运移为主的垂直渗流带，隔水层的存在明显影响上层的岩溶发育强度。在水平潜流带，邻近隔水层为未溶蚀白云岩，即岩溶水以水平运移为主的潜流带，隔水层的存在对岩溶影响不明显。

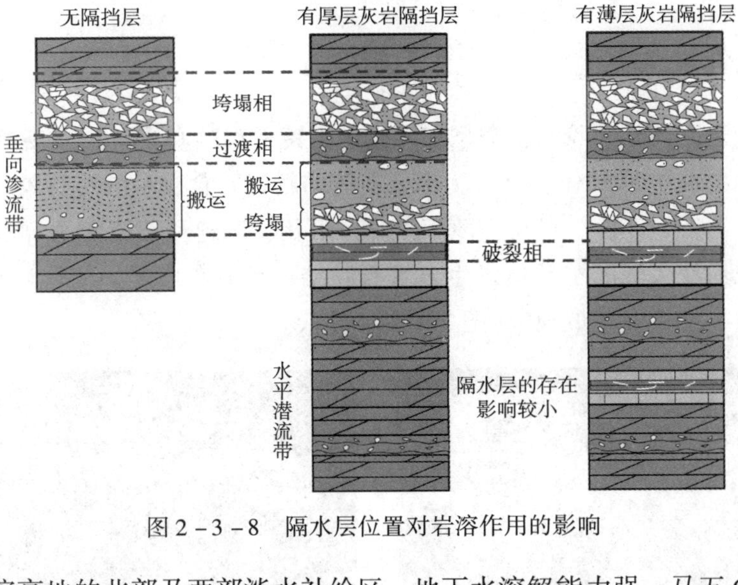


图2-3-8 隔水层位置对岩溶作用的影响

在靠近岩溶高地的北部及西部淡水补给区，地下水溶解能力强，马五6亚段溶蚀作用强。向岩溶洼地方向，地下水溶解能力变弱，向沉淀区过渡。马五6亚段以岩溶主要发育在中上部，泥晶云岩遇水易膨胀，在上覆地层的压力下，溶蚀、跨塌严重，形成垮塌相；微晶云岩、含膏云岩，裂缝及溶蚀孔洞发育，形成垮塌相、破裂相，物性好且分布稳定。同时，基底断裂活化区(一类区)岩溶作用最强，且断裂及裂缝可以拓展岩溶深度，加里东期断裂发育区(二类区)有利岩溶改造(图2-3-9)。

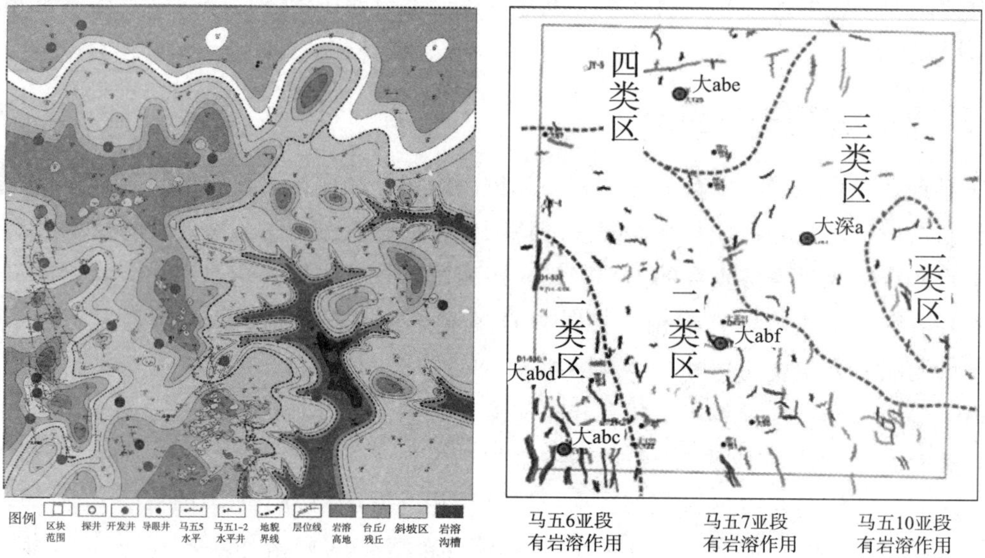


图 2-3-9　研究区岩溶分布与断裂分布对比图

# 第四节　胶结作用

## 一、胶结作用特征

通过 200 个岩心薄片的胶结物类型和含量进行镜下观察和统计，发现胶结物类型以方解石为主，占总类型中的 63%，其次为白云石胶结物，并含少量的泥质胶结物。

不同取心井马五 5 亚段上可见充填于角砾、溶孔、溶缝和裂缝中的方解石脉。这些充填的岩溶作用之后在大气淡水环境发生方解石胶结，且分布广泛，使风化缝和溶洞充填，该类方解石阴极发光具有环带现象(图 2-4-1)。

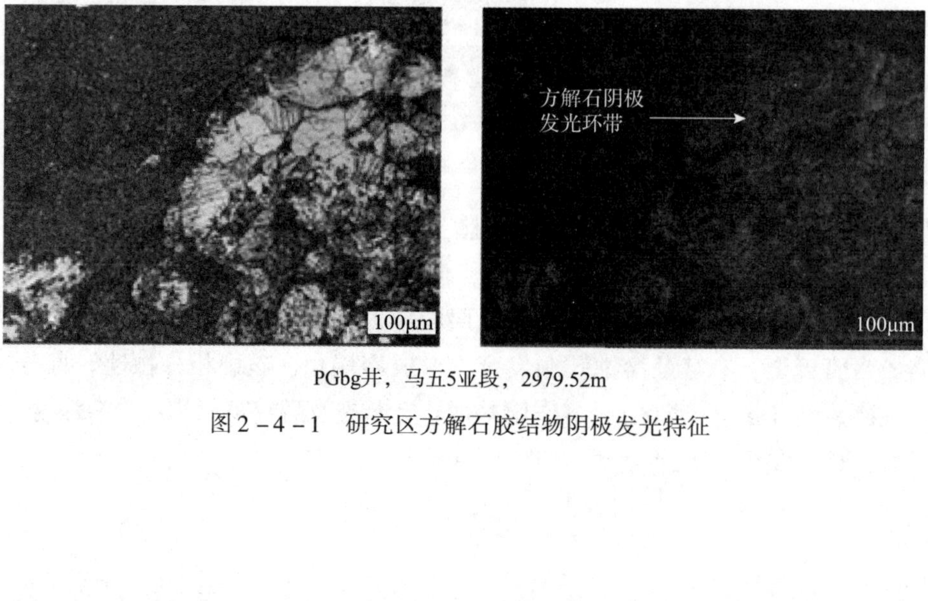


PGbg井，马五5亚段，2979.52m

图 2-4-1　研究区方解石胶结物阴极发光特征

镜下胶结作用主要表现为晶间孔、粒间孔、粒内孔、硬石膏结核溶模孔和非组构选择性溶蚀孔、洞、缝中白云石和方解石的沉淀，也有少量自生黏土的沉淀。最普遍的胶结作用是溶蚀孔、洞、缝中白云石和方解石的沉淀，是破坏岩溶作用所形成的次生孔隙的最重要的作用。

## 二、胶结作用类型与期次

研究区碳酸盐颗粒胶结作用可以发生在大气淡水环境中，也可以发生在混合水或海水环境中。根据胶结作用的特征和岩性变化等，可以将研究区胶结作用分为以下类型：

### 1. 成岩早期胶结作用

成岩早期海底胶结作用出现于沉积颗粒之间的粒间孔中，包括砂屑、砾屑、鲕粒或生物碎屑的粒间孔隙。粒间胶结物成分为方解石或白云石，具粒状结构(图2-4-2)。粒状胶结物是孔隙充满淡水时的产物，沉淀于沉积作用之后不久的早期成岩作用阶段。由于颗粒碳酸盐岩少，这类胶结物极少。由于粒间孔隙的胶结充填，也不利于随后的白云石化流体的渗滤，将阻碍白云岩化作用的进行。早期的海底胶结作用对后来的白云石化作用产生重要的影响，马五5亚段选择性的白云石化，砂屑灰岩保持原来的沉积特征，可能和其早期的成岩作用有关。

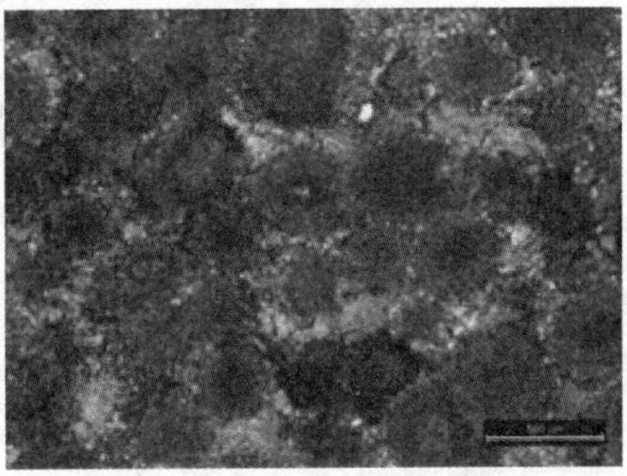

Dcb井，马五5亚段，2884.05m

图2-4-2 成岩早期海底胶结作用

### 2. 埋藏期胶结作用

在埋藏成岩过程中，溶蚀性流体对碳酸盐岩矿物的部分溶蚀，致使碳酸钙沉淀在孔隙、裂缝中。形成于埋藏条件下的胶结物方解石较为常见，白云石往往呈嵌晶状。埋藏期沿早期未充填裂缝、溶孔发生方解石胶结，阴极发光呈暗红色(图2-4-3)，往往伴随着萤石等埋藏期热液矿物充填。埋藏期胶结物包裹体一般较小，形状多近圆形，少量为不规则形状(图2-4-4)。包裹体不以单一的形态存在，主要以盐水包裹体和含液态烃包裹体为主，与少量气态烃包裹体共存大部分胶结物晶体小。包裹体测试结果指示发育晚期方解石胶结有两个阶段，第一阶段均一温度为98.8~113.5℃，第二阶段均一温度为124.9~142.1℃。

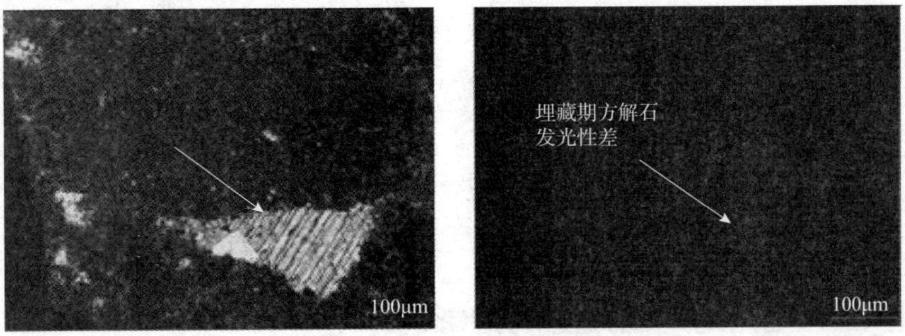


PGbg井，马五5亚段，2994.46m

图2-4-3 埋藏期方解石阴极发光特征

(a)Dcg井，马二段，3346.54m

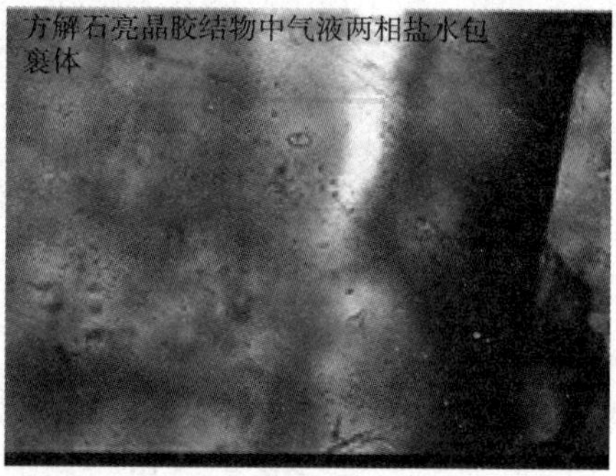

(b)Daac井，马五段，42937.36m

图2－4－4　埋藏期方解石阴极发光特征

### 3. 表生期胶结作用

表生期胶结作用在研究区遭受大气淡水的淋滤，溶解的碳酸巧沉淀充填白云岩晶间孔及晶间溶孔。镜下观察可见黑色黄铁矿充填溶蚀孔隙，方解石胶结物充填砂屑云岩的粒间溶孔，在岩心上可见相互切割的方解石脉充填裂缝(图2－4－5)。

镜下可见方解石粒度大小明显不同的两个世代方解石颗粒，颗粒较小的方解石形成于早期，随后在不同期次的表生岩溶作用下形成了颗粒粗大的方解石晶体(图2－4－6)。

Ddh井，马五5亚段，3020.88m，2期方解石脉

图2－4－5　研究区方解石脉充填特征

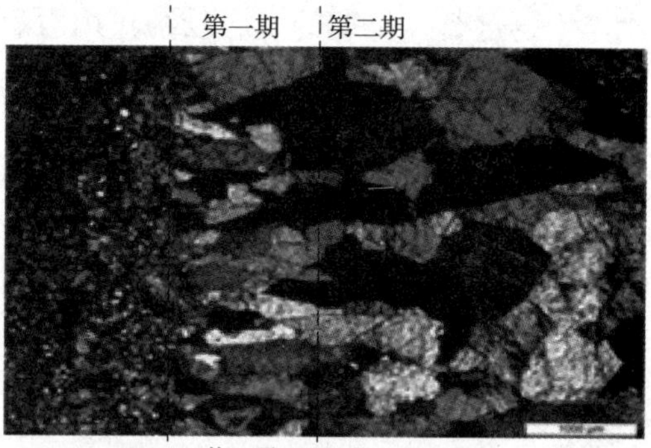

Dabc井，马五6亚段，3291.67m

图2－4－6　不同粒度方解石镜下特征

通过对裂缝充填方解石的碳氧同位素进行测试，所测试样品中至少存在二次不同时期方解石的充填过程。第一期方解石晶粒较细，氧同位素偏重，可能为构造抬升作用有关的裂缝充填方解石；第二期方解石晶粒较粗，氧同位素偏轻，可能与淡水溶蚀作用有关。

## 第五节　成岩作用对储层的影响

### 一、白云岩化作用对储集空间的影响作用

基于对92张铸体薄片的观察，白云岩的主要储集空间包括晶间孔、晶间溶孔、膏/盐

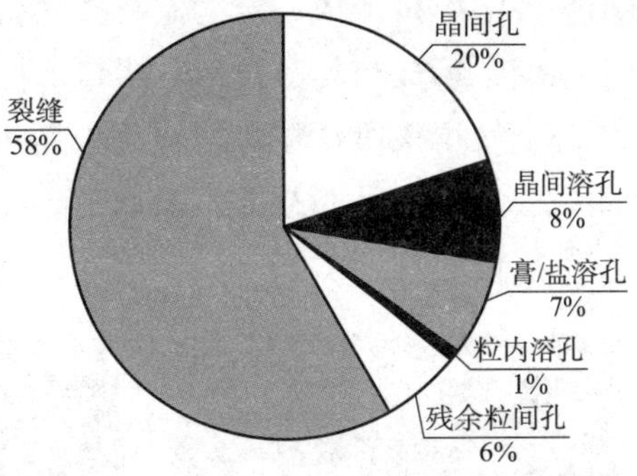

图 2-5-1　白云岩中各类型孔隙占比图

溶孔、粒内溶孔、残余晶间孔和裂缝等孔隙。各种类型孔隙占比如图 2-5-1 所示，孔隙类型中裂缝占的比例最高，占各孔隙类型中的 58%，其次为晶间孔，占各孔隙类型中的 20%，其他类型孔隙占比相对较低。

## 1. 白云岩粒度与储层物性的关系

马五 5 亚段粉晶白云岩孔隙度明显高于泥晶、泥粉晶白云岩(图 2-5-2)，即白云石的晶体越大、自形程度越高，白云石晶间孔隙越发育。准同生阶段形成的泥晶白云岩由于结晶速度较快，形成的白云石晶粒较小，晶粒堆积较为紧密，而且白云石化流体供应较为充足，使得准同生白云石发生过白云石化，导致孔隙不是很发育。准同生期泥晶白云岩在马五 5 亚段主要发育于层序的上部，呈连续的薄层状，含少量膏质，且藻纹层发育。沉积物刚开始沉积，由于局限台地水体较浅，流动较为局限，在强烈的蒸发作用条件下，盐度较高的海水向下渗透，流经刚刚沉积的灰泥，发生白云石化作用，随着浓度的不断提高，会产生少量的膏质结核和泥微晶白云石一起沉淀。当海平面下降，潮坪相的含膏地层发生短暂暴露，不饱和的海水对极易溶的泥微晶白云岩中的膏质进行溶蚀，产生大量的晶间溶孔，部分被方解石充填。马五 5 亚段白云岩的成因主要为渗透回流，马五 5 亚段之上的富镁流体自上而下渗入，上部镁离子丰富，导致快速成核形成细粉晶他形白云岩，物性较差；向下随着镁离子的消耗，白云石成核速度降低，形成粗粉晶自形-半自形白云岩，物性较好。

## 2. 白云岩化程度与储层物性的关系

白云岩中白云石的相对含量可以反映白云岩化的程度，而白云石含量的变化与孔隙度之间存在一定的关系。通过对比分析白云质泥晶灰岩与灰质泥晶白云岩的面孔率特征，灰质泥晶白云岩的面孔率明显比白云质泥晶灰岩有所提高(图 2-5-3)，说明随白云岩化程度的增加，岩石的孔隙度有所增加。

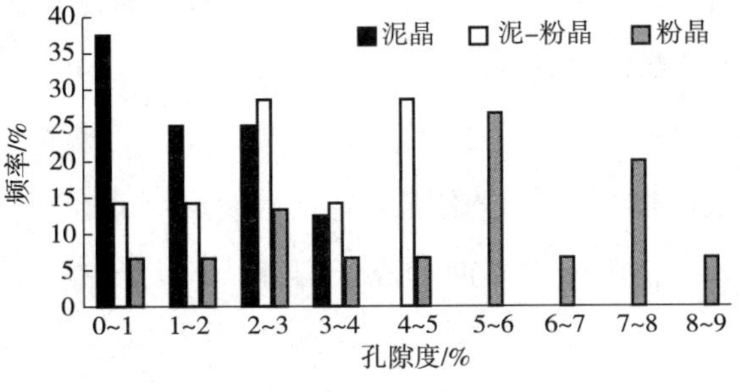

图 2-5-2　白云岩粒度变化与孔隙度关系

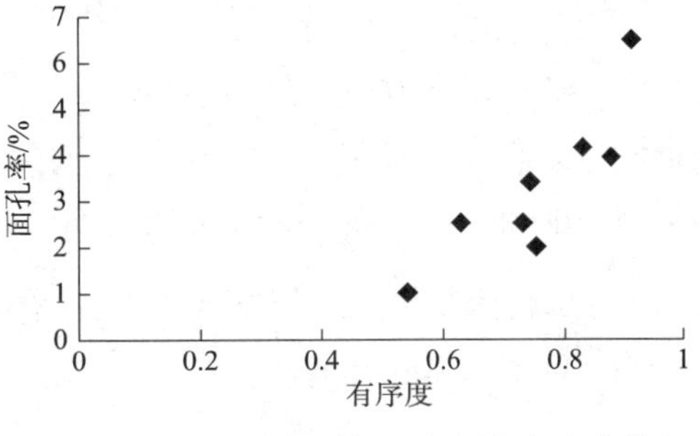

图 2-5-3　不同类型白云岩面孔率变化特征

马五 5 亚段白云岩的成因主要为渗透回流，马五 5 之上的富镁流体自上而下渗入，上部镁离子丰富，导致快速成核形成细粉晶白云岩，物性较差，但有部分被微裂缝改造或膏质结核被溶解可形成一定的储集空间(图2－5－4)；向下随着镁离子的消耗，白云石成核速度降低，形成粗粉晶自形－半自形白云岩，物性变好，浓缩海水的回流渗透白云化成岩作用环境使得该段颗粒灰岩转化为晶间孔隙较为发育的白云岩，经后期淡水以及混合水对晶间残余灰质的淋滤改造，增加了晶间孔隙。所以优质白云岩储层主要发育在马五5亚段中下部层位。

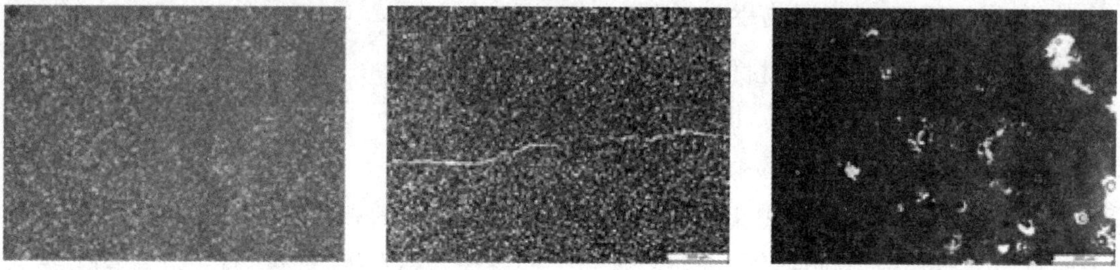

(a)PGbg井，马五5亚段，2995.6m，泥晶
(b)Da-eco井，马五5亚段，3113.46m，微裂缝
(c)Dabf井，马二段，3321m，膏/盐溶孔

图2－5－4　泥晶白云岩储集空间发育特征

## 二、破裂作用对储集空间的影响

根据鄂尔多斯盆地区域航磁异常RTP与地震剖面显示，在寒武系底面以下发育了多排正断层，形成箕状断陷或地堑与地垒的组合样式，在平面上呈现多条NE向的断裂组系，这些正断层是在早期中元古代区域伸展作用下形成的断裂，这些断层在早期控制了中元古代隆洼格局和沉积分布，表现为隆起区蓟县系缺失，长城系缺失或厚度很薄，而洼陷区盆内蓟县系缺失，长城系沉积厚度较大，而这些早期形成的基底先存断裂在后期差异复活，对后期沉积盖层的分布与特征具有较大的影响，表现为在加里东期于产状较陡的基底断层之上发育了“y”或“反y”字形断裂，这些断层在加里东期可能控制了马家沟组岩溶风化地貌，影响了加里东期的淋滤溶蚀作用。且某些断裂穿过了奥陶系顶面，影响了上部沉积层的变形，表明了在燕山中晚期－喜山期这些断层具有持续活动的特征，并且形成了高角度－近垂直的张剪缝，切割了加里东早期或印支期形成的充填裂缝(PGbg井，2995m)，而这些裂缝的有效性较高，有利于油气纵向的高效运移或成为储集空间。可见后期持续(燕山中晚期以后)运动的复活断裂或一次形成的断裂产生的裂缝的有效性较高。而在早期形成的断裂或复活后的断裂消亡后，未持续运动，可能在早期形成了裂缝，但大多被方解石充填，有效程度较低。

## 三、岩溶作用对储集空间的影响作用

通过统计不同岩溶单元取心井的白云岩物性特征，发现岩溶高地白云岩的孔隙度稍高于岩溶斜坡和沟槽区域，渗透率也相对较高。从岩溶沟槽部位仅有的两口取心井的物性资料来看，其孔隙度和渗透率差异较大。

表2－5－1　不同岩溶单元白云岩储集层的物性统计

| 岩溶单元 | 岩溶高地 | 斜坡区 | 沟槽 |
|---|---|---|---|
| 孔隙度/% | 2.6～4.2 | 0.8～3.4 | 1.6～4.8 |
| 渗透率/$10^{-3}\mu m^2$ | 0.2～1.2 | 0.03～1.7 | 0.4～1.5 |
| 井资料来源 | Da－eco，Ddh，PGbg，Ed | Dcg，Dfg，Daac，Dabc，Dabf | Dhh，Dha |

表生岩溶作用使得石膏溶解后孔隙部分被方解石半充填，膏质被溶蚀带走后，泥晶白云岩在埋藏阶段普遍经历重结晶作用，形成晶间孔隙，从而保护了早期的溶孔。残留溶孔－晶间溶孔泥微晶白云岩具有较好的孔渗性。同时，表生岩溶作用可形成溶蚀缝、孔洞等孔隙，也可造成马五6亚段和马五7亚段少量白云岩的去云化，但溶蚀的方解石充填了部分孔隙，对优质储层发育产生不利的影响。

与成岩早期的溶解作用不同，埋藏期是非组构选择性溶解。浅埋藏期由于地层压力增加，地层在不断地压实作用下释放出酸性水沿裂缝向下渗入，产生溶解作用形成沿缝合线分布的溶蚀孔洞。随着埋藏深度的加深，温度和压力都进一步升高，酸性更强，能够更加轻易地溶解掉碳酸盐岩。可以肯定的是经过深埋藏环境下的溶解作用，孔隙度是增加的。但是沥青铁白云石等会将孔洞缝充填。总之，埋藏岩溶作用产生的储集空间有限，但可以为后来的表生期溶解提供雏形。埋藏岩溶作用非组构选择性强，往往先溶解已经充填在孔洞缝中的充填物，产生的储集空间有限。

## 四、胶结作用对储集空间的影响作用

### 1. 早期成岩胶结作用对储集空间的影响

早期成岩过程中形成的胶结物(主要为泥晶颗粒)在快速成岩后，有效地增加了泥灰岩的抗压实能力，使胶结物可以保留下大量的孔隙，但可能会被后期的方解石充填(图2－5－5)。与此同时，由于粒间孔隙的胶结充填，也不利于随后的白云石化流体的渗滤，从而阻碍白云岩化作用的进行。

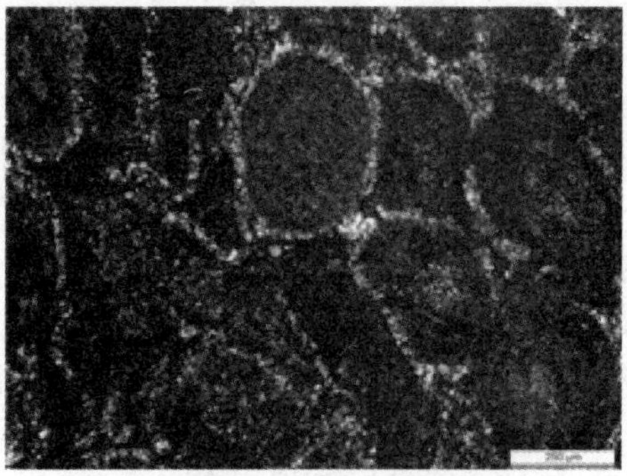

Dabf井，马五6亚段，2926m

图2－5－5　早期胶结作用镜下特征

### 2. 埋藏期胶结作用对储集空间的影响

晚期碳酸盐岩胶结物主要呈颗粒状分布在颗粒孔隙之中，对储层具有破坏性。因为晚期胶结物可以沿着缝合线或构造裂缝流动，呈脉状或网状充填在裂缝或构造孔隙中，完全或部分占据粒间孔隙而破坏储层物性(图2－5－6)。

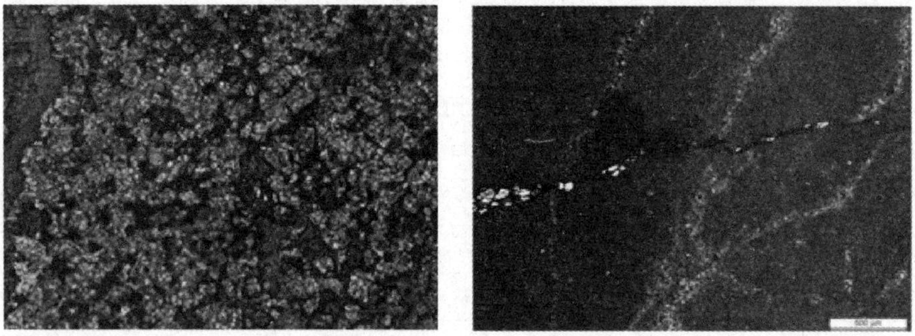

(a)Ddh井，马五5亚段，3014.3m　　(b)Deo井，马四段，3216.3m

图 2-5-6　埋藏期胶结作用特征

### 3. 表生期胶结作用对储集空间的影响

表生岩溶过程中形成的粒状方解石胶结具有淡水潜流胶结物的特点，即胶结物多为无铁方解石，微量元素 Sr 含量较低，绝大部分胶结物在阴极射线下不发光，只有少量共轴增长胶结物发暗光。这类胶结物既破坏了残余原生粒间孔隙，又堵塞了淡水溶蚀产生的溶孔，使孔隙度下降(图 2-5-7)。

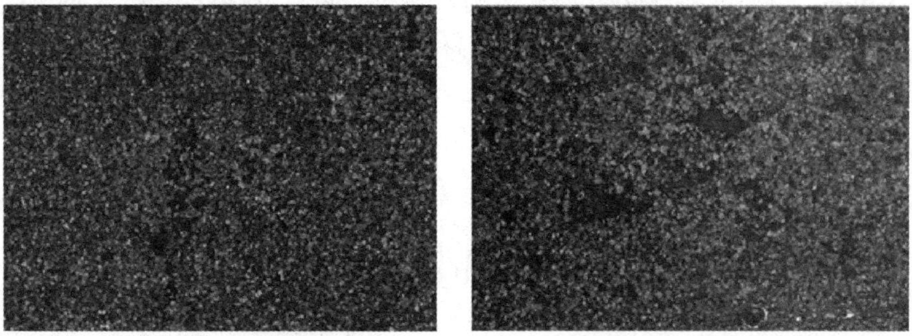

(a)Da-eco井，马五5亚段，3012.31m，方解石充填溶缝　　(b)Ddh井，马五5亚段，3013.54m，方解石充填溶孔

图 2-5-7　方解石充填溶蚀裂缝、孔洞镜下特征

# 第三章　储层特征及类型划分

## 第一节　储层岩石学特征

大牛地地区马家沟组观察到的15类岩相中，发育储层的岩相类型主要为泥－粉晶白云岩、粉－细晶白云岩、含膏灰/白云岩及颗粒结构白云岩(李凤杰等，2016)。

### 一、泥－粉晶白云岩

在大牛地地区内泥晶－粉晶白云岩相分布于马三段、马五6亚段和马五7亚段等多个地层，主要包括泥晶白云岩、泥微晶白云岩、泥微晶灰云岩等。镜下观察泥晶－粉晶白云岩颗粒<30μm，藻纹层发育。岩心观察常见纹层状构造、波状构造，有时纹层会发生形变，泥晶－微晶灰云岩中可见参与纹层和灰化交代结构，岩石呈灰、云过渡类型(图3－1－1)。泥晶－粉晶白云岩也会和泥质白云岩伴生，并发育针状石膏晶型。X衍射数据显示，泥晶－粉晶白云岩的白云石有序度相比较粉晶－细晶白云岩的白云石有序度更低，反映其结晶程度的不足，其晶间孔相对不发育。

(a)PGbg井,马五5亚段,2987.1m

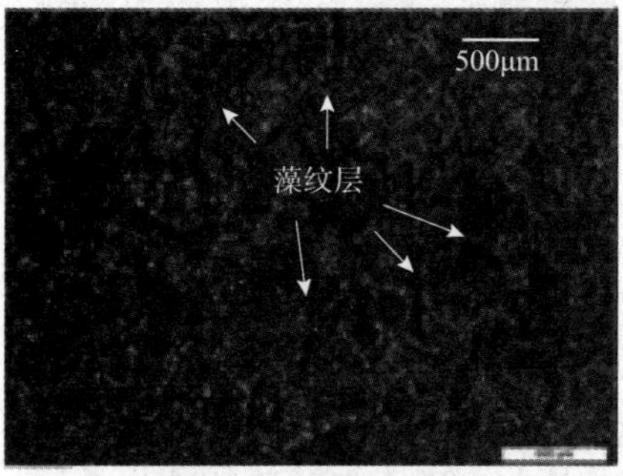


(b)Dabd井,马五6亚段,3115m

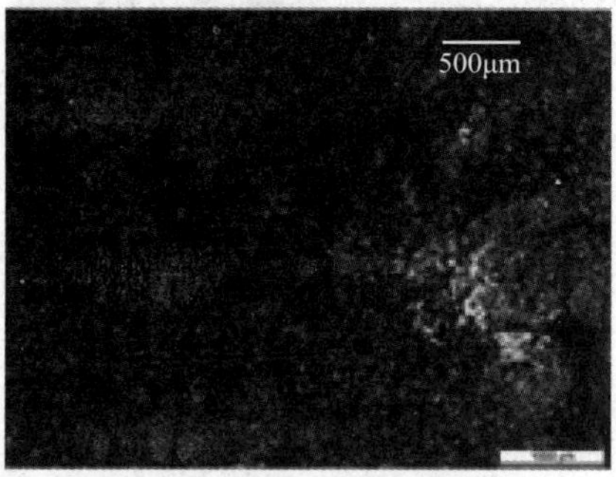


(c)Dabd井,马五6亚段,3291.18m

图3－1－1　大牛地马家沟组泥晶－微晶白云岩相岩石学特征

## 二、粉-细晶白云岩

粉-细晶白云岩相沉积构造多为块状，灰色或灰黄色。镜下常单独出现，亦可出现在缝合线中，与黏土质伴生。其晶粒直径为30～100μm，个别晶粒直径可达200μm，较泥晶-微晶白云石晶粒粗，为自形-半自形晶粒结构，较泥晶-微晶白云石晶粒自形程度好(图3-1-2)，说明粉-细晶白云岩形成时间晚于泥晶-微晶白云岩。粉-细晶白云石颗粒大小相对均匀，说明白云石化流体流经灰岩时，灰岩整体渗透性较好，白云石交代作用比较充分。在马五6亚段、马五7亚段等地层中发育的粉-细晶白云岩可能与早期形成的微晶-泥晶白云岩重结晶作用有关。马五5亚段灰岩中亦可见粉-细晶白云岩，通过对其Fe、Mn等主微量元素分析，以及对薄片进行阴极发光分析，认为马五5亚段灰岩中分布的粉晶白云石与准同生期回流渗透白云石化作用有关(李凤杰等，2016；杨西燕等，2015；任军峰等，2016)。粉-细晶白云石晶间孔及晶间溶孔极为发育，溶孔发育可能为后期作用的结果，也可见晶间孔和晶间溶孔被方解石胶结，全充填现象。

(a)Dkb井,马五5亚段,2988.11m

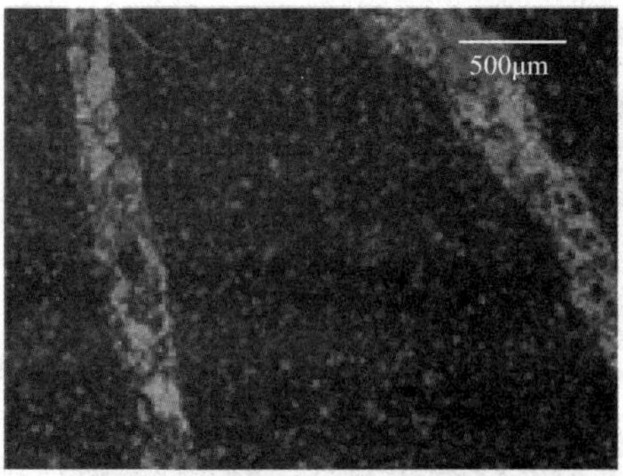


(b)Dkb井,马五5亚段,2971.05m

(c)Dha井,马五7亚段,2844.49m

图3-1-2 大牛地马家沟组粉-细晶白云岩相岩石学特征

## 三、含膏白云岩

含膏白云岩相以泥晶-微晶结构为主，也可见鲕粒结构(图3-1-3)。白云石呈非平面它形晶，白云石晶粒大小通常在5～20μm。石膏形态主要为结核状和板条状，后期由于岩溶改造作用，石膏被完全溶蚀或被方解石交代，而后又被方解石全充填或半充填，呈现高级干涉色(图 3－1－3)。含膏白云岩是马一段、马二段、马三段、马五 10 亚段和马五 6 亚段主要的岩石类型，也是大牛地地区主要的储层类型。在马五 1～4 亚段，强烈的岩溶作用与白云石中大量分布的膏岩密切相关，大气淡水淋滤岩层，使岩石中的石膏消融，岩石结构遭受破坏，不断垮塌。

(a)Dcg井,马一段,3374m

(b)Dabf井,马二段,3319.18m

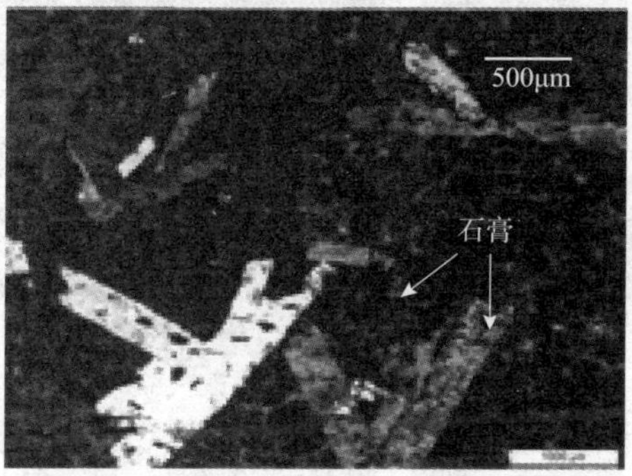


(c)Dabc井,马三段,3592.29m

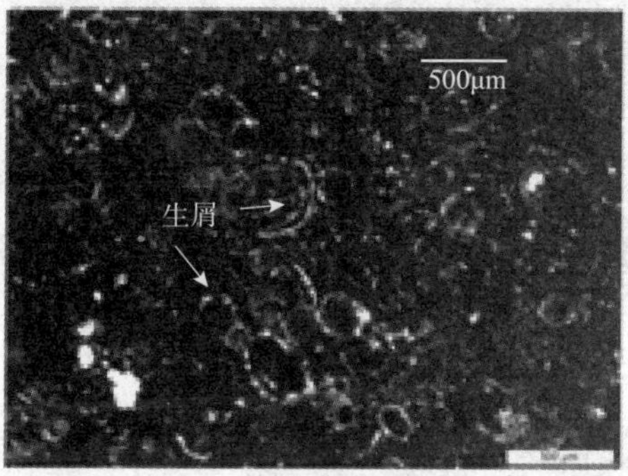


(d)Dabf井,马二段,3324.02m

图 3－1－3　大牛地马家沟组含膏白云岩相及颗粒白云岩岩相岩石学特征

## 四、颗粒结构白云岩

大牛地颗粒结构白云岩的颗粒类型多样，包括生物碎屑(生屑)、内碎屑(砂屑)等(图 3－1－3)，颗粒无圈层结构，薄片下可见砂屑磨圆、分选均较好。颗粒结构形成于水动力高能量与低能量之间的过渡区，滩相地区发育生物碎屑颗粒(吴东旭等，2017；张喜等，2019)，由异地搬运来的高能量形成的颗粒与低能量的平静环境沉积的泥晶－微晶混合形成颗粒灰岩，经由准同生白云石化作用形成。

# 第二节　储集空间类型及组合关系

## 一、储集空间类型

在大牛地马家沟组总结出的储集空间类型包括孔隙[图 3－2－1(a)、(b)、(c)、

(d)、(g)]和裂缝[图3－2－1(e)、(f)]两大基本型；其中孔隙类型有晶间孔[图3－2－1(a)]、晶间溶孔[图3－2－1(b)]、膏溶孔[图3－2－1(g)]、粒内溶孔[图3－2－1(d)]、残余粒间孔[图3－2－1(c)]5种；裂缝类型有岩溶风化缝和构造破裂缝两种。

(a)Dabd井,马五7亚段,
3152.59m,晶间孔

(b) Dabd井,马五7亚段,
3147.2m,晶间溶孔

(c)Dabd井,马五7亚段,
3153.94m,残余粒间孔

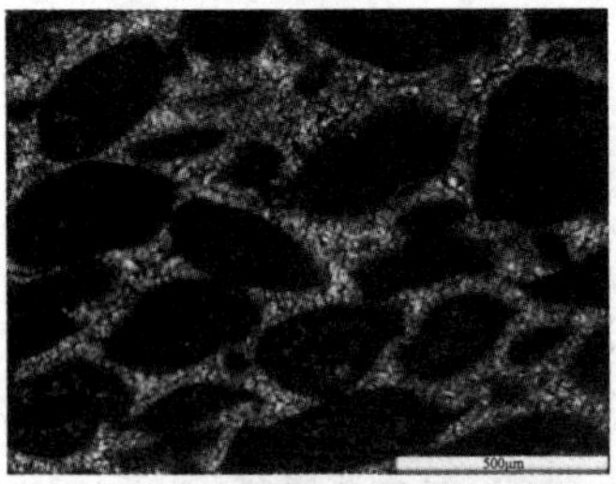
(d)Dabc井,马三段,
3592.29m,粒内溶孔

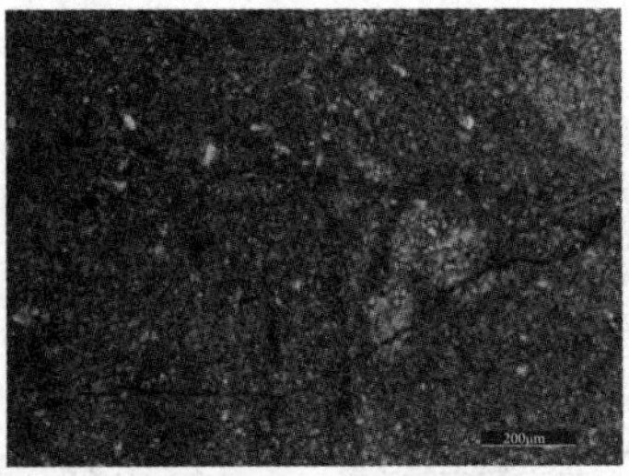
(e)Dabd井,马五6亚段,
3114.87m,裂缝

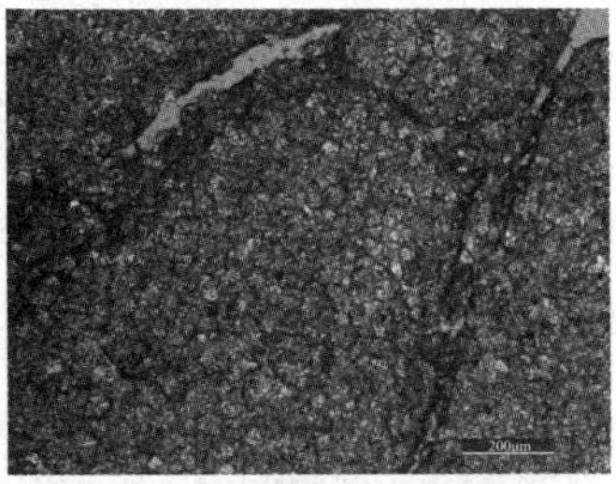
(f)PGbg井,马五5亚段,
2981.6m,溶缝

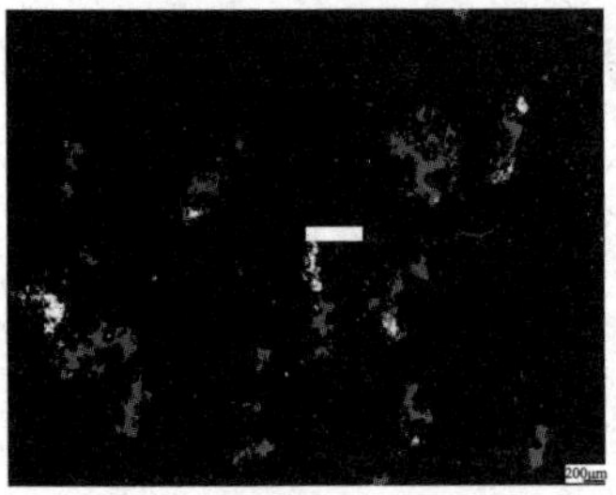
(g)Daac井,马五2亚段,
2961.09m,膏溶孔

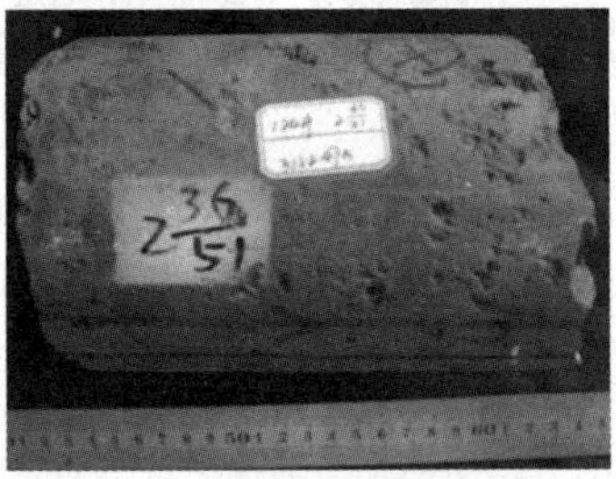
(h)Dbd井,马五7亚段,
3152.47m,溶洞

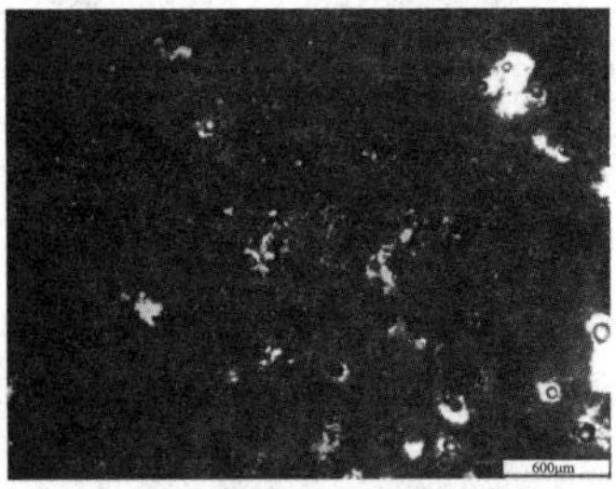
(i)Dabf井,马二段,
3321m,盐溶假象

图3－2－1 大牛地马家沟组储层薄片特征

晶间孔和晶间溶孔多发育在粉晶白云岩中，在泥晶白云岩中仅发育较细小的晶间孔。典型膏溶孔主要出现在马五段，如马五2亚段[图3－2－1(g)]，马五7亚段未被方解石充填的溶孔，在马五5亚段及其以下层位白云岩的显微结构中膏溶孔并未大量发育，仅在部分取心井薄片中观察到少量半充填的膏溶孔，在新取心井大abd井马五7亚段岩心上可见局部发育的溶洞[图3－2－1(h)]，推测为膏溶形成。马四段至马一段发育较多针状及板状石膏晶体，但均未发生溶蚀。粒内溶孔和残余粒间孔在少数的残余颗粒白云岩和鲕粒白云岩中可观察到。除上述孔隙外，在盐下组合中马二段由于含盐，取心过程和磨片过程盐溶蚀后形成了较多盐溶孔假象[图3－2－1(i)]，其并非有效孔隙。马五段因其处于风化壳岩溶作用显著(何江等，2013；王禹诺等，2015；孙宜朴等，2015；王琪等，2016；)，岩溶缝发育，为厘米级的粗裂缝，岩心及薄片中均可观察到方解石充填裂缝特征。构造破裂缝在马家沟全层段均可观察到，其多为微米级平直缝，部分未被方解石充填。在裂缝发育基础上，在基质孔隙度较好的白云岩中发育少量溶缝。

在以上储集空间类型中，最常见的储集空间类型为晶间孔、晶间溶孔和构造缝，膏溶孔发育在原始含膏的白云岩中，但由于岩溶过程中发生全溶蚀，在显微结构中无法观察到原始的石膏。

## 二、储集空间组合关系

大牛地地区马家沟组储集空间组合类型可初步划分为4类(表3－2－1)：A类以晶间孔为主；B类为晶间孔－裂缝组合；C类为晶间孔和晶间溶孔组合；D类为晶间孔、晶间溶孔、残余粒间孔和裂缝组合。

表3－2－1　大牛地岩溶储集空间组合类型

| 储集空间组合分类 | 储集空间组合特征 | 类型名称 | 成　因 |
|---|---|---|---|
| A | 晶间孔为主、裂缝次之 | 裂缝－晶间孔型 | 白云石化、破裂 |
| B | 裂缝为主、晶间孔次之 | 晶间孔－裂缝型 | 白云石化、破裂 |
| C | 晶间孔、晶间溶孔、粒间孔、粒内溶孔 | 晶间孔－溶孔型 | 沉积、溶蚀、白云石化 |
| D | 溶孔、晶间孔、裂缝 | 溶孔－裂缝型 | 白云石化、溶蚀、破裂 |

根据薄片统计的数据，以层位为基础，统计不同层位对应四类储存组合的出现频数，如图3－2－2所示，马一段没有储集空间。马二段主要以B类组合为主，含少量的A类组合，说明马二段主要以晶间孔和裂缝为主；马三段也只有两种组合类型，B类和C类，且主要以B类为主，除晶间孔和裂缝外还发育粒间孔和粒内溶孔；马四段组合方式与马二段类似，主要为B类，含少量A类，但A类晶间孔的比例比马二段高；马五5段为主要储层段，含组合类型A类和B类，主要以B类组合为主；马五6段主要以B类为主，含少量D类，溶孔较发育；马五7段组合类型最多，含了4种组合类型，且每种组合的出现频率都相近。

统计不同岩性对应的储集空间组合，如图3－2－3所示。粉晶白云岩的储集空间类型最多，表明具有多种成因。石膏岩和含盐白云岩中的储集空间主要来自裂缝的贡献，发育少量的B类；角砾状白云岩由于受岩溶作用，发育溶孔，含B类和D类储集空间组合；灰岩对应的组合类型主要为B类组合，以晶间孔和裂缝为主，含少量C类；含灰质白云岩虽然含了4种组合；含膏白云岩中含部分A类、B类和少量C类；泥晶白云岩含4种组合，以B类为主，即储集空间主要由裂缝贡献；泥－粉晶白云岩的晶间孔明显频率增多，另外具有裂缝有关的B类和D类。

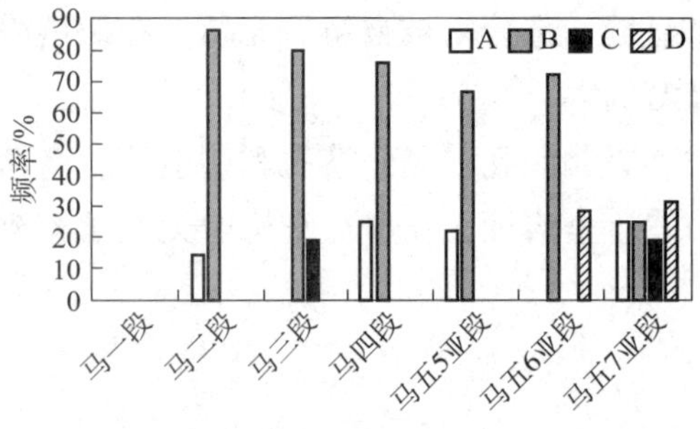


图 3－2－2　不同层位储集空间组合对比图

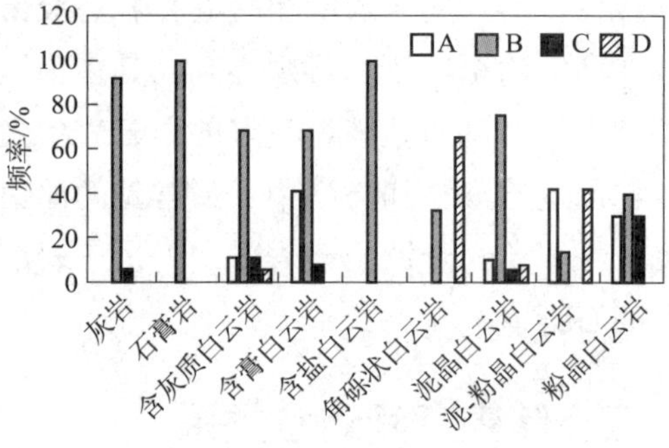


图 3－2－3　不同岩性四类储集空间组合对比图

# 第三节　储层孔渗特征

结合岩心小柱样及岩心薄片对大牛地马家沟组储层物性进行统计分析得出：在晶间孔、晶间溶孔、膏模孔、残余粒间孔及微裂缝等储集空间中，晶间孔、晶间溶孔、膏溶孔这类孔隙型储集空间对储层面孔率的贡献比例最高，而微裂缝则分布广(李国蓉，1997；王起琮等，2012)，对中下组合各层位面孔率均有贡献。

通过对储层物性进行统计(图 3－3－1)，孔渗特征特征为：孔隙度为 0.41% ~18.37%，平均值为 3.7%，渗透率为(0.017 ~18.28) $\times 10^{-3}\mu m^2$，平均值 0.846 $\times 10^{-3}\mu m^2$，裂缝的样品占总样品的 10.93%。有裂缝的样品平均孔隙度与全部样品的平均孔隙度基本一致，但平均渗透率却大了几个数量级，这表明影响储层渗透性的主要因素为裂缝。

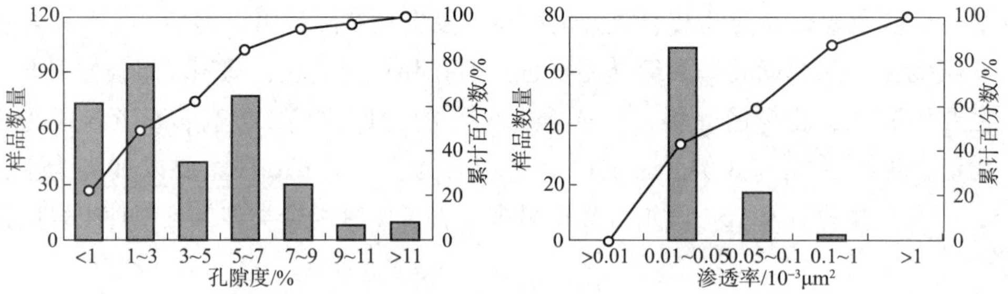


图 3－3－1　大牛地奥陶系马家沟组组储层孔隙度和渗透率直方图

分别取自大牛地地区马家沟组不同层段的样品进行孔隙度和渗透率的交汇图分析，得出孔隙度和渗透率分布柱状图(图 3－3－2 至图 3－3－4)，结果表明大牛地马五 5 亚段储层孔隙度主要分布在 1% ~5% 之间，占样品总数的 54.5%，平均孔隙度为 4.40%，孔隙度大于 3% 的样品数呈阶梯状递减趋势，说明孔隙度越大，见孔概率越低。马五 5 亚段储层平渗透率为(0.017 ~18.28) $\times 10^{-3}\mu m^2$，平均值为 0.53 $\times 10^{-3}\mu m^2$，样品渗透率主要分布在(0.01 ~0.05) $\times 10^{-3}\mu m^2$之间，占样品总数的 78.4%。大牛地地区马五 6 亚段储层孔隙度和渗透率分布特征与马五 5 段相似，储层孔隙度主要分布在 1% ~5% 之间，占样品总数的65.2%，平均孔隙度为2.45%；储层渗透率主要分布在(0.05～0.01)×$10^{-3}$μ$m^2$之间，占样品总数的60%。马五7段孔隙度发育较差，小于1%的样品占比较大，平均孔隙度为2.73%；马一段到马四段孔隙度主要小于3%，占样品比例的67%。

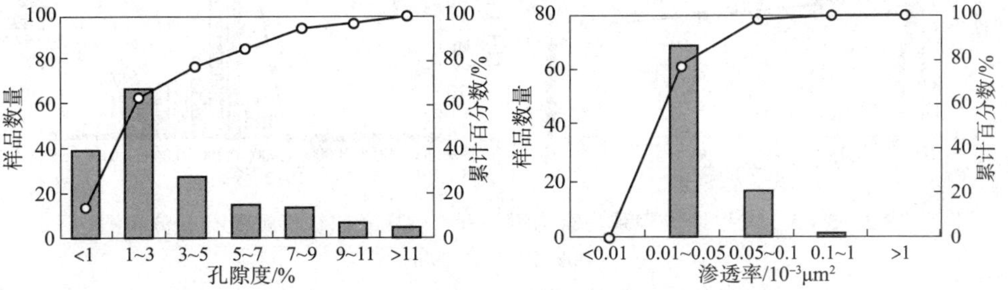


图3－3－2　大牛地奥陶系马五5段储层孔隙度和渗透率直方图

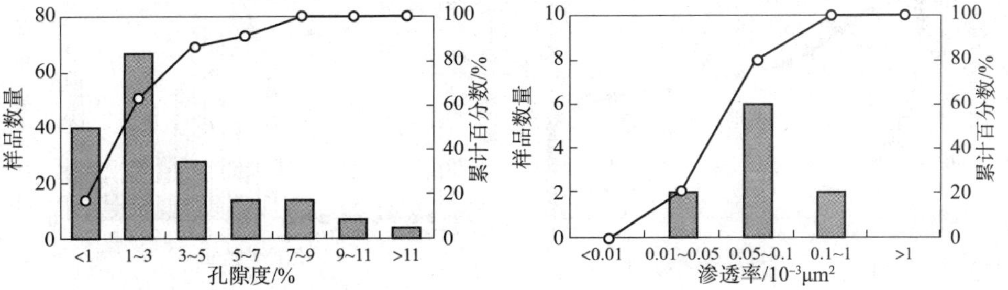


图3－3－3　大牛地奥陶系马五6段储层孔隙度和渗透率直方图

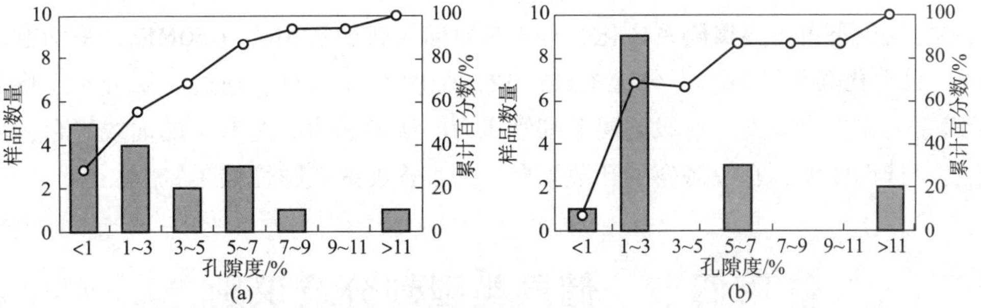


图3－3－4　大牛地奥陶系马五7段(a)及马一至马四段(b)储层孔隙度直方图

将马家沟组不同层段的样品孔隙度纵向对比，结果发现马家沟组马五5亚段孔隙度最为发育，平均孔隙度为4.40%，其次是马五2亚段和马五4亚段，平均孔隙度分别为4.23%和4.01%，马四段孔隙发育较差，平均孔隙度仅为2.17%左右，总体上随着深度的增加，孔隙度呈现增大的趋势。

大牛地奥陶系马家沟组储层同时具有孔隙、孔洞和裂缝，但在无裂缝参与的孔隙介质中，喉道的大小及连通孔隙的方式对渗流起决定性的作用，因此孔喉形状、大小及分布决定了岩石物性性质(邓孝亮等，2021，徐敏等，2021)。通过对压汞实验对大牛地地区马五5段储层孔隙结果进行分析，发现同时存在孔隙和裂缝两种储集空间，并未发现溶洞的存在(图3－3－5、图3－3－6)。

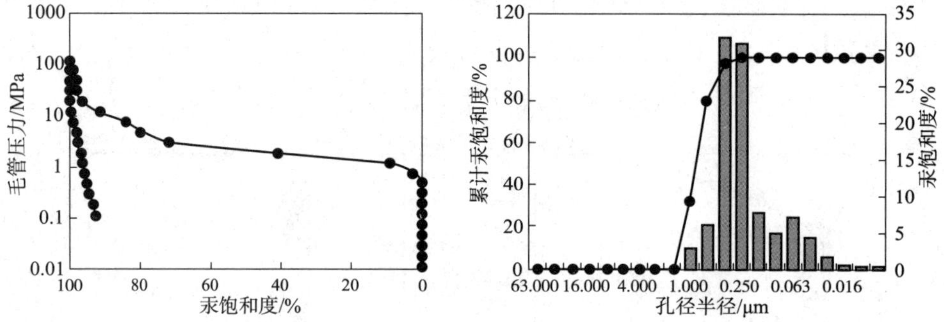


图 3－3－5　大牛地奥陶系马家沟组马五 5 段压汞曲线特征及孔径分布图

（Dbk 井，2821. 29m）

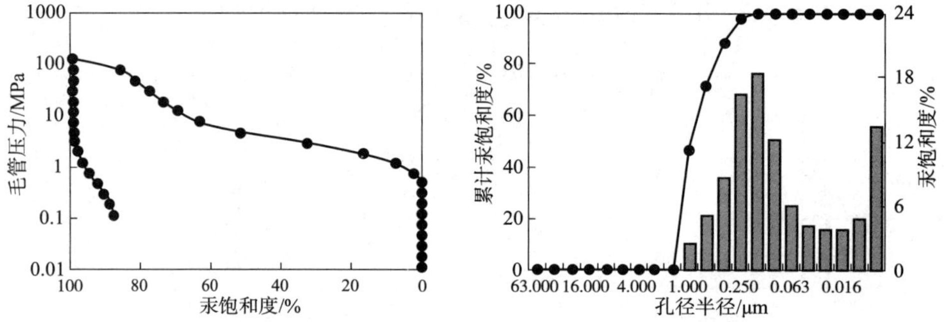


图 3－3－6　大牛地奥陶系马家沟组马五 5 段压汞曲线特征及孔径分布图

（Dbk 井，2820. 91m）

大牛地气田下古生界奥陶系风化壳马五 5 段储层排驱压力为 0. 50MPa，平均喉道半径 0. 36μm，最大孔喉半径 1μm，分选系数 0. 12，歪度系数 1. 31。通过压汞分析，将大牛地气田奥陶系马家沟组马五 5 亚段储层毛细管压力曲线形态为有宽有窄的曲线平台，以细吼道为主，分选性较差，有较倾斜的孔隙平台，为细歪度的孔隙性储集岩。

# 第四节　储层类型划分及识别

## 一、按储集空间划分

奥陶纪马家沟组沉积期整个华北地块为克拉通陆表海环境，大牛地马家沟组主体为陆表海局限—蒸发海台地沉积，主要发育泥微晶白云岩、粉－细晶白云岩、含膏泥粉晶白云岩，局部发育藻叠层石白云岩，大规模海侵期沉积地层以泥晶灰岩、砂屑灰岩为主。受多期岩溶作用改造影响，研究区主要发育白云晶间孔隙型、溶蚀孔洞型、裂缝－孔洞型、缝洞型四种类型储层，整体以前三者为主，缝洞型储层发育较少。

### 1. 孔隙型

主要为晶间孔和晶间溶孔。由潮下泥微晶灰岩经白云岩化作用和重结晶作用形成的泥微晶白云岩和细晶白云岩之间的晶间孔，其孔径一般为0.01～0.5mm，晶间孔面孔率为3%～14%；晶间孔及晶间胶结物经过溶蚀作用而扩大形成的晶间溶孔，形态呈不规则多边形，分散状分布，后期局部被方解石充填或半充填，孔径差异较大，一般为0.02～0.8mm，其面孔率为0.1%～7.5%。作为研究区马家沟组重要的储集空间类型之一，晶间孔、晶间溶孔物性较好，孔隙度处于2.0%～7.0%，渗透率为(0.1～1.0)×$10^{-3}$μ$m^2$，测井响应特征为低自然伽马、低电阻率、低密度、高声波时差及高补偿中子，三孔隙度曲线光滑略有幅差(图3－4－1)。

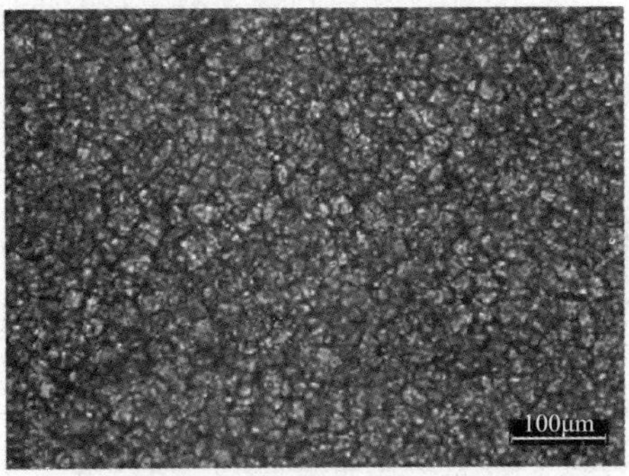

(a)大ef井,马五5亚段,2842.67m,粉-细晶白云岩，晶间孔

(b)大dh井,马五5亚段,3013.65m,细晶白云岩,晶间溶孔,(-)

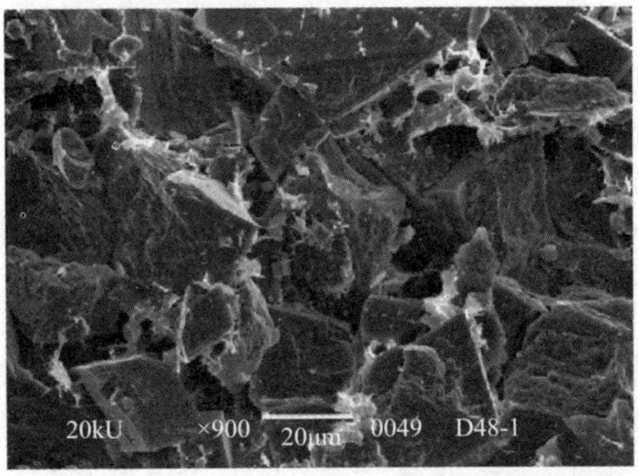

(c)大ef井,马五5亚段,白云石晶体间呈镶嵌状接触

(d)大bk井,马五5亚段,2819.74m,粉-细晶白云岩,晶间溶孔

图3－4－1　大牛地气田马家沟组孔隙型储层镜下特征

### 2. 溶蚀孔洞型

储集空间类型主要为膏溶蚀孔。马家沟组海退期主体发育含膏云坪沉积，受多期岩溶改造作用影响地层中的石膏核、石膏团块发生组构选择性溶蚀形成规模大小不一的膏溶孔，局部后期被白云石充填或半充填。相较于孔隙型储层该类储集物性好，孔隙度可达10%左右，渗透率大于1×$10^{-3}$μ$m^2$，更有利于油气的储集，测井显示深浅双侧向明显的低电阻，声波值高，密度值较低。这类储集体主要发育在马五1＋2亚段、马五6＋7亚段、马三段及马二段等含膏岩地层中(图3－4－2)。

(a)DKac-FPh井,马五7亚段,3064.85m,膏溶孔发育,部分被充填

(b)大cg井,马五6亚段,2952.96m,石膏溶蚀孔

(c)大dh井,马五5亚段,石膏溶蚀后被方解石充填

(d)大abd井,马五7亚段,含膏泥晶白云岩,发育膏溶孔

图 3－4－2　大牛地气田马家沟组溶蚀孔洞型储层岩心、薄片照片

### 3. 裂缝－孔洞型

根据岩心、薄片观察，大牛地奥陶系马家沟组发育风化溶蚀缝和构造缝两种类型。风化溶蚀缝指受构造抬升运动的影响，淡水流体沿地层裂缝渗流过程中对其流动通道溶蚀、改造而形成的溶蚀孔缝。研究区整体以网状裂缝为主，产状无规律、缝宽不规则，最宽可达数十毫米，钻井岩心上可见溶缝两侧的岩石具明显的溶蚀痕迹，方解石充填程度高、局部半充填。

构造缝的形成与构造运动和基底断裂有关。岩心、薄片观察见构造缝横切白云石颗粒、方解石充填溶蚀缝及缝合线的现象，以高角度、未充填构造缝为主，具有较好的物性，具体表现为高渗透率，最高可达 $100\times10^{-3}\mu m^2$，孔隙度分布范围比较大，处于 0.5%～5%。未充填的溶蚀缝和构造缝多以网状形态延伸，有效的沟通了相对不连通的井间孔隙、孔洞，有效提高了储集体的储渗性能，是马家沟组重要的储集类型之一，在马五段发育程度较高，马四段上部不均一云化的灰岩储层局部发育该类型储层。高角度及网状裂缝型储层在测井上主要表现为声波时差发生跳跃且异常高、电阻减低且深浅电阻率具有明显幅度差，电成像测井上以暗色正(余)弦曲线为主(图 3－4－3)。

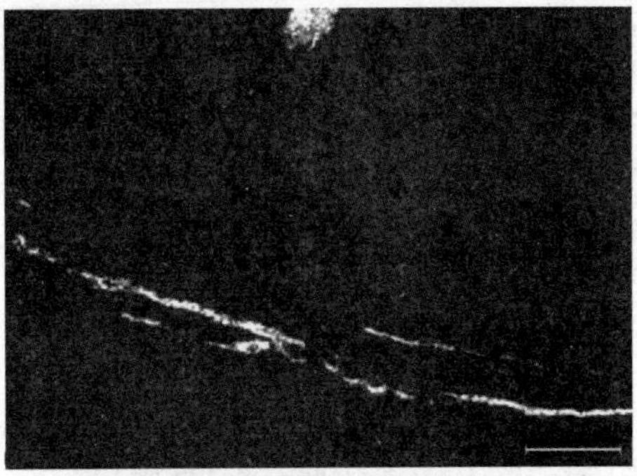

(a)大gk井,马五5亚段,2893.70m,
裂缝发育,部分方解石充填,(-)

(b)大fe井,马五5亚段,3020.38m,
裂缝沟通晶间溶孔,(-)

(c)大fe井,马五5亚段,3021.16m,
风化溶蚀缝发育,方解石全充填

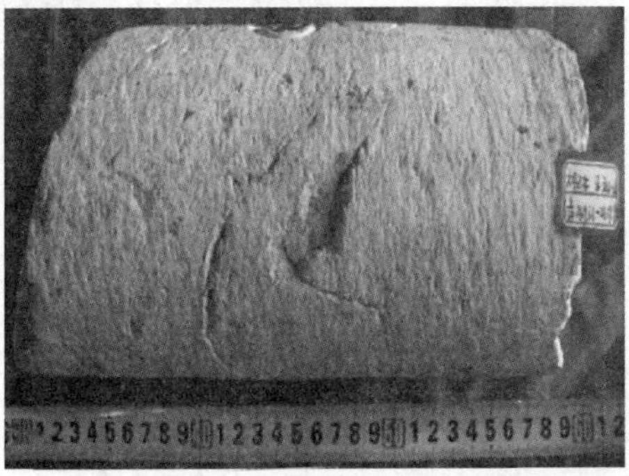

(d)大db井,马五5亚段,2998.12m,
高角度斜交构造缝,未充填

图 3－4－3　大牛地气田马家沟组孔隙型储层镜下特征

### 4. 缝洞型

缝洞型储层主要分布在岩溶有利区带，距马家沟组不整合顶距离 20～30m，岩溶水顺构造缝、风化缝下渗，溶蚀改造作用较强，形成具有一定规模的溶蚀缝洞，根据实钻及测录井成果分析该区缝洞体宽度均小于 5m，与塔河油田大型缝洞、洞穴存在差异。

该类储层在大牛地马家沟组发育程度低，仅在 5 口水平井水平段钻进过程中钻遇该类型储层，先后发生不同程度失返性漏失、溢流，全烃峰值激增，最高接近 100%。其规模可通过围岩地层的电成像差异和常规测井曲线估算，测井标定缝洞型储层发育位置井径曲线表现出明显扩径现象，深浅侧向电阻率陡降，三孔隙度曲线跳跃明显，FMI 电成像上表现出暗黑色团状条带的特点(图 3－4－4)。

## 二、按储集成因划分

按照储层成因，可将储层分为四类(表 3－4－1)，分别为膏溶型储层、弱改造云岩储层、粉晶白云岩储层和同生溶蚀颗粒型储层。由于在铸体薄片中，泥晶白云岩和泥晶灰岩几乎不发育可见的孔隙，在无有效裂缝发育的情况下为差储层。

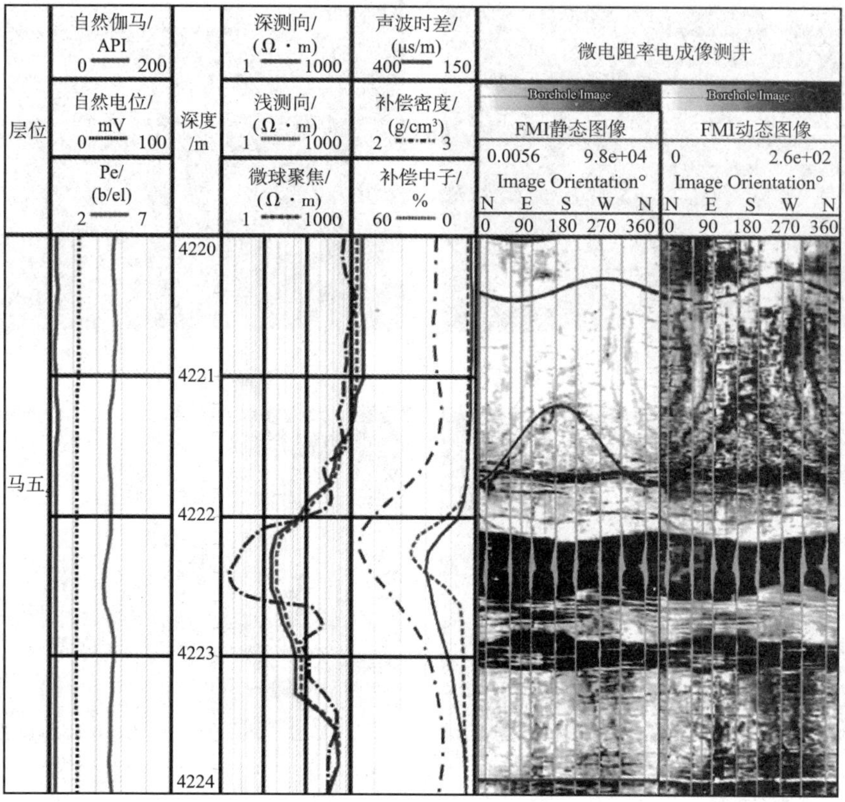


图 3-4-4 PGcd 井马五 5 亚段缝洞型储层测井及电成像响应特征

**表 3-4-1 不同储层成因类型的储集空间发育特征**

| 储层成因类型 | 主要储集空间组合 | 岩性 | 沉积相 | 主要成岩变化 |
|---|---|---|---|---|
| 膏溶型储层 | 溶孔-裂缝型 | 含膏云岩 | 膏云坪 | 表生岩溶作用、破裂作用 |
| 弱改造破裂云岩储层 | 晶间孔-裂缝孔型 | 泥-粉晶云岩 | 云坪 | 准同生白云石化作用、破裂作用 |
| 粉晶白云岩储层 | 裂缝-晶间孔型 | 粉晶白云岩 | 云坪 | 准同生白云石化、胶结作用、破裂作用 |
| 同生溶蚀颗粒型储层 | 晶间孔-溶孔型 | 鲕粒灰岩、残余颗粒白云岩 | 颗粒滩 | 准同生白云石化、同生期溶蚀 |

膏溶型储层发育在含膏的白云岩中，沉积在膏云坪，经历了表生岩溶作用。表生岩溶作用下这类储层原生的石膏全部溶蚀形成膏溶孔或溶洞，后期充填较弱或无充填。膏溶型储层发育在原始石膏含量较高的马五 6 亚段和马五 7 亚段。

弱改造云岩储层发育在泥晶白云岩中，沉积在泥云坪，受准同生白云石化作用控制，后期无明显溶蚀改造，发育少量裂缝。这类储层白云石结晶有序度较低(0.65～0.73)，晶粒小(10～40μm)，晶间孔发育程度较低，导致了后期成岩流体对储层的改造较弱。

同生溶蚀颗粒型储层发育在颗粒支撑的白云岩和灰岩中，沉积在颗粒滩，后期胶结作用对这类储层有一定破坏。颗粒型储层发育残余粒间孔和粒内溶孔。在残余颗粒白云岩中残余粒间孔的发育程度较高，但在发育早期海底胶结的鲕粒灰岩中残余粒间孔大部分被破坏，仅残存少量孔隙。

粉晶白云岩储层存在几种亚类，即原生型、破裂型和充填型。粉晶白云岩在表生岩溶作用中局部形成角砾状白云岩，以裂缝镶嵌角砾岩为主。表生岩溶作用下粉晶白云岩中形成大量风化裂缝，且大量充填，对储集性无明显影响或破坏晶间孔隙。在晚期区域构造破裂作用下，裂缝可提供一定储集空间。风化裂缝的有效程度较低，有效缝约占 8.99%。构造缝的有效性较高，有效缝约占 34.75%，以垂直的张剪缝为主。原生型粉晶白云岩以晶间孔为主，主要发育在未遭受晚期破裂的白云岩发育区。破裂型粉晶白云岩在晶间孔基础上发育较多微裂缝，使储渗得到较大改善。充填型粉晶白云岩主要发育在岩溶高地之间的斜坡，顺层溶蚀了碳酸钙的地下水在斜坡白云岩晶间孔中沉淀，破坏了一部分储集空间。

这些储层类型的储集空间组合不同，孔隙和裂缝的发育程度不同，测井响应特征有一定差别。利用测井参数交会分析的方式，对不同储集空间组合的储层进行了区分，具有一定的区分度，可以此进行储层类型识别(图 3－4－5)。通过不同储层类型的测井参数分布范围，确定了不同储层类型的测井解释标准，见表 3－4－2。

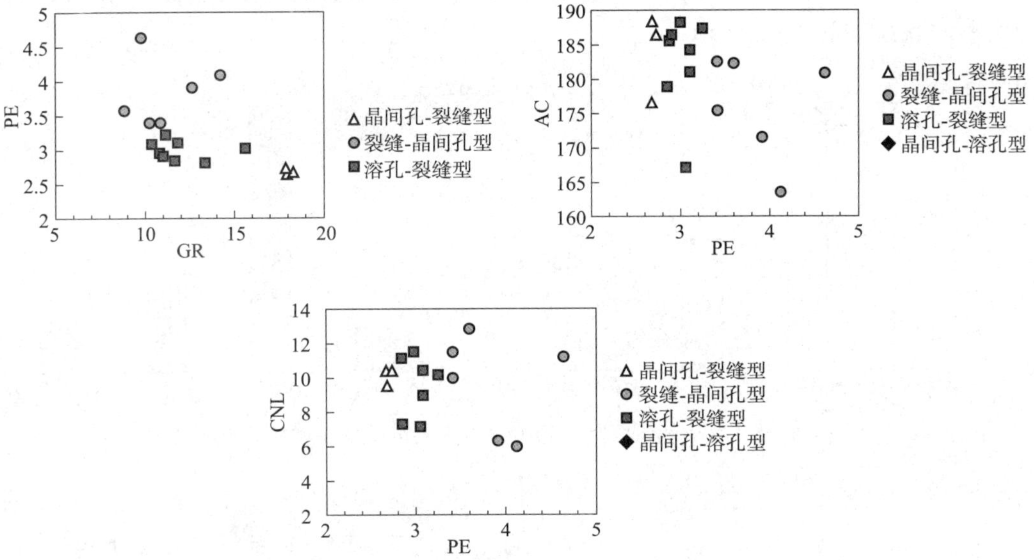


图 3－4－5　按储集空间组合划分的储层类型的测井参数交会分析

**表 3－4－2　不同储层成因类型的测井响应特征**

| 储集空间组合 | 储层成因类型 | GR 范围 | PE 范围 | AC 范围 | CNL 范围 | 曲线特征 |
|---|---|---|---|---|---|---|
| 晶间孔－裂缝型 | 弱改造云岩破裂型 | GR＞20 | PE＜3 | AC＞170 | CNL＜7 | 高 GR、低 PE、高 AC、低 CNL |
| 溶孔－裂缝型 | 膏溶型 | — | PE＞4 | AC＜168 | CNL＞8 | 高 PE、低 AC、高 CNL |
| 裂缝－晶间孔型 | 粉晶白云岩储层 | GR＜20 | 3＜PE＜4 | AC＞170 | CNL＞8 | 低 GR、高 AC、高 CNL |
| 晶间孔－溶孔型 | 同生溶蚀颗粒型 | GR＜30 | — | AC＜165 | 7＜CNL＜8 | 低 GR、低 AC |

# 第五节　储层发育主控因素及分布

## 一、沉积对储层形成的控制作用

大牛地马五5亚段及其下部层位(马五6~10亚段、马四段、马三段、马二段和马一段)主要发育潮下灰坪、潮间云坪、潮下膏湖、潮下盐湖、潮下膏云坪、颗粒滩、潮间泥云坪和潮下泥灰坪等沉积微相(郭彦如等，2012，2014；于洲等，2017)。其中潮下膏湖、潮下盐湖、潮下膏云坪由于石膏和石盐含量较高，岩性致密，塑性较强，在缺乏大规模溶蚀作用和破裂作用的深部层位难以形成优质储层。通过对潮下灰坪、潮间云坪、潮下泥灰坪和潮间泥云坪等沉积微相与储层孔隙度、渗透率关系统计，发现潮间云坪为最优质储层，具有最好的储集物性。潮间云坪储层孔隙度平均3.65%，渗透率平均$0.24\times10^{-3}\mu m^2$；潮下灰坪储层孔隙度平均1.68%，渗透率平均$0.07\times10^{-3}\mu m^2$；潮间泥云坪储层孔隙度平均2.39%，渗透率平均$0.04\times10^{-3}\mu m^2$；潮下泥灰坪储层孔隙度平均0.44%，渗透率平均$0.04\times10^{-3}\mu m^2$(图3-5-1)。

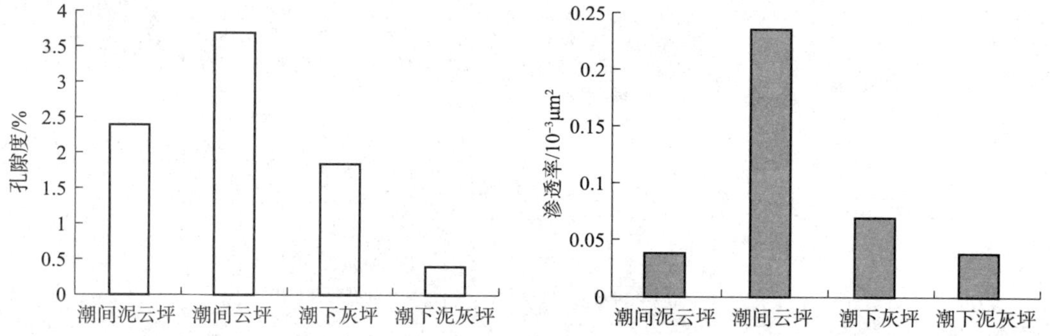


图3-5-1　大牛地井区马家沟组储层主要沉积微相物性分布特征

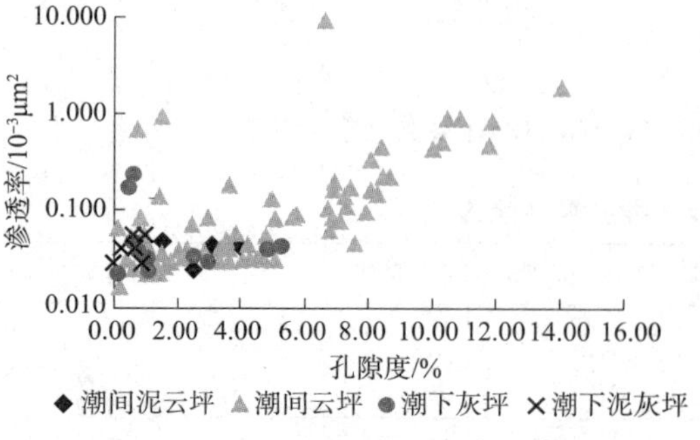


图3-5-2　大牛地马家沟组储层主要沉积微相孔渗关系特征

潮间云坪储层往往同时具有较高的孔隙度和渗透率，测试样品孔隙度最大可达14%，渗透率最大可达$10\times10^{-3}\mu m^2$，渗透率大于$0.1\times10^{-3}\mu m^2$的样品约占总样品数的20%(图3-5-1)，显示了潮间云坪储层较好的渗流能力。大多数潮下灰坪储层孔隙度和渗透率均低于潮间云坪储层(图3-5-2)，反映了潮下灰坪储层相对致密的储集空间特征。在潮下灰坪环境中原始沉积而成的石灰岩颗粒大多以泥晶-微晶为主，颗粒小而致密，储集物性不佳；相反，在潮间云坪环境中形成的准同生粉晶、极细晶白云岩，以及颗粒(砂屑、砾屑、生屑)白云岩颗粒更大，粒间孔隙更大，储层物性更好。潮间云坪环境中形成的各类白云石具有较好的初始渗流能力，这又为后期的溶蚀改造提供了良好的先决条件，有利于晶间溶孔、粒间溶孔的形成和扩大；而潮下带沉积的灰岩较致密，初始渗流能力低下，不利于地层水的流动，阻碍了溶蚀改造作用的发生。潮间泥云坪具有一定的孔隙度(可达5%左右)，但渗透率较低(小于$0.1\times10^{-3}\mu m^2$)，这种相对“高孔低渗”的特点归因于泥质对储层喉道的阻塞，虽然储层尚可保持一定的孔隙空间，但其允许天然气通过的能力大幅降低。潮下泥灰坪孔隙度和渗透率均较低，孔隙度小于2%，渗透率小于$0.1\times10^{-3}\mu m^2$。

颗粒滩发育于水动力较强的沉积环境，波浪的反复淘洗使岩石的泥质含量降低，颗粒及鲕粒的磨圆度增强，储层孔隙度和渗透率均得到提高(图3－5－3)。颗粒滩储层在大牛地井区马家沟组分布范围相对局限，物性分析测试样品较少，从铸体薄片镜下鉴定结果来看，颗粒滩储层面孔率可达18%，粒间孔径可达2～3mm，储集性能优异。

(a)Dabd井,马五7亚段,3153.52m
砾状颗粒之间发育粒缘缝,并发育残余粒间孔

(b)Dabd井,马五7亚段,3153.94m
可见碳酸盐颗粒幻影结构,粒屑间发育残余粒间孔

图3－5－3　大牛地马家沟组颗粒滩储层储集空间特征

## 二、成岩作用对储层形成演化的综合控制作用

按照成岩作用的先后次序，马家沟组储层中依次受到同生期近地表成岩、浅埋藏期早期成岩，表生期暴露成岩和中－深埋藏成岩几个阶段(何江，2013；付斯一，2019)(图3－5－4)。

近地表成岩作用主要发育准同生期白云石化，是形成储层的基础。由于晶间孔隙的发育，在表生期和埋藏期白云岩储层进一步遭受溶蚀作用，可形成更多的储集空间。近地表成岩还包括颗粒云岩的海底胶结，在鲕粒云岩中可见。

矿物的有序度反映矿物形成时环境的物理化学条件，是判断其结晶程度好坏的一个标志。白云岩有序度通常采用X衍射法对全岩进行测定。理想白云石Ca和Mg的摩尔浓度各占50%，属三方晶系，$Ca^{2+}$、$Mg^{2+}$数目完全相同，$Ca^{2+}$、$Mg^{2+}$和$CO_3^{2-}$三种离子呈现完全有序排列则有序度为1。通过有序度与面孔率的相关性分析，结晶程度越好的白云岩孔隙越发育(图3－5－5)。马五5段粉晶白云岩孔隙度明显高于泥晶、泥粉晶白云岩。准同生阶段形成的泥晶白云岩由于结晶速度较快，形成的白云石晶粒较小，晶粒堆积较为紧

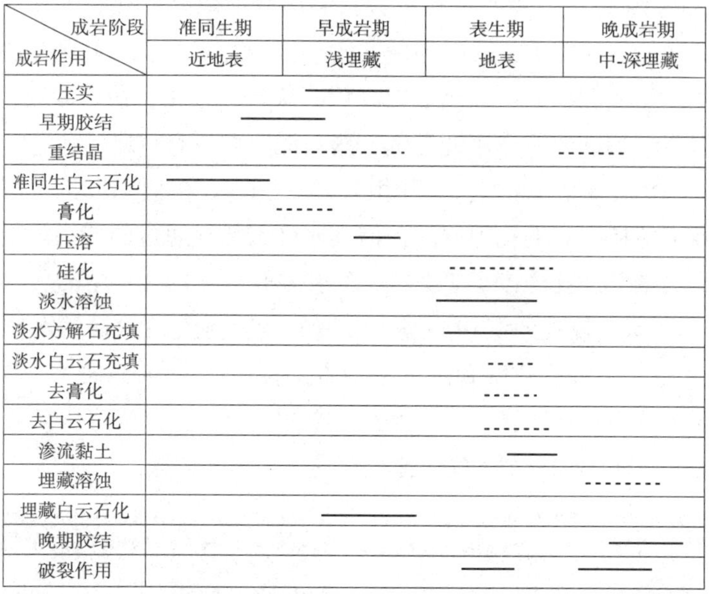


图 3－5－4　成岩演化序列图

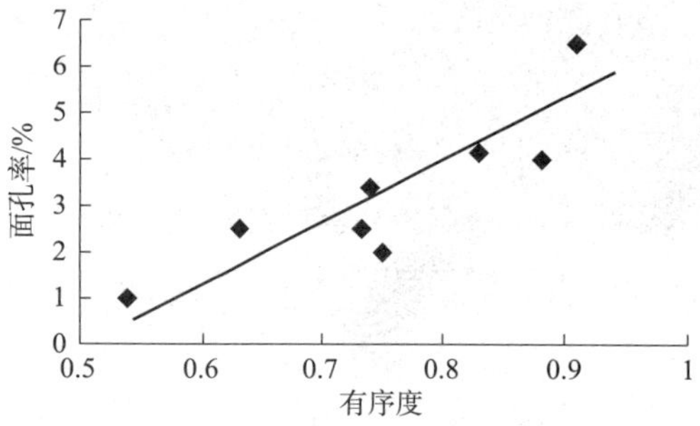


图 3－5－5　白云石有序度与面孔率相关性分析

密，而且白云石化流体供应较为充足，使得准同生白云石发生过白云石化，导致孔隙不是很发育。准同生泥晶白云岩在马五 5 亚段主要发育在层序的上部，呈连续的薄层状，含少量膏质，且藻纹层发育。

浅埋藏期主要经历压实、胶结、重结晶和埋藏白云石化。马四段生物扰动的灰岩发生埋藏白云石化，形成较粗的白云石晶体分散在灰泥基质中，但对储集性无明显影响。颗粒白云岩在浅埋藏期发生压实，颗粒之间接触关系变得紧密，残留部分粒间孔。由于加里东期构造抬升作用，马五 5 亚段以下的马家沟组地层经历了较短时期的浅埋藏作用即马五 5 亚段和部分马五 6 亚段进入地表大气淡水成岩环境。在淡水影响下，灰岩段和含膏地层遭受溶蚀，发育岩溶角砾岩和风化破裂缝。地下水中溶蚀的碳酸钙在汇水区发生淡水方解石和少量白云石胶结。并且，溶解了石膏的岩溶水对白云岩发生去膏化和去白云石化作用。

在中－深埋藏环境，储层主要发生埋藏溶蚀和晚期胶结，埋藏溶蚀的证据主要来自热液矿物萤石对裂缝和晶间孔的充填。晚期溶蚀并未明显观察到，因此，对于储集的影响不明显。在燕山晚期，大牛地地区发育未充填的构造裂缝，成为有效储集空间。

在不同成因类型的储层中，各类成岩作用对储集空间存在组合作用。由于不同储层所经历的成岩环境有差异，造成最终储集空间组合的差异。

对于膏溶型储层主要有影响的成岩作用是表生岩溶作用和破裂作用[图 3－5－6(a)、(b)]。膏云坪含膏的云岩在海平面小幅度波动过程中不容易暴露在海平面之上，因此石膏

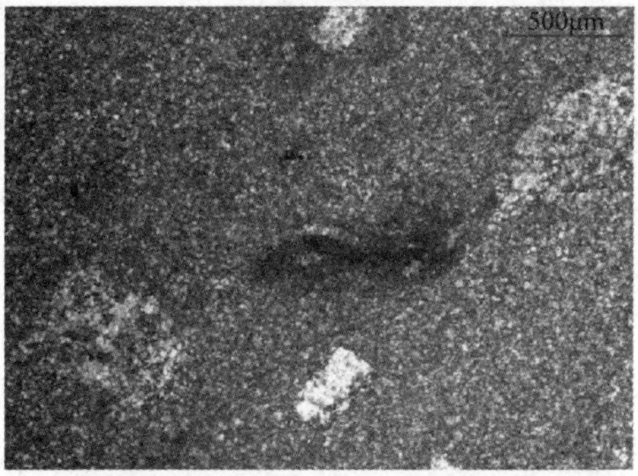


(a)Dfh井,马五6亚段,2934.63m,石膏溶蚀孔

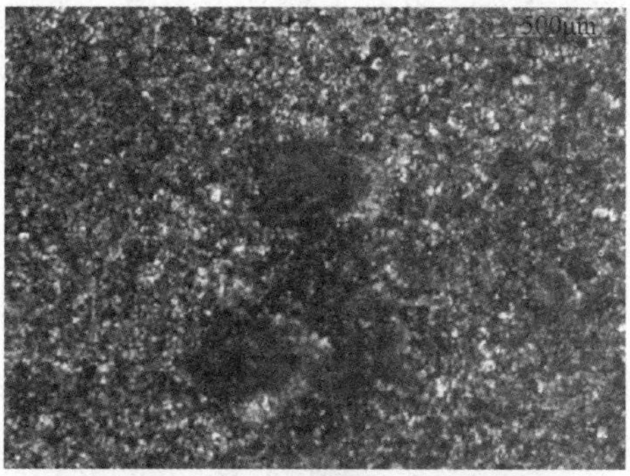

(b)Dcg井,马五6亚段, 2952.96m,石膏溶蚀孔

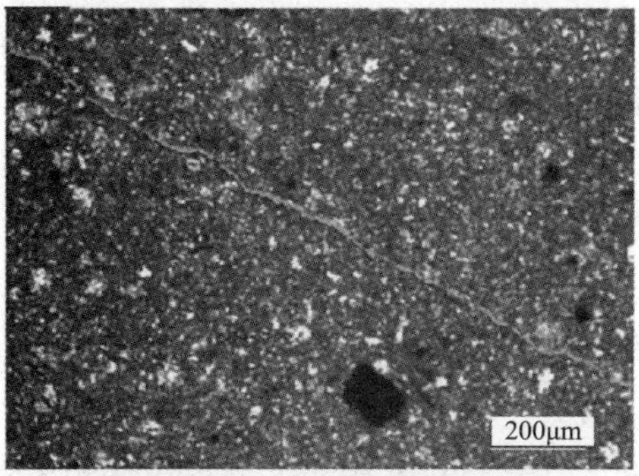


(c)Dabd井,马五6亚段,3112.49m,微裂缝

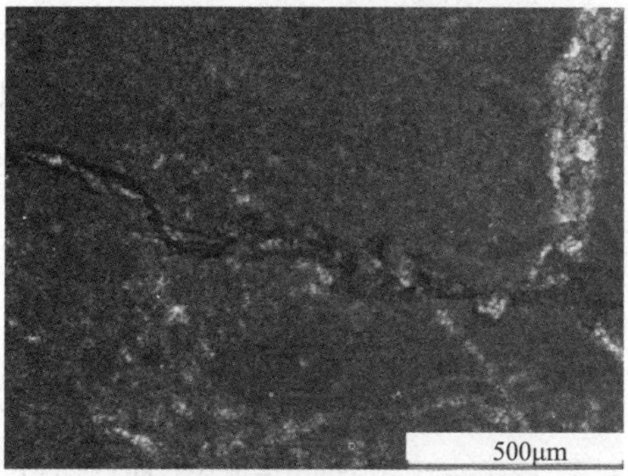


(d)Dabb井,马五6亚段,3112.49m,微裂缝

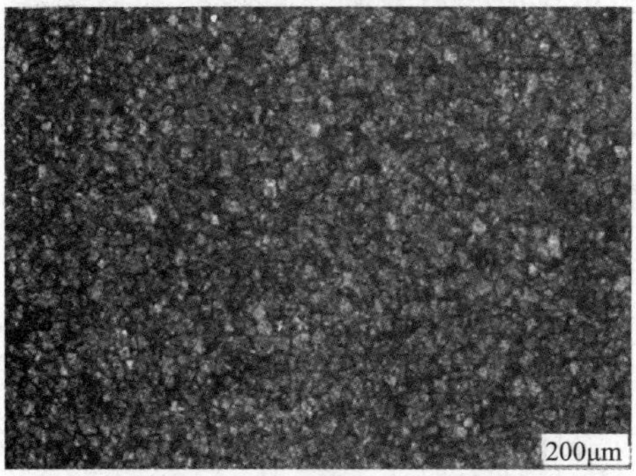


(e)Dco井,马五5亚段,3021.57m,晶间孔

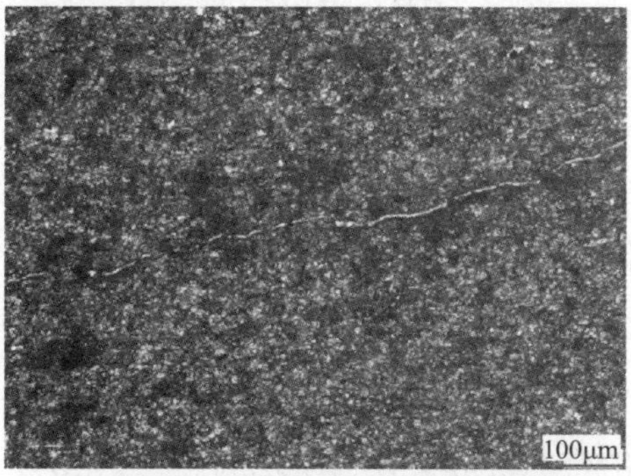


(f)Dabf井,马五6亚段,2921.93m,晶间孔与微裂缝

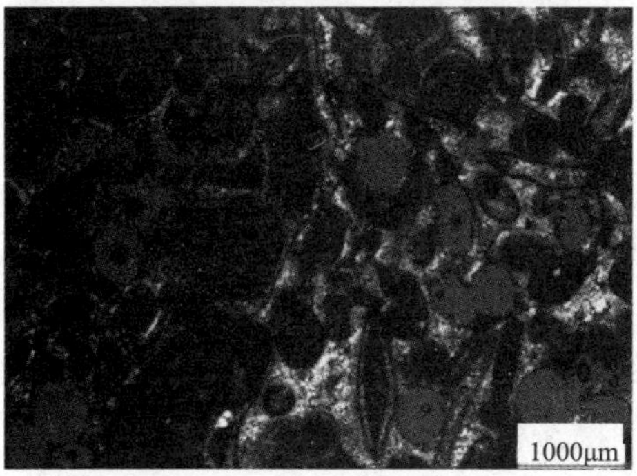


(g)Dabc井,马三段,3589.28m,鲕粒溶模孔

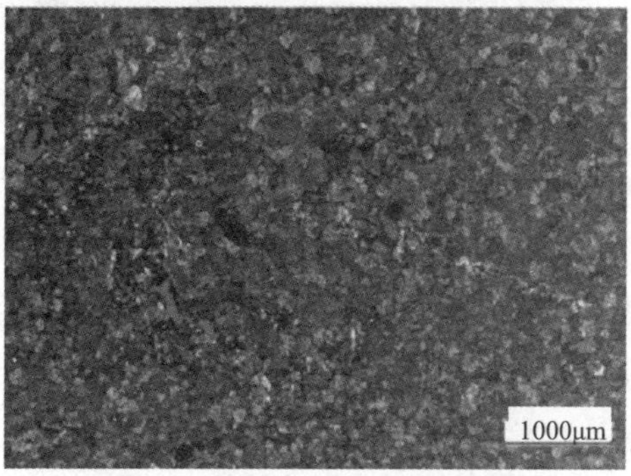


(h)Dabd井,马五段,7.3153.94m,残余粒间孔

图 3－5－6　各类型储层储集空间类型与特征

通常不发生溶蚀。在构造抬升过程中，含膏白云岩进入大气淡水影响范围。大牛地西部地区马五6在表生期出露地表，大气淡水由西向东，侧向运移至大牛地，地下淡水发生顺层流动，石膏在此过程中发生溶蚀。石膏含量差异造成此类储层的发育受到影响。较低石膏含量的云岩石膏溶蚀后不破坏岩石结构，形成少量膏溶孔。石膏含量较高的云岩则由于石膏的溶蚀造成崩塌，形成岩溶角砾岩，在角砾岩中发育白云石晶间孔和角砾间缝。晚期在构造作用下，膏溶型储层发生破裂，形成部分微裂缝，形成溶孔-裂缝型储层。

弱改造破裂云岩储层主要受准同生白云石化作用和破裂作用影响[图3-5-6(c)、(d)]。由于泥晶白云岩和泥-粉晶白云岩晶粒较细，成岩早期晶间孔发育程度较低，后期岩溶改造程度弱，难以形成优质储层。这类储层主要经历了准同生白云石化作用，在白云石化阶段沉积水体相对安静搅动较弱的环境，水体交换不畅导致盐度较高，白云石快速结晶，形成晶粒细结晶度较差的泥晶和泥-粉晶，为储层提供了一定晶间孔隙。在成岩晚期由于在破裂作用下这类岩性易于破裂，而发育较多的微裂缝。这类储层在成岩过程中改造程度弱，形成裂缝为主，少量晶间孔的储层类型。这类储层分布范围较广，各层均有分布。

粉晶白云岩储层主要受准同生白云石化、胶结作用、破裂作用[图3-5-6(e)、(f)]。粉晶白云岩的形成受准同生白云石化作用控制，在水体搅动稍强的环境中形成。由于水体搅动较强海水盐度降低，白云石结晶程度较好，形成粉晶，晶间孔大量发育。马五5亚段的灰岩在表生岩溶期发生溶蚀，临近的粉晶白云岩的大孔和大缝均被淡水方解石充填，原始的细小晶间孔得以保留。马五6亚段的粉晶白云岩在侧向运移的淡水环境中，石膏溶蚀后不易产生胶结。在粉晶白云岩中发育晚期的构造裂缝，会形成一定的储集空间。

同生溶蚀颗粒型储层主要受准同生白云石化、同生期溶蚀作用[图3-5-6(g)、(h)]。颗粒滩沉积物在同生期会经历两类成岩环境。第一类成岩环境是在碳酸盐异化粒沉积后海平面下降则发生准同生白云石化，形成颗粒白云岩，经历较弱的压实作用后粒间孔得以保留。同时，在同生期暴露于大气淡水中，岩石中如果发育石膏会形成石膏溶蚀孔。第二类成岩环境是在碳酸盐异化粒沉积后较长时期处于海平面较高的环境，则发生海底胶结。随后海平面下降后，在近地表的同生成岩环境中颗粒发生组构选择性溶蚀而发育粒内溶孔。在这类储层中，海底胶结后部分粒间孔残留也可形成储集空间。这类储层主要发育在马五7亚段和马三段。

## 三、优质储层分布及预测

根据上述分析，马五5亚段的储层成因主要为粉晶白云岩储层，其中含弱改造破裂云岩储层。因此，马五5亚段储层的评价和预测应该以粉晶白云岩的分布为基础，并考虑表生期和埋藏充填作用、破裂作用对粉晶白云岩的改造。粉晶白云岩储层分为三种亚类，包括粉晶白云岩原生型储层、粉晶白云岩破裂型储层和粉晶白云岩充填型储层。按照孔隙发育程度，粉晶白云岩破裂型储层的储集空间最发育，在晶间孔基础上叠加了微裂缝的贡献。其次为粉晶白云岩原生型储层，这类储层发育大量晶间孔，面孔率可达8%，具有良好的储集性能。相对较差的是粉晶白云岩充填型储层，这类储层的部分晶间孔被后期胶结物充填破坏，而残留部分晶间孔。

按照马五5亚段白云岩厚度分布，认为受沉积古地貌控制(张银德等，2014)，与前人研究一致，主要发育在大牛地地区西部，南部局部分布。按照裂缝发育规律，有效裂缝主要为：①加里东早期形成的断裂，发生复活继续运动；②陡坎差异载荷裂缝。加里东早期形成的断裂，于燕山中晚期－喜山期在左旋剪切应力作用下，发生复活继续运动，形成延伸较远的高角度－垂直的张剪裂缝，有效较高，分布范围较大，主要分布在大牛地地区西南部，包括Dkb井区和PGbg井区周围等。陡坎差异载荷裂缝的形成主要受控于陡坎高度与岩溶古地貌位置，因此在台丘肩部，古地貌落差较大的位置，较易发育此类裂缝。因此，圈定了有效裂缝的发育区。另外，结合孔隙充填胶结的含量分析，马五5亚段的胶结物主要分布在大牛地地区北部的岩溶斜坡附近，这些区域存在相对较强的胶结，对储集空间产生破坏(图3－5－3)。

按照粉晶白云岩储层的形成机制，大牛地地区马五5亚段的有利储层分布如图3－5－3。预测的结果和开发情况吻合性较好。储集性最好的粉晶白云岩破裂型储层发育在Da-eco井区，Da-eaf井无阻流量3.97万$m^3/d$，Da-ebb井无阻流量3.35万$m^3/d$。在白云岩最薄的粉晶白云岩原生型储层发育区Da-eod井无阻流量也可达0.64万$m^3/d$。在充填相对较强的粉晶白云岩充填型储层发育区Ddh井无阻流量1.57万$m^3/d$，大co井无阻流量1.38万$m^3/d$。

对下部层系组合进行分类预测，认为马五6亚段主要发育膏溶型储层，顺层表生岩溶在工区均有分布。膏溶后形成的裂纹镶嵌角砾岩为有利储层，对应原岩为粉晶白云岩(图3－5－7)。

(a)Dabd井,马五6亚段,3109.93~3110.06m,裂纹镶嵌角砾岩

(b)Dabd井,马五6亚段,3116.45m,角砾为粉晶白云岩

图3－5－7　马五6亚段裂纹镶嵌角砾岩原岩成分特征

马五7亚段和马三段发育同生溶蚀型储层。经过岩心观察，大牛地西南部的Dabf、Dabd和Dabc井均发育颗粒白云岩，表明西南部的沉积水动力条件可能较强。并且，区域上西部也临近台地颗粒浅滩的分布区。因此，下一步马五7亚段和马三段的勘探可以滩体预测为目标。

马四段顶部发育粉晶白云岩储层和弱改造云岩破裂储层。马四段顶部为准同生白云岩，发育晶间孔。马四中下部则以豹斑白云质灰岩为主，不发育储层。因此，白云岩的分布是该层储层预测的关键。

# 第四章　碳酸盐岩储层工程地质特征

对储层工程地质特征的深入分析可以帮助进一步了解改造对象、明确储层改造难点，进而提升储层改造工艺的针对性和适应性。储层工程地质特征除孔隙度、渗透率、含气(油)饱和度以外，还包括储层温压特征、岩石力学特征、地应力特征及脆性特征等。本章在第一节至第三节对储层地质特征研究的基础上，重点对鄂尔多斯盆地碳酸盐岩储层主力层位的温压特征、岩石力学特征、地应力及脆性特征进行总结梳理，为第六章酸压工艺技术、第七章酸压工作液体系及支撑剂优选提供依据。

## 第一节　储层温度、压力特征

储层温度是油气田开发的能量，也是油气田开发过程中重要的参数。油气藏温度的高低不仅决定着油气等流体的性质，还决定着油气田开发的方式。(陈刚，2013)

鄂尔多斯盆地下古生界碳酸盐岩气藏为典型的低压、低孔、低渗致密储层。储层原始地层压力为24.6～32.8MPa，压力系数为0.82～0.91；孔隙度主要分布范围为2.5%～14%，平均值为5.15%；渗透率主要分布范围为(0.03～1.58)×$10^{-3}\mu m^2$，平均值0.94×$10^{-3}\mu m^2$，如图4－1－1所示。

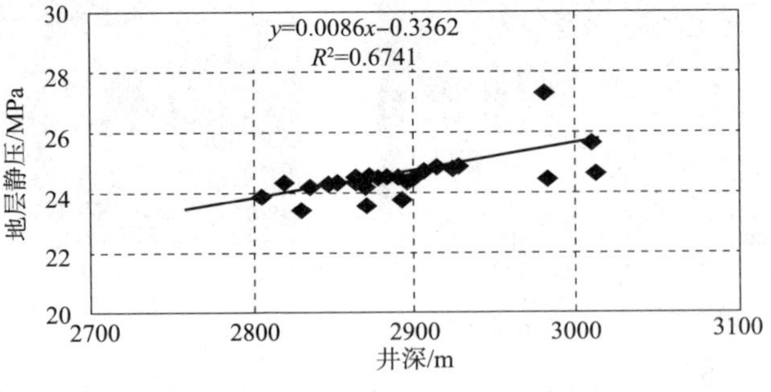


图4－1－1　地层静压－井深关系图

储层温度随深度的不断加深而升高(图4－1－2)，鄂尔多斯盆地下古生界碳酸盐岩气藏储层埋深在3000～3800m，中部深度3300m左右，地层温度84.9～101.9℃，温度梯度约2.83℃/100m，其中马五4～6亚段储层温度在89.3～97.6℃，温度梯度在2.72～2.88℃/100m，如图4－1－3、表4－1－1所示。

**表 4－1－1　实测储层参数**

| 井　区 | 层　位 | 气层中深/m | 压力/MPa | 压力系数 | 温度/℃ | 温度梯度 |
|---|---|---|---|---|---|---|
| Da－eod | 马五 6 亚段 | 3060 | 30. 708 | 1. 024 | 95. 672 | 2. 81 |
| Dd | 马五 4 亚段 | 2920. 25 | 28. 16 | 0. 984 | 89. 31 | 2. 72 |
| PGg | 马五 5 亚段 | 3100 | — | — | 97. 6 | 2. 84 |
| Da－ebd | 马五 6 亚段 | 3024 | 29. 2 | 0. 985 | 96. 51 | 2. 88 |

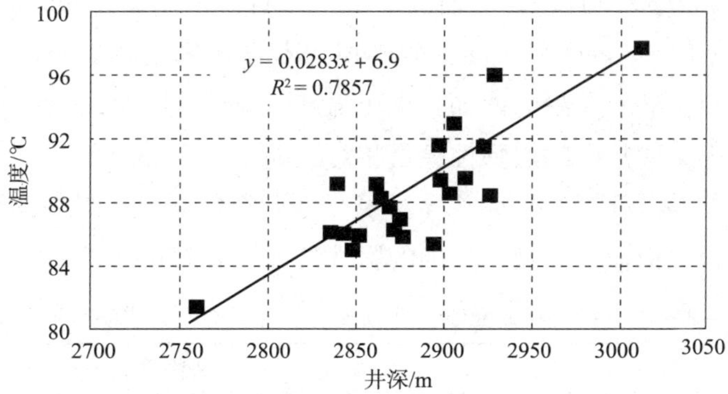


图 4－1－2　温度－井深关系图

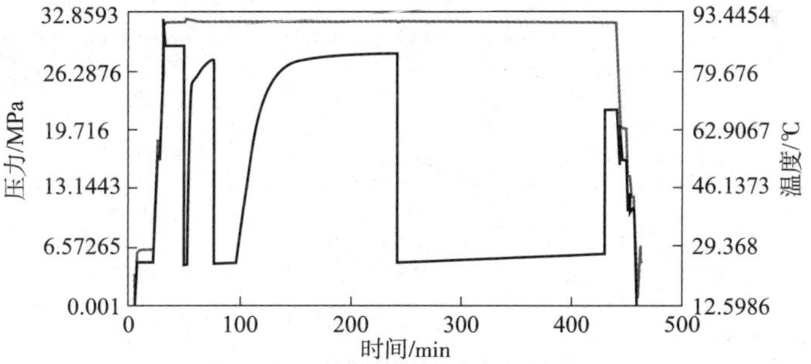


图 4－1－3　Da－ebd 井马五 6 层 TCP－DST 测试曲线图

# 第二节　岩石力学、地应力特征

地层岩石是地应力的载体，岩石的力学性质对地应力的传递、衰减、集中、分散都会产生很大的影响、岩石力学参数与岩体中赋存的地应力密切相关。在石油天然气工业方面，地应力已成为油气藏工程、油气勘探、钻井、完井、采油气工程方案设计不可缺少的基础数据，尤其在压裂方面地应力参数指导着压裂液、支撑剂的选择以及施工排量等施工参数的优化，此外在破裂压力的预测、裂缝延伸扩展、压后效果评价等方面有着重要的应用。

本节着重讲述鄂尔多斯盆地下古碳酸盐岩气藏主要开发层位岩石力学和地应力参数的

测定，总结岩石力学、地应力及脆性特征，为第六章酸压工艺技术、第七章酸压工作液体系及支撑剂优选提供依据。

## 一、岩石力学特征

### 1. 室内实验测定岩石力学参数

目前室内实验测定岩石力学参数主要是通过三轴力学实验，所采用的设备主要是TAW－2000微机控制电液伺服岩石三轴试验机，岩石力学实验结果(表4－2－1、表4－2－2)表明，大牛地气田下古生界碳酸盐岩储层岩石杨氏模量相对较高，导致酸压改造破裂压力高、裂缝较窄；随着井深的增加，抗压强度、弹性模量值增大，改造难度也随之增大，尤其是下部盐下碳酸盐岩隔层弹性模量相对较高，存在隔层的情况下，沟通上下部储层难度较大。然而相同深度下，岩性差异对岩石力学参数有一定影响，泥质含量较低，白云岩含量较纯，泊松比更低，表现出更强的脆性特征，岩石可压性更好。

表4－2－1　马五1＋2亚段、马五5亚段储层岩石力学参数试验结果

| 层　位 | 深度/m | 泊松比 | 弹性模量/MPa | 白云岩含量/% |
|---|---|---|---|---|
| 马五1亚段 | 2797.03 | 0.239 | 36859.5 | 99 |
| | 2797.52 | 0.185 | 30010.4 | 91 |
| | 2751.55 | 0.183 | 28901.6 | 93 |
| | 2752.1 | 0.239 | 28137.2 | 98 |
| 马五2亚段 | 2761.84 | 0.263 | 38138.1 | 91 |
| | 2883.97 | 0.103 | 43417.2 | 96 |
| | 2885.27 | 0.206 | 36279.2 | 95 |
| 马五5亚段 | 2824.07 | 0.17 | 26591.0 | 98 |
| | 2825.08 | 0.322 | 28074.5 | 91 |
| | 2824.63 | 0.355 | 19269.7 | 87 |
| | 2821.29 | 0.178 | 40574.7 | 95 |
| | 2825.06 | 0.244 | 31667.6 | 97 |
| | 2826.96 | 0.159 | 34298.3 | 98 |
| | 2827.09 | 0.247 | 45532.9 | 88 |
| | 2827.73 | 0.243 | 47783.4 | 89 |

对于基质型储层，由于弹性模量越高，裂缝越窄，缝高越不易控制，这导致施工中压力偏高；对于基质－裂缝型储层，一般泊松比相对较低，泊松比越低裂缝越容易起裂，对于微裂缝发育的储层，在酸压改造过程中将导致酸液滤失较大。

表4-2-2　盐下储层岩石力学参数试验结果

| 层　位 | 井深/m | 抗压强度/MPa | 弹性模量/GPa | 泊松比 | 备　注 |
|---|---|---|---|---|---|
| 马五6亚段 | 2933.04 | 329.78 | 48.7726 | 0.283 | |
| | 2933.04 | 278.717 | 42.1083 | 0.279 | |
| | 2933.04 | 323.547 | 45.3413 | 0.312 | |
| 马五10亚段 | 2847.46 | 137.131 | 33.7425 | 0.193 | |
| 马四、马五隔层 | 2885.7 | 230.119 | 46.9014 | 0.313 | |
| 马四段 | 3207.32 | 257.25 | 43.019 | 0.283 | |
| | 3206.03 | 432.54 | 58.286 | 0.278 | |
| | 3207.16 | 535.68 | 59.427 | 0.317 | |
| | 3207.12 | 526.09 | 55.212 | 0.275 | |
| | 3045.86 | 206.119 | 39.4691 | 0.237 | |
| 马三、四隔层 | 3178.59 | 232.878 | 42.7637 | 0.306 | |
| | 3178.48 | 290.512 | 43.2041 | 0.37 | 裂缝 |
| | 3422.57 | 220.57 | 46.36 | 0.202 | |
| 马三段 | 3426.21 | 112.554 | 21.434 | 0.311 | 裂缝 |
| | 3418.4 | 193.982 | 36.0344 | 0.236 | |
| | 3422.15 | 54.33 | 14.264 | 0.283 | |
| | 3422.57 | 220.57 | 46.36 | 0.202 | |
| | 3424.76 | 215.44 | 50.45 | 0.218 | |
| | 3425.52 | 69.08 | 30.731 | 1.23 | 裂缝 |
| | 3425.62 | 90.67 | 22.611 | 0.715 | 裂缝 |
| 马三、马二隔层 | 3426.23 | 153.331 | 28.017 | 0.26 | |
| | 3426.28 | 163.281 | 21.3325 | 0.282 | 裂缝 |
| | 3426.4 | 192.341 | 29.3136 | 0.257 | |
| 马二段 | 3067.05 | 197.94 | 35.9408 | 0.255 | |
| | 3066.9 | 96.365 | 29.1308 | 0.251 | |
| | 3065.1 | 142.141 | 29.7076 | 0.327 | |
| 马二、马一隔层 | 3393.67 | 279.835 | 56.7908 | 0.252 | |
| | 3392.6 | 246.26 | 44.6017 | 0.275 | |
| | 3393.5 | 323.602 | 64.4551 | 0.302 | |
| 马一段 | 3491.64 | 270.013 | 61.474 | 0.236 | |

此外，在岩石压缩的过程中，天然裂缝的存在会显著影响实验结果，裂缝压实造成的应力-应变曲线发生的明显变化，从另一个角度表明鄂尔多斯盆地碳酸盐岩储层存在天然裂缝(图4-2-1～图4-2-10)。

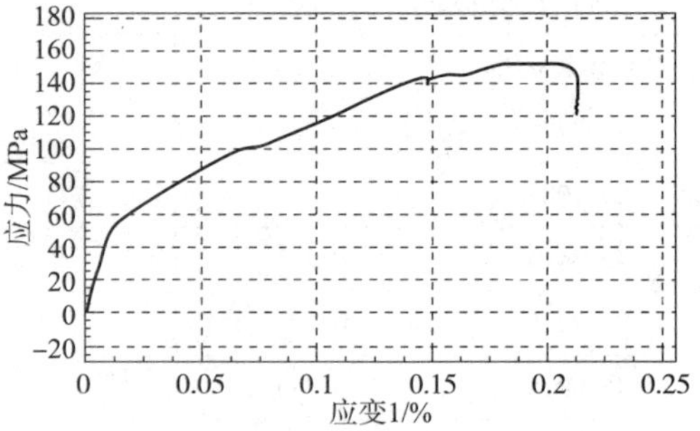


图 4－2－1　鄂 d 井马三、马二隔层应力应变曲线

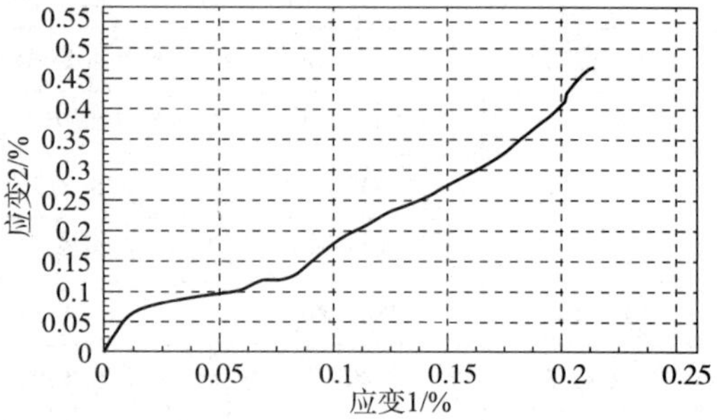


图 4－2－2　鄂 d 井马三、马二隔层泊松比曲线

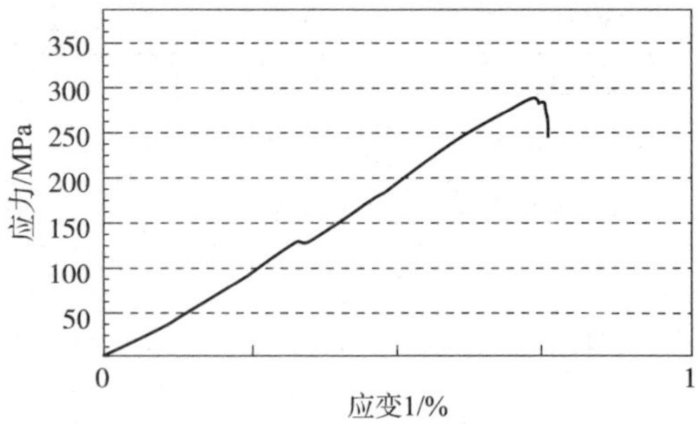


图 4－2－3　大 fg 井马三、马四隔层应力应变曲线

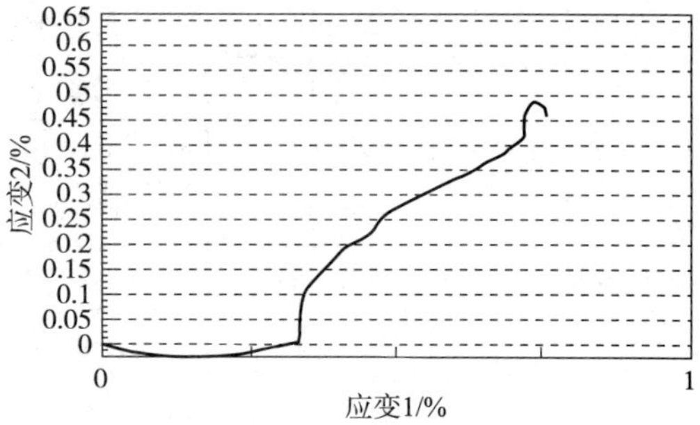


图 4－2－4　大 fg 井马三、马四隔层泊松比曲线

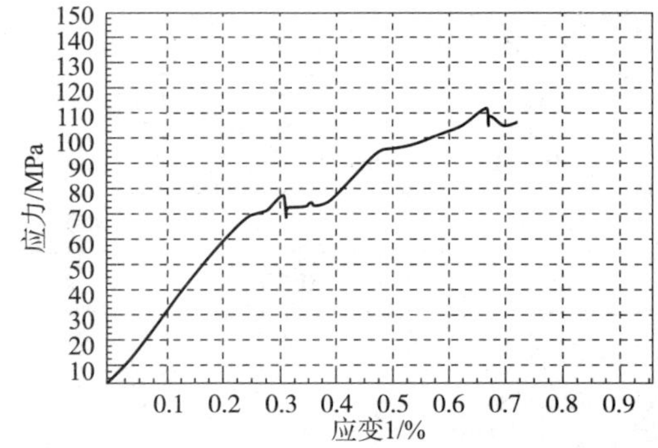


图 4－2－5　大 abb 井马三、马四隔层应力应变曲线

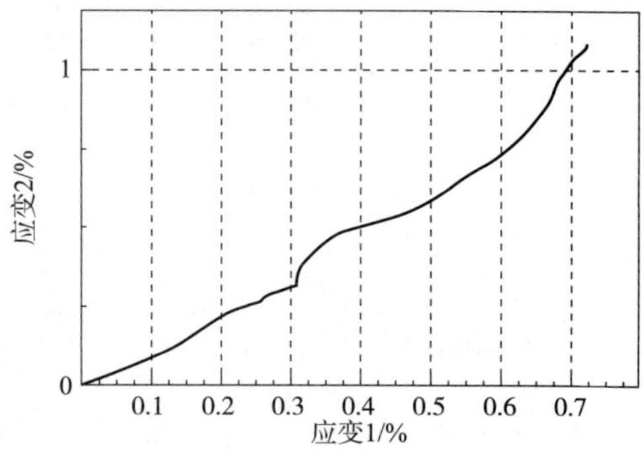


图 4－2－6　大 fg 井马三、马四隔层泊松比曲线

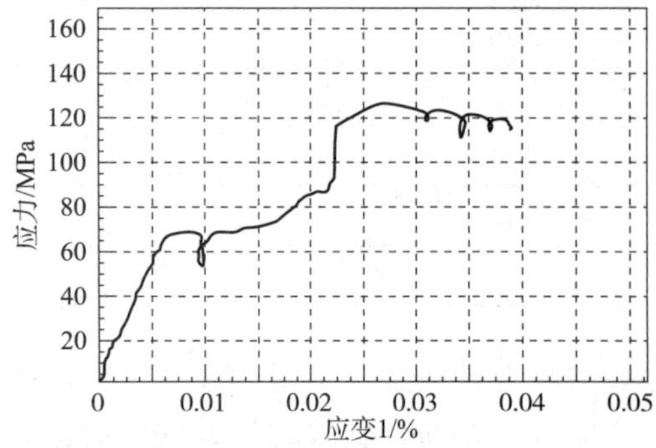


图 4－2－7　鄂 d 井马三、马二隔层应力应变曲线

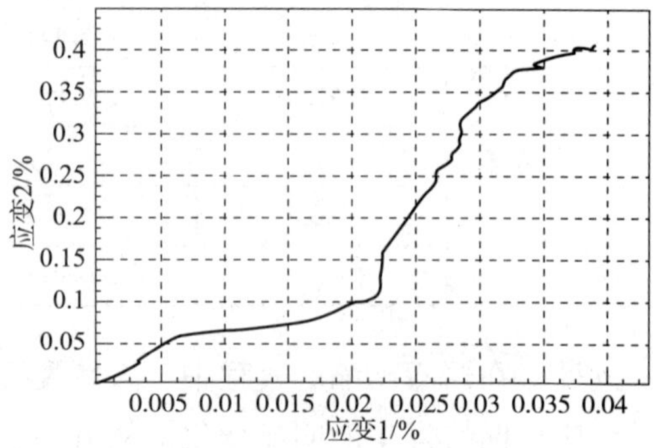


图 4－2－8　鄂 d 井马三、马二隔层泊松比曲线

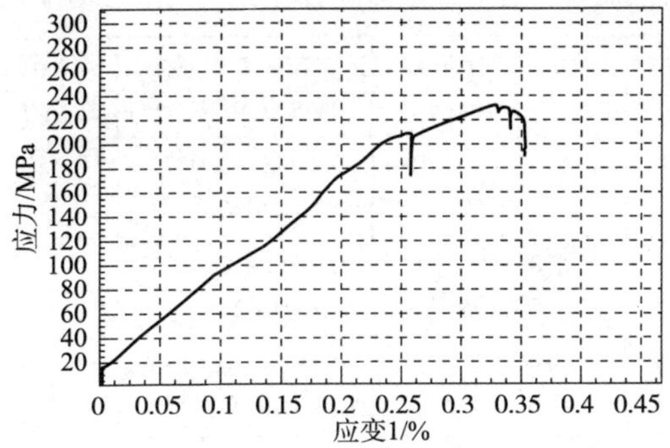


图4－2－9　大fg井马四、马三隔层应力应变曲线

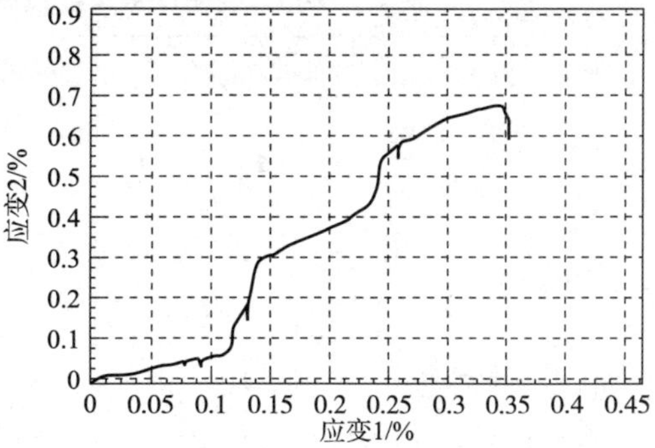


图4－2－10　大fg井马四、马三隔层泊松比曲线

### 2. 偶极声波测井解释分析确定岩石力学参数

通过采用偶极声波测井数据中的声波时差、自然伽马及密度数据，根据岩石力学参数解释模型可以计算得到储层动态杨氏模量和泊松比等岩石力学参数。

首先，利用测井曲线中的声波时差、自然伽马及密度数据，根据岩石力学参数解释模型计算储层动态杨氏模量和泊松比等岩石力学参数，其中岩石力学参数同纵、横波波速的关系式如下：

1）动态弹性模量：

$$E = \frac{\rho_b V_s^2 (3V_p^2 - 4V_s^2)}{V_p^2 - V_s^2} \tag{4-2-1}$$

2）动态泊松比：

$$\nu = \frac{(V_p/V_s)^2 - 2}{2[(V_p/V_s)^2 - 1]} \tag{4-2-2}$$

$$V_p = \frac{1}{\Delta t_p},\ V_s = \frac{1}{\Delta t_s}$$

式中，$V_p$ 为纵波波速；$V_s$ 为横波波速；$\rho$ 为介质密度。

其次，应用基于三维弹性理论的多孔弹性水平应变模型计算地层应力数据，其中三维弹性理论的多孔弹性水平应变模型的计算关系关系式如下：

$$\sigma_h = \frac{\mu}{1-\mu}\sigma_v - \frac{\mu}{1-\mu}\alpha_{vert}p_p + \alpha_{hor}p_p + \frac{E}{1-\mu^2}\xi_h + \frac{\mu E}{1-\mu^2}\xi_H$$

$$\sigma_H = \frac{\mu}{1-\mu}\sigma_v - \frac{\mu}{1-\mu}\alpha_{vert}p_p + \alpha_{hor}p_p + \frac{E}{1-\mu^2}\xi_h + \frac{\mu E}{1-\mu^2}\xi_h \tag{4-2-3}$$

式中，$\sigma_h$为最小水平主应力；$\sigma_H$为最大水平主应力；$\sigma_v$为总垂直应力；$\alpha_{vert}$为垂直方向的有效应力系数（Biot 系数）；$\alpha_{hor}$为水平方向的有效应力系数（Biot 系数）；$\mu$ 为静态泊松比；$p_p$ 为孔隙压力；$E$ 为静态杨氏模量；$\xi_h$为最小主应力方向的应变；$\xi_H$为最大主应力方向的应变。

以大aao井为例，根据式（4－2－1）、式（4－2－2）及式（4－2－3）分别计算马五储层及上、下围岩岩石力学及应力参数等，其计算结果见表4－2－3。

表 4-2-3 利用偶极声波测井计算的储层岩石力学及地应力参数

| 井号 | 层位 | 岩性 | | 杨氏模量/GPa | 泊松比 | 最小水平主应力梯度/(MPa/m) | 最大水平主应力梯度/(MPa/m) | 储隔层应力差/MPa |
|---|---|---|---|---|---|---|---|---|
| 大 aao | 马五 1+2 亚段 | 上围岩 | 铝土岩 | 26.7~38.6<br>33.5 | 0.23~0.28<br>0.26 | 0.0187~0.0210<br>0.0198 | 0.0243~0.0275<br>0.0265 | 1.1 |
| | | 储层 | | 38.0~45.9<br>42.4 | 0.23~0.29<br>0.27 | 0.0186~0.0200<br>0.0194 | 0.0251~0.0272<br>0.0265 | |
| | | 下围岩 | | 40.2~43.7<br>41.6 | 0.25~0.30<br>0.27 | 0.0190~0.0205<br>0.0197 | 0.0260~0.0275<br>0.0267 | 0.9 |
| | 马五 5 亚段 | 上围岩 | 角砾岩 | 44.3~49.1<br>46.7 | 0.25~0.29<br>0.27 | 0.0192~0.0200<br>0.0197 | 0.0262~0.0274<br>0.0266 | -0.6 |
| | | 储层 | 灰质云岩 | 42.0~48.7<br>45.8 | 0.26~0.30<br>0.28 | 0.0193~0.0206<br>0.0199 | 0.0264<br>0.0274<br>0.0269 | |
| | | 下围岩 | 灰岩 | 40.5~44.3<br>42.5 | 0.27~0.30<br>0.29 | 0.0199~0.0207<br>0.0203 | 0.0263~0.0277<br>0.0273 | 1.16 |

获得了岩石力学及地应力参数后，通过参数分析可以帮助明确储层改造难点，进而指导储层改造工艺优化。以大 aao 井为例，通过计算分析岩石力学与地应力参数，可以得到如下认识：

(1)马五 1+2 亚段储层杨氏模量较高(大于上下围岩)，压裂起裂压力高，易形成窄裂缝，加砂酸压施工风险相对较高。

(2)马五 1+2 亚段与上下围岩的应力差较小(1.1MPa、0.9MPa)，压裂施工缝高不易控制。

(3)马五 5 亚段储层杨氏模量亦较高，压裂起裂压力高，易形成窄裂缝，加砂酸压施工风险较高。

(4)马五 5 亚段与上下围岩的应力差也较小(-0.6MPa、1.16MPa)，压裂施工缝高不易控制。

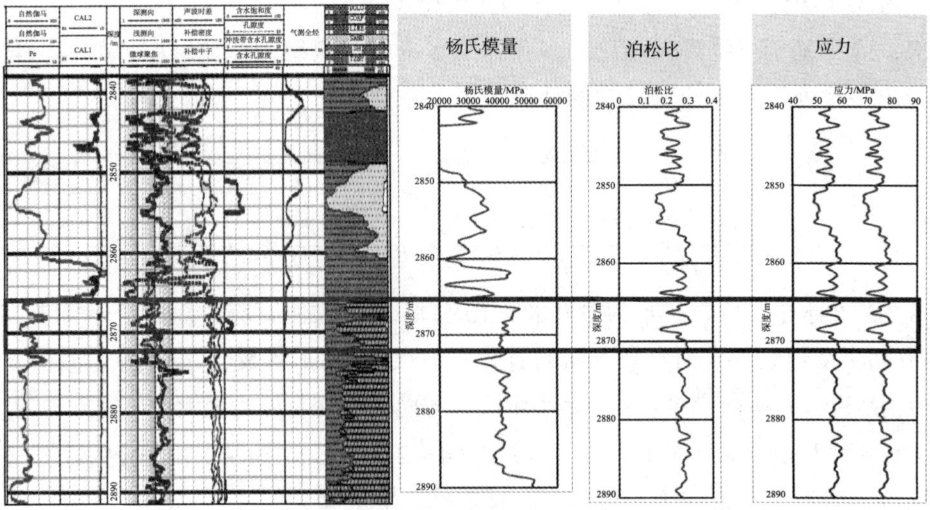


图 4-2-11 马五 1+2 井岩石力学与地应力计算图版

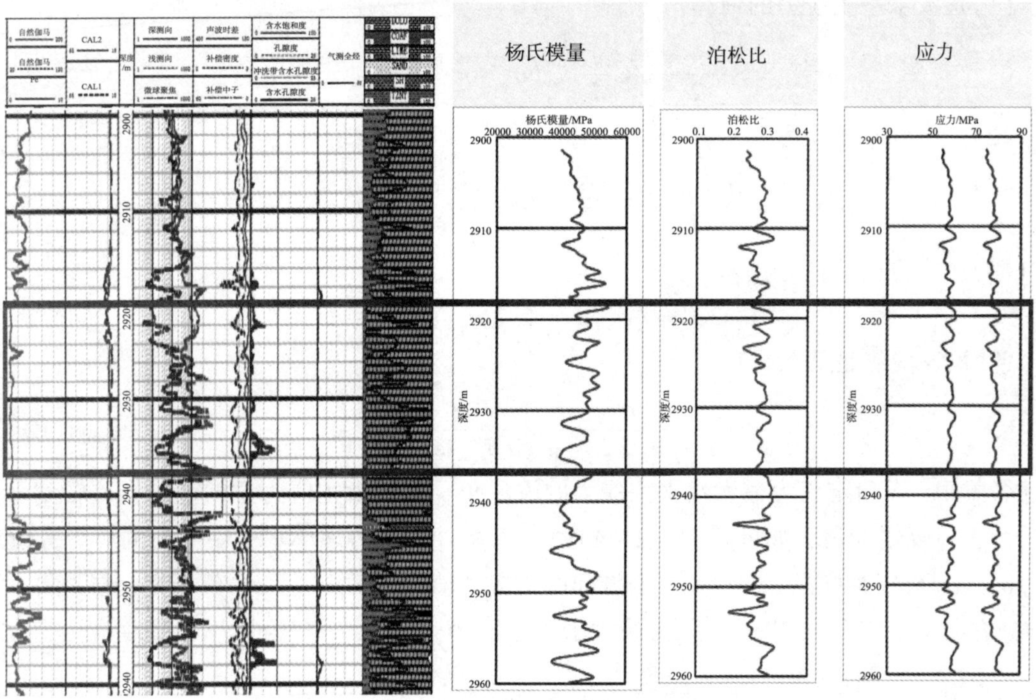


图 4－2－12　马五 5 井岩石力学与地应力计算图版

## 二、地应力及脆性特征

### 1. 室内实验测地应力

德国学者 J. Kaiser(1956)发现了一种声效应，称为 Kaiser 效应。Goodman(1963)发现岩石材料也具有一定的 Kaiser 效应。声发射对材料载荷历史的最大载荷值具有“记忆”能力。通过这种能力，可以对岩石的受力历史进行分析。

声发射(Acoustic Emission，简称 AE)，其定义是材料内部的声源快速能量释放产生的一种瞬态弹性波的现象。当岩石受力变形时，岩石中原来存在的或新产生的裂纹周围地区产生应力集中，应变能较高，当外力增加到一定大小时，在有裂缝的缺陷地区发生了微观屈服或变形，裂缝扩展，从而使应力松弛，储藏的一部分能量将以弹性波(声波)的形式释放出来。可以接收这种弹性波，结合加载资料来分析地应力的大小和方向(周文、闫长辉等，2013)。

利用岩石声发射资料计算地应力值的方法是目前实验室确定地应力的重要方法之一，称为 AES 法，其基本原理如下：

在岩石声发射资料图上，首先定出最接近现今的一期构造活动所对应的 Kaiser 效应点，根据加载情况确定其对应的正应力值，按下列公式进行地应力值的估算和方位确定。

(1)最大水平主应力的估算：

$$\sigma_{max} = \frac{\sigma_x + \sigma_y}{2} + \frac{\sqrt{2}}{2}\sqrt{(\sigma_x - \sigma_{xy})^2 + (\sigma_{zy} - \sigma_y)^2} \tag{4-2-4}$$

(2)最小水平主应力的估算：

$$\sigma_{min} = \frac{\sigma_x + \sigma_y}{2} - \frac{\sqrt{2}}{2}\sqrt{(\sigma_x - \sigma_{xy})^2 + (\sigma_{zy} - \sigma_y)^2} \tag{4-2-5}$$

(3)应力方向的估算：

$$\tan 2\alpha = (\sigma_z + \sigma_y - 2\sigma_{xy})/(\sigma_z - \sigma_y) \tag{4-2-6}$$

此时 $2\alpha$ 应满足关系式：

$$\frac{(\sigma_s - \sigma_{xy})\sec 2\alpha}{1 - \cos 2\theta_{x,xy} + \sin\theta_{x,xy}\tan 2\alpha} \geqslant 0 \tag{4-2-7}$$

上述各式中，$\alpha$ 角定义为最大水平主应力的方位角，规定由主应力方向逆时针旋转到 $\sigma_x$ 的方向为正，反之为负，如果式(4-2-4)值小于零，则 $\alpha$ 为最小水平主应力的应力方位角；$\sigma_x$、$\sigma_y$、$\sigma_z$ 分别为样品 $x$、$y$、$z$ 三个方向的正应力值，MPa；$\sigma_{xy}$、$\sigma_{zy}$ 分别为 $x$ 与 $y$ 和 $x$ 与 $z$ 为45°方向上主应力，MPa；$\sigma_{max}$ 为最大水平主应力，MPa；$\sigma_{min}$ 为最小水平主应力，MPa；$\theta_{x,xy}$ 为 $\sigma_x$ 与 $\sigma_{xy}$ 的夹角。

经过实验测定，鄂尔多斯盆地碳酸盐岩储层，马五 1+2 储层最小水平主应力为51.012～56.935MPa，最大水平主应力为68.871～75.595MPa；平均最小水平主应力梯度为0.0195MPa/m。

根据地应力实验结果，马五 1+2 隔层、马五 5 隔层最小主应力与白云岩储层相差不大，甚至略小于储层，表明隔层遮挡作用不好，压裂时容易穿层，为保证有效缝长，需要对缝高进行控制。而马五 6-10 隔层最小主应力梯度大于储层，不利于穿层。

**表 4-2-4　风化壳储层地应力参数测试结果**

| 井　号 | 层　位 | 深度/m | $\sigma_H$/MPa | $\sigma_h$/MPa |
|---|---|---|---|---|
| 大 gh | 马五 1 亚段 | 2640.73 | 69.191 | 51.144 |
| 大 gh | 马五 1 亚段 | 2642.4 | 67.771 | 51.027 |
| 大 gh | 马五 1 隔层 | 2631 | 68.871 | 51.012 |
| 大 gh | 马五 2 隔层 | 2885.0 | 75.519 | 56.876 |
| 大 kg | 马五 2 亚段 | 2877.9 | 75.595 | 56.416 |
| 大 kg | 马五 2 亚段 | 2881.8 | 75.212 | 56.935 |
| 大 aoa | 马五 5 亚段 | 2711.77 | 72.031 | 52.405 |
| 大 aoa | 马五 4 亚段 | 2759.77 | 73.285 | 54.164 |
| 大 aoa | 马五 4 亚段 | 2759.86 | 73.101 | 54.385 |

表 4-2-5 马五6、马五10 储层地应力参数测试结果

| 井 号 | 层 位 | 井深/m | $\sigma_H$/MPa | $\sigma_h$/MPa |
|---|---|---|---|---|
| 鄂 e | 马五6 隔层 | 2960.27 | 73.135 | 51.997 |
| 鄂 e | 马五6 隔层 | 2960.27 | 72.329 | 52.905 |
| 鄂 e | 马五6 隔层 | 2958.85 | 72.386 | 53.813 |
| 大 cg | 马五6 | 2952.33 | 73.541 | 53.048 |
| 大 gh | 马五10 | 2847.83 | 70.51 | 50.929 |
| 大 gh | 马五10 | 2847.25 | 70.607 | 51.864 |

## 2. 测井法测定地应力

利用声波时差及密度测井资料在计算了地层泊松比、杨氏模量、剪切模量、体积模量值等力学参数后，可以利用测井资料间接求得地应力值。

利用偶极声波资料结合室内实验数据，对比动静态资料，对偶极声波数据进行验证。通过对比偶极声波资料中目的层与泥岩的应力差，可以判断压裂过程中缝高延伸的难易程度。例如，DPF-bob 井马五1+2 目的层与泥岩最小水平主应力差较小(图4-2-13)，相差仅 1MPa 左右，容易导致裂缝垂向缝高不易控制。

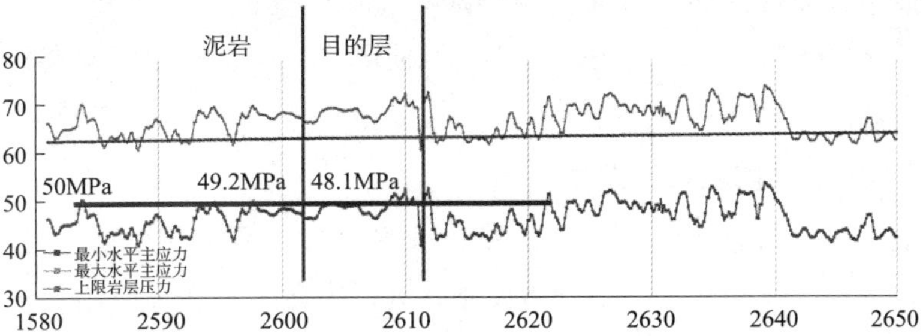


图 4-2-13 DPF-bob 马五1+2 偶极声波测井图

## 3. 脆性特征

岩石脆性是指岩石受力破坏时所表现出的一种固有性质，表现为岩石在宏观破裂前发生很小的应变，破裂时全部以弹性能的形式释放出来。脆性指数表征岩石发生破裂前的瞬态变化快慢(难易)程度，反映的是储层压裂后形成裂缝的复杂程度。通常情况下，脆性指数高的地层性质硬脆，对压裂作业反应敏感，能够迅速形成复杂的网状裂缝；反之，脆性指数低的地层则容易形成简单的双翼型裂缝。因此，岩石脆性指数是表征储层可压裂性必不可少的参数。

岩石脆性主要表现在以下几个独特方面：

(1)岩石的脆性不同于像弹性模量、泊松比这样的单一力学参数，它受多个因素共同制约，想要表征脆性，需要建立特定的脆性指标。

(2)脆性受内外因素共同作用。脆性是以内在非均质性为前提，在特定加载条件下表现出的特性。

表 4-2-6 风化壳储层力学脆性指数试验结果

| 井　号 | 岩心编号 | 埋深/m | 力学脆性指数 |
|---|---|---|---|
| 大 aoa | 183 | 2773.33 | 0.429 |
| | 198 | 2774.13 | 0.482 |
| 大 hh | 88~7 | 2825.08 | 0.285 |
| 大 bk | 29~1 | 2821.29 | 0.662 |
| | 29~3 | 2825.06 | 0.467 |
| 大 ef | 56~1 | 2826.96 | 0.656 |
| | 56~2 | 2827.09 | 0.56 |
| | 56~3 | 2827.73 | 0.584 |
| 大 ec | 53~1 | 3011.00 | 0.391 |
| 平均值 | | | 0.512 |

(3)脆性破坏是在非均匀应力作用下，产生局部断裂，并形成多维破裂面的过程。在外力作用下，岩石发生脆性破坏，内部微裂纹的萌生、裂纹稳定扩展至非稳定交联的过程都与岩石的脆性密切相关。

从力学脆性指数来看，鄂尔多斯盆地碳酸盐岩风化壳储层脆性指数平均值为 0.512，说明脆性较好；采用一些提高净应力的手段，可使风化壳储层利用较发育的天然裂缝能够形成一定程度的缝网系统。

### 4. 小压测试分析测闭合应力梯度

利用压裂施工资料确定地应力的方法是目前最直接、最可靠的方法之一。以 Dfe-a 井为例，通过软件对该井马五 5 层小型压裂测试进行净压力拟合、G 函数、平方根曲线分析(图 4-2-14)，结合小压测试数据，测得马五储层闭合应力梯度为 0.0187MPa/m(表 4-2-7)，说明地层闭合压力相对较高，在施工中裂缝延伸压力偏高。

表 4-2-7 Dfe-a 井马五 5 亚段小型压裂测试分析数据

| | |
|---|---|
| 闭合压力/MPa | 54.8 |
| 闭合应力梯度/(MPa/m) | 0.0187 |
| 储层渗透率/mL | 0.025(活性水) |
| 弯曲摩阻/MPa | 3.12 |
| 孔眼摩阻/MPa | 2.31 |
| 闭合时间/min | 58.4 |
| 综合滤失系数/($m/min^{1/2}$) | $1.22\times10^{3}$ |
| 造壁滤失系数/($m/min^{1/2}$) | $5.24\times10^{4}$ |
| 压裂液效率/% | 66.8 |

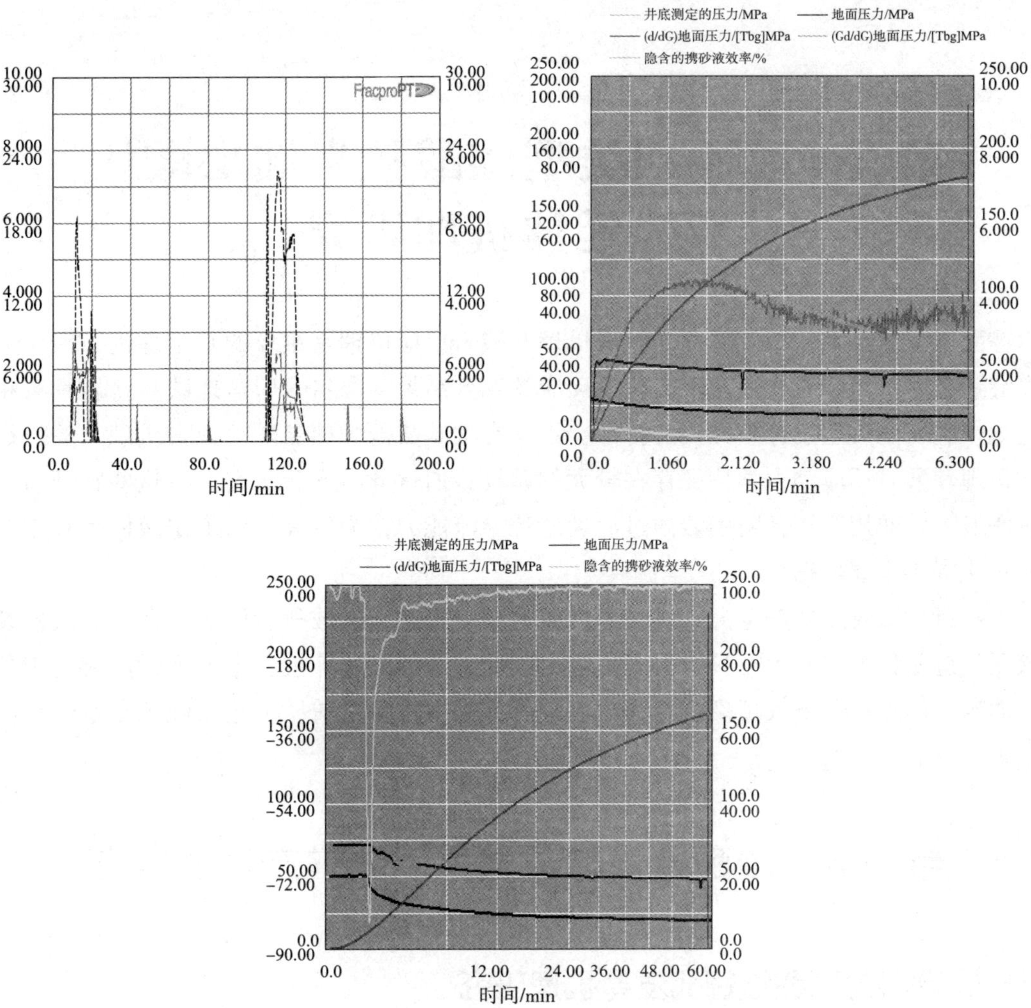


图 4－2－14　Dfe－a 井马五段小型压裂拟合、G 函数、平方根分析图

# 第五章　不同类型碳酸盐岩储层酸压裂缝延伸机理研究

在酸压工艺技术领域，裂缝的扩展机理及酸岩反应机理是重要的基础理论，酸压形成的裂缝形态是水力破岩作用及酸岩化学反应的综合结果。鄂尔多斯盆地碳酸盐岩具有相沉积变化快、岩溶类型发育差异大的特征，不同类型碳酸盐岩储层酸液滤失机理、酸压裂缝延伸机理和酸岩反应动力学特征存在较大的差异，通过分类实验研究获得这些特征后，可计算酸液有效作用距离，明确酸蚀过后裂缝的导流能力，为后续酸压工作液体系和工艺技术的优化提供重要依据。

根据近年来胥云、赵金洲、姚飞等的研究结果可知，碳酸盐岩储层中存在的天然裂缝对酸压裂缝延伸方向和形态具有显著影响，因此，在裂缝延伸模型中考虑天然裂缝十分必要，明确不同逼近角下人工裂缝与天然裂缝的交互方式，是酸压工艺及施工参数优化的重要前提之一。

## 第一节　碳酸盐岩储层酸压裂缝增产机理研究

### 一、碳酸盐岩酸蚀蚓孔发育机理研究

当活性酸进入碳酸盐岩中的孔隙时，蚓孔即会产生。这些孔隙的尺寸和形状各不相同，其产生和扩展是一个复杂的物理化学过程。对蚓孔发育机理的研究有助于准确预测酸液的滤失情况，更好地指导酸化、酸压方案设计，提高施工有效率。

#### 1. 单酸蚀蚓孔扩展模型

假设形成单个酸蚀蚓孔时，主要考虑酸岩反应、酸液流速、压力分布对酸蚀蚓孔几何尺寸影响。酸蚀蚓孔发生的过程中，酸蚀孔洞的扩展条件可被确定为有限扩展。

为了探寻孔隙横截面积的增长定律，必须研究反应液与孔隙固相壁之间相互作用的详细机理。图 5－1－1 所示为圆柱形孔隙中酸流动示意图。孔隙中酸液浓度由对流作用—扩散作用通式计算获得：

$$\frac{\partial C_A}{\partial t} + v \cdot \nabla C_A = D_A \nabla \cdot \nabla C_A \qquad (5-1-1)$$

式中，$C_A$为酸液浓度；$D_A$为圆柱形孔隙截面积；$\nabla$为哈密尔顿算子；$v$ 为液速。

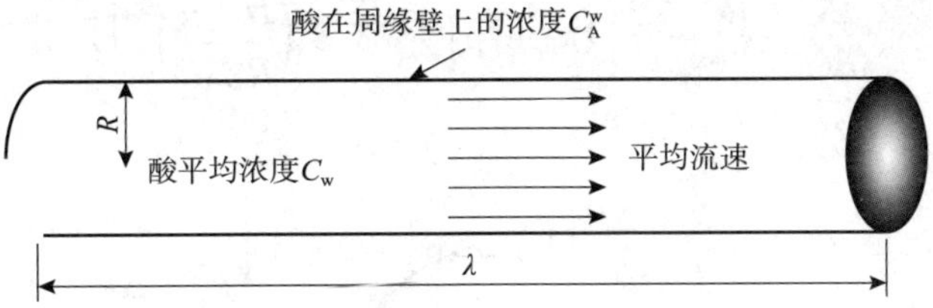


图 5-1-1　在周缘壁上有化学反应发生的圆柱形孔隙中酸流动示意图

该方程式较复杂，由于目标是获得有关酸蚀孔洞形成趋势的定量表达信息，则必须考虑简化方程。圆柱形孔隙中任一轴向位置处的酸平均浓度为：

$$\pi R^2 \bar{v}\frac{\partial \bar{C}_A}{\partial z} = -2\pi R K_M(\bar{C}_A - C_A^w) \tag{5-1-2}$$

式中，$\pi R^2 v$ 为体积流量；$2\pi R$ 为孔隙周长；$K_M(\bar{C}_A - C_A^w)$ 近似地表示酸向孔隙壁的传递速率；$K_M$ 为以 $(3D_e{}^2\bar{v}/2Rl)^{\frac{1}{3}}$ 近似表示层流条件下的酸向孔隙壁的传递速率；$C_A^w$ 为孔壁处的浓度。

由于传递到孔隙表面的酸传递速率必等于酸反应速率，则一阶化学反应动力学方程式为：

$$K_M(\bar{C}_A - C_A^w) = E_f C_A^w \tag{5-1-3}$$

将 $C_e^w$ 代入式(5-1-3)并积分得：

$$\bar{C}_A(l) = C_0 \exp\left[-\frac{2K_M E_f l}{R\bar{v}(K_M + E_f)}\right] \tag{5-1-4}$$

式中，$C_0$ 为酸在蚓孔入口处浓度。

溶解的岩石体积有效地增加了孔隙横截面积，故：

$$l\frac{dA}{dt} = \frac{AX\bar{v}[C_0 - \bar{C}_A(l)]}{C_0} \tag{5-1-5}$$

代入式(5-1-5)得孔隙增长速率为：

$$\frac{dA}{dt} = \frac{AX\bar{v}}{l}\left\{1 - \exp\left[-\frac{2K_M E_f l}{R\bar{v}(K_M + E_f)}\right]\right\} \tag{5-1-6}$$

对于慢反应，$E_f = 0$，式(5-1-6)可简化为：

$$\frac{dA}{dt} = 2\sqrt{\pi A}E_f X = \alpha A^{\frac{1}{2}} \tag{5-1-7}$$

比较式(5-1-6)和式(5-1-7)可知：$n = 1/2 > 0$，即均匀的酸蚀侵扩并无中心酸蚀孔洞形成。

对于快反应，$E_f \to \infty$，$K_M = (3D_e{}^2\bar{v}/2Rl)^{\frac{1}{3}}$，所以：

$$\frac{dA}{dt} = \frac{AX\bar{v}}{l}\left\{1 - \exp\left[-\left(\frac{12D_e{}^2 l^2}{R^4\bar{v}^2}\right)^{\frac{1}{3}}\right]\right\} \tag{5-1-8}$$

从而得到蚓孔半径随时间增长表达式：

$$\frac{\mathrm{d}R}{\mathrm{d}t} = \frac{R \cdot \Delta P}{64\mu l}\left\{1 - \exp\left[-23.8\left(\frac{D_{\mathrm{e}}l^2\mu}{R^2\Delta P}\right)^{\frac{2}{3}}\right]\right\} \tag{5-1-9}$$

将上式(5－1－9)差分，可得：

$$R_i^n = R_i^{n-1} + \frac{R_i^{n-1}\Delta P}{64\mu\Delta l}\left\{1 - \exp\left[-23.8\left(\frac{D_{\mathrm{e}}\Delta l^2\mu}{R_i^{2n-2}\Delta P}\right)^{\frac{2}{3}}\right]\right\} \tag{5-1-10}$$

利用式(5－1－10)即可求出一定长度、任意时刻酸蚀蚓孔孔径的变化量。

同样的机理，对于快反应，式(5－1－4)反应后酸平均浓度为：

$$\overline{C}_{\mathrm{A}}(l) = C_0\exp\left[-\left(\frac{12D_{\mathrm{e}}{}^2l^2}{R^4\ \bar{v}^{2}}\right)^{\frac{1}{3}}\right] \tag{5-1-11}$$

式中，$D_{\mathrm{e}}$ 为 $H^+$ 有效传质系数。

可用下式表示：

$$D_{\mathrm{e}} = D_{\mathrm{eo}}aC_{\mathrm{D}}^b \tag{5-1-12}$$

式中，$C_{\mathrm{D}}$ 为无因次残酸浓度，$C_{\mathrm{D}} = C/C_0$；$C_0$、$C$ 分别为酸液的初始浓度和余酸浓度；$a$、$b$ 分别为与 $C_0$、$C$、$N_{\mathrm{RE}}$ 有关的常数。

### 2. 酸蚀蚓孔密度分布预测

酸蚀蚓孔密度的定义为单位人工裂缝面积上形成的酸蚀蚓孔数量(单位：条/$m^2$)。在酸压施工中，酸液的滤失量不仅与蚓孔扩展速度有关，而且受蚓孔密度大小的控制。求解酸蚀蚓孔的滤失量，必须先预测酸蚀蚓孔的密度。通过模拟酸化时蚓孔附近的压力场预测酸化中蚓孔分布的密度。

对于裂缝较为发育、基质非常致密的碳酸盐岩储层，酸液的滤失主要是由酸液沿天然裂缝未充填区域溶蚀反应形成流动通道而引起的。因此，对于大牛地马五 5 亚段的碳酸盐岩储层，蚓孔量(蚓孔密度)可借用统计的天然裂缝的密度来近似表征酸蚀蚓孔的密度，因此，在酸压设计前应该输入天然裂缝密度。

### 3. 基于酸蚀蚓孔效应的酸液滤失模型

酸液的滤失主要由蚓孔体积扩展分布、酸液向蚓孔壁面的滤失、蚓孔末端的滤失 3 个方面组成(图 5－1－2)。

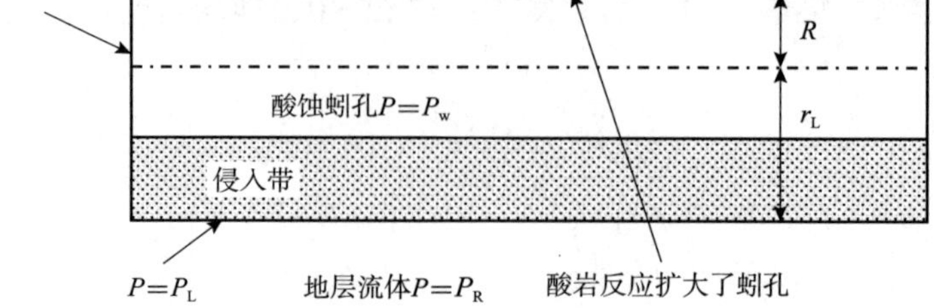


图 5－1－2　酸蚀蚓孔几何形状及周围侵入带单元结构

取蚓孔中的一段进行分析。采用与描述水力裂缝的流体滤失特性相近的方法。流体滤失总系数 $C_R$ 可按下式进行计算($R$ 指径向坐标系)，即：

$$u_r = \frac{C_R}{\sqrt{t}} \tag{5-1-13}$$

式中，$u_r$ 为径向流量或流体滤失量。

先计算高于流体侵入带任意一点出地层介质中的压力。对于微可压缩流体，该压力可以柱状坐标系中的微分方程式表述，即：

$$\frac{1}{r}\frac{\partial}{\partial r}\left(r\frac{\partial p}{\partial r}\right) = \frac{\mu_f \phi K_f}{K}\frac{\partial p}{\partial t} \tag{5-1-14}$$

式中，下标 f 为储层流体性质。在下述边界条件和初始条件下求解这一方程式：

$$\begin{cases} p = p_R, t = 0 \\ p = p_I, r = r_L \\ p = p_R, r \rightarrow \infty \end{cases} \tag{5-1-15}$$

对于流体侵入接触矿物质时间较短的情况而言，酸蚀蚓孔单位长度上的流体滤失量为：

$$q_{ci} = u_r(2\pi r_1) = \left(\frac{2\pi^2 K}{\mu_f}\right)\left(\frac{p_I - p_D}{\sqrt{t_D}}\right) \tag{5-1-16}$$

式中，$t_D$ 是按下式计算的无因次时间，即：

$$t_D = \frac{Kt}{\mu_f \phi K_f r_I^2} \cong \frac{Kt}{\mu_f \phi K_f R^2} \tag{5-1-17}$$

为了简化计算，侵入带半径 $r_I$ 的值取与酸蚀孔洞半径相近似的值，这一近似值是流体侵入时间较短时所形成的酸蚀孔洞半径最优值。

假设流体流动为不可压缩流动，从蚓孔向蚓孔壁面滤失的酸液趋于增加蚓孔壁面侵入带的渗透率，且由于酸液黏度的降低，横穿该层的压降也相应小，且可忽略不计，故 $p_I \approx p_w$。单位长度上流体的滤失量为：

$$q_{ci} = 2\pi R C_R / \sqrt{t} \tag{5-1-18}$$

$$C_R = \sqrt{\frac{\pi^2 \phi K K_f}{\mu_f}}(p_w - p_R) \tag{5-1-19}$$

式中，$K$ 为基质渗透率；$K_f$ 为地层流体压缩系数；$\mu_f$ 为地层流体黏度。

#### 4. 蚓孔总滤失量计算

酸蚀蚓孔的几何形状的增长不仅仅是蚓孔中酸岩反应的结果，主要控制因素还应包括滤失到基质中的酸液和地层流体在基质中的流动。

(1)酸蚀蚓孔中最初向蚓孔壁面滤失的酸液可能并不是以前假设的不再与基质反应，而是会将基质孔隙扩大。这时，在靠近蚓孔壁面基质的残酸中考虑同离子效应的情况下，蚓孔入口段酸液与蚓孔壁面的反应速度将会下降。

(2)酸液在裂缝壁面向基质滤失和酸液向蚓孔壁面滤失将打破原先地层体系的压力平衡，反过来再影响酸液的滤失。

这样，对于任意段蚓孔，在任意时间段造成的滤失应该为：

$$V_{ai} = \Delta V_{wi} + q_{ci} + q_{tip} \qquad (5-1-20)$$

式中，$V_{ai}$为蚓孔造成的酸液滤失；$\Delta V_{wi}$为蚓孔体积扩展造成的酸液滤失；$q_{ci}$为酸液向蚓孔壁面的滤失；$q_{tip}$为通过蚓孔末端的滤失。

### 5. 考虑蚓孔滤失的酸蚀裂缝形态模型

1)假设如下

(1)垂直缝，缝高为常数。

(2)裂缝延伸过程中，裂缝前缘始终充满液体。在裂缝端部缝内液体压力作用在缝壁面上的地层最小水平主应力，即当 $x=L$ 时，$p=\sigma$。

(3)计算前置液在缝中的压力分布时，采用了各小段的黏度平均值。

(4)酸液的黏度处理为有效黏度形式进行计算。

(5)前置液与酸液间存在完整的界面，在注入过程中界面向缝端部移动。

(6)滤失量应包括酸液向裂缝壁面滤失、酸液向蚓孔壁面滤失和酸蚀蚓孔体积增长3个部分。

2)建立方程

由于在缝中移动的是两种不同性质的液体，造缝能力不一，酸液是在前置液造缝尺寸的条件下注入的。因此，需要建立这种情况的裂缝尺寸计算公式。

(1)压力方程：

缝内液体流动过程中可按珀金斯方法计算其压力分布：

$$\frac{\mathrm{d}p}{\mathrm{d}x} = -\alpha \frac{Q_x \mu}{W^3 H} \qquad (5-1-21)$$

式中，$p$ 为 $x$ 处的压力，N/m$^2$；$W$ 为 $x$ 处的缝宽，m；$\mu$ 为液体黏度，N·s/m$^2$；$Q_x$ 为液体流量，m$^3$；$H$ 为裂缝高度，m；$\alpha$ 为常数，取20.11。

对于顶部及底部受限的垂直裂缝，可以利用斯奈登公式计算裂缝宽度：

$$W_x = \frac{2(1-\nu^2)(p_x-\sigma)H}{E} \qquad (5-1-22)$$

式中，$\nu$ 为岩石泊松比；$\sigma$ 为作用于裂缝壁面上的地应力，N/m$^2$；$E$ 为岩石弹性模量，N/m$^2$。

如果忽略滤失对裂缝内压力分布的影响，考虑到裂缝由两个壁面构成，将式(5-1-22)代入式(5-1-21)，整理得：

$$(p-\sigma)^3 \mathrm{d}p = -1.27 \frac{QE^3\mu}{(1-\nu^2)^3 H^4}\mathrm{d}x \qquad (5-1-23)$$

对上式分别在酸液段(0，$X_f$)与前置液段($X_f$，$L$)积分，得到两段各自的压力分布，在前置液段的压力分布中，当 $x=X_f$ 时，界面 $X_f$ 处的压力为 $p_f$：

$$p_{\mathrm{f}} - \sigma = \left[\frac{5.1Q\mu_{\mathrm{p}}E^3}{(1-\nu^2)^3H^4}(L - X_{\mathrm{f}})\right]^{\frac{1}{4}} \tag{5-1-24}$$

式中，$\mu_{\mathrm{p}}$ 为酸液的黏度。

用类似的方法可得到压力在酸液段的分布，当 $x=0$ 时，得到缝口处的压力 $p_0$ 为：

$$p_0 - \sigma = \left\{\frac{5.1QE^3}{(1-\nu^2)^3H^4}[\mu_{\alpha}X_{\mathrm{f}} + \mu_{\mathrm{p}}(L - X_{\mathrm{f}})]\right\}^{\frac{1}{4}} \tag{5-1-25}$$

(2)缝宽方程：

界面 $x=X_{\mathrm{f}}$ 处的缝宽及 $x=0$ 处缝口的增大缝宽 $W_0$ 为：

$$W_{\mathrm{f}} = 3\left[\frac{Q\mu_{\mathrm{p}}(1-\nu^2)(L - X_{\mathrm{f}})}{E}\right]^{\frac{1}{4}} \tag{5-1-26}$$

$$W_0 = 3\left\{\frac{Q(1-\nu^2)}{E}[\mu_{\alpha}X_{\mathrm{f}} + \mu_{\mathrm{p}}(L - X_{\mathrm{f}})]\right\}^{\frac{1}{4}} \tag{5-1-27}$$

(3)平衡方程：

假设忽略酸溶蚀使缝宽变化所引起的裂缝容积增量，可写出如下的酸液段的体积平衡方程，注入量等于滤失量加上缝内酸液体积增量，即：

$$\frac{Q}{2} = Q_{\mathrm{L2}} + \frac{\mathrm{d}\overline{V}_2}{\mathrm{d}t} = 2Hv_{\mathrm{l2}}X_{\mathrm{f}} + \frac{\pi H}{8}\frac{\mathrm{d}}{\mathrm{d}t}[(W_0 + W_{\mathrm{j}})X_{\mathrm{f}}] \tag{5-1-28}$$

用同样的方法可以得到前置液段的体积平衡方程：

$$\frac{\mathrm{d}\overline{V}_1}{\mathrm{d}t} + \frac{\overline{V}_{\mathrm{sp}}\mathrm{d}(A_1 + A_2)}{\mathrm{d}t} + Q_{\mathrm{L1}} \tag{5-1-29}$$

式中，$\overline{V}_1$ 为前置液段的体积。

$$\overline{V}_1 = \frac{\pi^2}{16}HW_{\mathrm{f}}(L - L_{\mathrm{f}}) \tag{5-1-30}$$

$A_1$ 及 $A_2$ 分别是前置液段的裂缝面积和酸液段裂缝面积，其中：

$$A_1 + A_2 = 2HL \tag{5-1-31}$$

将式(5-1-29)、式(5-1-30)代入(5-1-31)得到：

$$\frac{\pi^2}{16}H\frac{\mathrm{d}}{\mathrm{d}t}\left[W_{\mathrm{f}}(L - X_{\mathrm{f}}) + 2H\overline{V}_{\mathrm{sp}}\frac{\mathrm{d}L}{\mathrm{d}t} + Q_{\mathrm{LP}}\right] = 0 \tag{5-1-32}$$

上述各式中，$\overline{V}_{\mathrm{sp}}$是初滤失量；$Q_{\mathrm{L1}}$、$Q_{\mathrm{L2}}$分别是前置液和酸液的滤失量；$v_{\mathrm{l2}}$是酸液滤失速度，m/s。

联立式(5-1-25)、式(5-1-26)、式(5-1-27)、式(5-1-31)可得到 $X_{\mathrm{f}}$、$L_{\mathrm{f}}$、$W_{\mathrm{f}}$、$W_{\mathrm{o}}$的微分方程。将式(5-1-25)、式(5-1-26)中的 $W_{\mathrm{f}}$、$W_{\mathrm{o}}$代入到式(5-1-27)、式(5-1-32)中，整理得到方程组：

$$A\begin{cases} a_{11}\dfrac{\mathrm{d}X_{\mathrm{f}}}{\mathrm{d}t} + a_{12}\dfrac{\mathrm{d}L}{\mathrm{d}t} = d_1 & (5-1-33) \\ a_{21}\dfrac{\mathrm{d}X_{\mathrm{f}}}{\mathrm{d}t} + a_{22}\dfrac{\mathrm{d}X_{\mathrm{f}}}{\mathrm{d}t} = d_2 & (5-1-34) \end{cases}$$

式中，

$$a_{11} = \frac{\pi H\beta}{8}\Big\{\mu_p(L - X_f)^{\frac{1}{4}} + [\mu_\alpha X_f + \mu_p(L - X_f)]^{\frac{1}{4}} + \frac{X_f}{4}$$

$$[\mu_\alpha X_f + \mu_p(L - X_f)^{\frac{3}{4}}(\mu_\alpha - \mu_p)] - \frac{1}{4}X_f\mu_p[\mu_p(L - X_f)]^{\frac{3}{4}}\Big\}$$

$$a_{12} = \frac{\pi H\beta}{8}\Big\{\frac{1}{4}X_f\mu_p[\mu_\alpha X_f + \mu_p(L - X_f)]^{\frac{3}{4}} + \frac{1}{4}X_f\mu_p[\mu_p(L - X_f)]^{\frac{3}{4}}\Big\}$$

$$a_{21} = \frac{\pi^2}{64}\beta H\mu_p(L - X_f)[\mu_p(L - X_f)]^{\frac{3}{4}} + \frac{\pi^2}{16}\beta H[\mu_p(L - X_f)]^{\frac{1}{4}}$$

$$a_{22} = -\Big\{2HV_{sp} + \frac{\pi^2\beta H\mu_p}{64}(L - X_f)[\mu_p(L - X_f)]^{\frac{3}{4}} + \frac{\pi^2 H\beta}{16}[\mu_p(L - X_f)]^{\frac{3}{4}}\Big\}$$

$$d_1 = \frac{Q}{2} - 2Hv_{12}X_f$$

$$d_2 = Q_{Lp}$$

方程组 $A$ 是 $X_f$，$L$ 的微分方程组，其初始条件为：

$$\begin{cases} X_f|_{t=0} = 0 & (5-1-35) \\ L|_{t=0} = L_p & (5-1-36) \end{cases}$$

式中，$L_p$ 是前置液的造缝长度。

利用微分方程组 $A$，初始条件式(5－1－35)、式(5－1－36)即可用数值方法求解不同注酸时间的总缝长 $L$ 及界面位置 $X_f$。再利用式(5－1－26)、式(5－1－27)求出裂缝在缝口处的最大缝宽 $W_o$ 及界面处缝宽 $W_f$，即为酸蚀裂缝几何尺寸的计算公式。

### 6. 模拟计算分析

采用酸蚀蚓孔扩展模型、酸液滤失模型和酸蚀裂缝形态模型，对酸压过程中考虑酸蚀蚓孔和不考虑酸蚀蚓孔滤失分别进行了模拟计算比较，分析酸蚀蚓孔滤失对酸压效果的影响。然后分别进行计算分析考虑酸蚀蚓孔的酸液黏度、酸浓度、酸排量和用酸量对酸压滤失的影响。

1)计算步骤流程(图5－1－3)

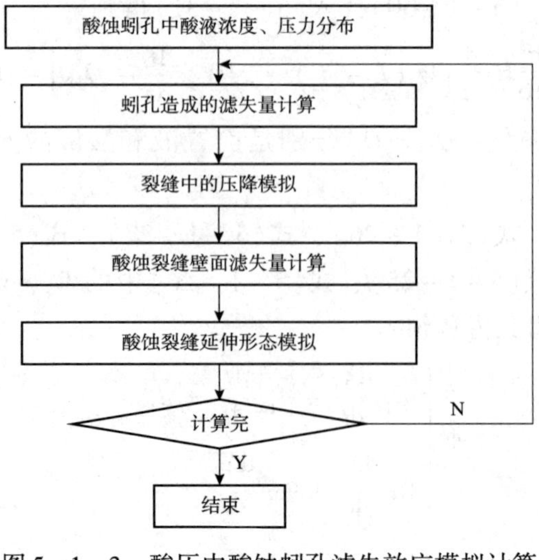


图5－1－3　酸压中酸蚀蚓孔滤失效应模拟计算

2）蚓孔滤失对酸压效果的影响

酸液滤失模拟计算所需要主要地层参数和主要工艺参数：

表 5－1－1　主要储层参数表

| | | | |
|---|---|---|---|
| 目的层厚度/m | 20 | 基质孔隙度/% | 5 |
| 基质渗透率/$10^{-3}\mu m^2$ | 0.1 | 天然裂缝宽度/μm | 50 |
| 微裂缝渗透率/$10^{-3}\mu m^2$ | 20 | 天然裂缝密度/条 | 20 |
| 温度/℃ | 90 | 平均孔喉半径/μm | 1 |

表 5－1－2　主要工艺模拟参数

| | | | |
|---|---|---|---|
| 主酸黏度/（mPa·s） | 25 | 注酸排量/（$m^3$/min） | 3.5 |
| 主酸量/$m^3$ | 120 | 酸液密度/（$kg/m^3$） | 1100 |
| 酸浓度/% | 20 | 氢离子有效传质系数/（$10^{-6}cm^2/s$） | 9 |
| 酸岩反应速率常数/（$mol/cm^2\cdot s$） | $4.277\times10^{-5}$ | 反应级数 | 0.754 |

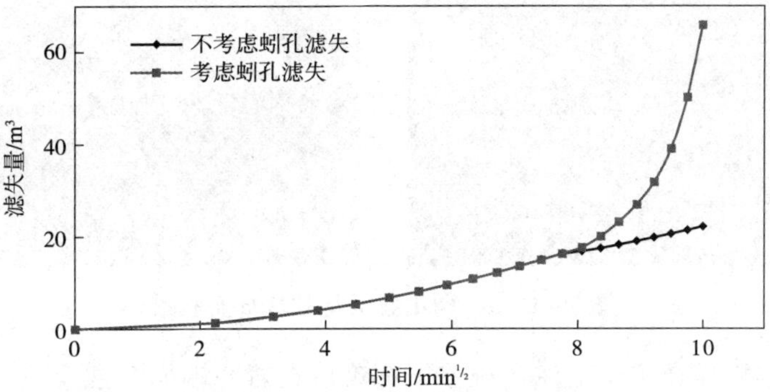


图 5－1－4　蚓孔对滤失量的影响

## 二、不同类型储层酸液滤失特征研究

碳酸盐岩储层与碎屑岩储层最本质的区别在于储层的储集空间结构的差异，碎屑岩的储集空间主要以沉积时就存在或产生的原生孔隙为主，而碳酸盐岩储层空间则是以沉积以后、在成岩阶段、后生或表生期的改造过程中形成的次生孔隙为主。此外，碳酸盐储层具有较强的脆性，在构造应力作用下很容易形成裂缝，天然裂缝对储层渗透率的改善也很重要。由于次生改造作用的千差万别，使得碳酸盐岩储层的空间结构比碎屑岩储层复杂得多，储集空间特别复杂，因此，对于碳酸盐岩储层酸液滤失问题的研究也应该以储层特征为基础，有针对性的开展不同储层类型的酸液滤失实验，弄清不同介质酸液的滤失机理，这样才能有针对性的选择适合不同类型储层的酸液体系。

### 1. 孔隙型储层酸液滤失特征研究

对基质白云岩储层酸液的滤失特征开展通过对国内外有关酸液滤失问题的研究成果的

系统总结分析发现，对酸液滤失的研究，始终围绕着酸蚀蚓孔问题展开。酸蚀蚓孔对于不同的改造方式具有截然相反的作用，对于酸化改造的主导思想就是如何实现酸蚀蚓孔的深穿透，增加井筒的有效半径提高酸化改造效果，而对于酸压改造酸蚀蚓孔的产生可能使酸液滤失量大幅度增加，从而减小酸液的有效作用距离，影响酸压改造效果。

室内选取肉眼观察无裂缝区域钻取岩心进行酸液流动实验，岩心的测井渗透率大多小于 $0.5\times10^{-3}\mu m^2$，说明实际岩心基质渗透率应小于 $0.5\times10^{-3}\mu m^2$，实验岩心非常致密，在酸液滤失测试过程中保持恒定的注入压力，由达西定律可知对于基质孔隙性储层岩面注入压力与注入排量成正比关系。

稠化酸对酸液滤失实验表明，在限压 2MPa 的条件下持续注酸约 30min，出口端始终未见液体流出，注酸后期平流泵的流量几乎为零，系统处于憋压状态，难以形成酸蚀蚓孔，酸液的滤失较小。

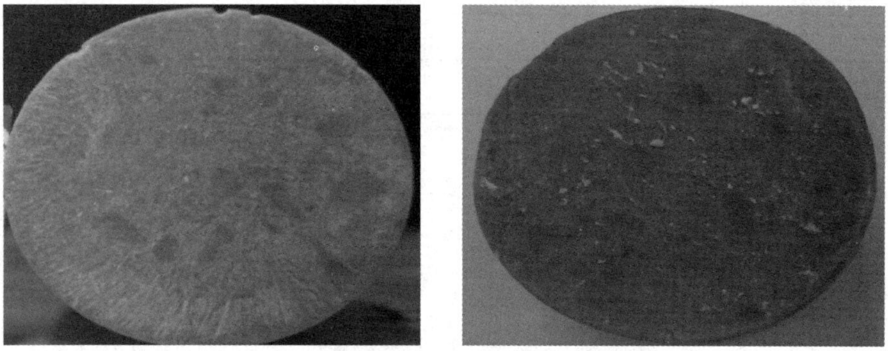

图 5－1－5　稠化酸压差 10MPa 实验图

孔隙型白云岩岩样在不同的注入压差下都难以在岩心端面溶蚀反应形成酸蚀蚓孔，对于此类储层酸压改造过程中，酸液的滤失较小，对于酸液有效作用距离影响较小，因此，在选择酸液体系时应该更多的关注岩样反应速率以及酸液对裂缝非均匀刻蚀的问题，以提高酸压改造的效果。

### 2. 裂缝－孔洞型储层酸液滤失特征研究

裂缝－孔洞型储层，从裂缝充填程度分类可以分为完全充填裂缝、部分充填裂缝以及未充填裂缝。在不同的裂缝开度和充填程度下酸液对储层岩石的刻蚀形态可能存在巨大的差异，使得酸液的滤失同样存在较大的差异。

1) 完全充填天然裂缝储层酸液滤失特征

碳酸盐岩储层岩石的脆性通常较强，在构造应力、热收缩以及矿物相变等外界因素和内部环境作用下容易发生破坏产生大量的天然裂缝，但由于后期成岩作用的影响，这些裂缝大多被部分或完全充填形成充填裂缝。

要准确分析完全充填裂缝酸液的流动反应特征，首先必须对完全充填裂缝的开度，裂缝充填程度及充填矿物类型充分认识，对裂缝开度和裂缝充填程度的分析主要采用 CT 扫描与电镜扫描相结合的方式，CT 扫描主要从宏观上得到上述信息，而电镜扫描则从微观尺度上得到上述信息。以大牛地裂缝完全充填岩心为例，扫描电镜分析可以看出，天然裂缝被完全充填，充填后的裂缝同样较为致密，在放大1000倍的情况下，难以观察到孔隙喉道的存在，但裂缝区域的渗流能力比基质区域更好，酸液在该区域的流动反应能力应该比基质区域更强。从充填矿物的结构可以分析该充填矿物为方解石类充填物，且充填矿物颗粒的尺寸比基质岩心骨架颗粒尺寸更大。通过扫描电镜的标定测试表明，充填天然裂缝的开度为20～25μm，属于微细裂缝的范畴。

注酸过程中的酸液压力、流量随时间的变化曲线，岩心出口端没有流体流出，压力变化曲线与基质的注入曲线基本类似。

2）天然裂缝部分充填储层酸液滤失特征

图5－1－6为天然裂缝部分充填储层的电镜扫描曲线，从图中可以看出，裂缝呈现出部分充填状态，且充填矿物充填较为松散，有利于流体沿天然裂缝的流动反应。主要以方解石类矿物充填为主，有利于酸液在天然裂缝区域的溶蚀反应形成深穿透的高导流通道。从天然裂缝的开度分布看，在充填区域天然裂缝的开度更大，最大宽度为50μm，而在未充填区域或少量充填区域的天然裂缝开度较小，裂缝的开度为25～35μm，虽然充填区域裂缝开度更大，但未充填区域的流动能力更强，酸液在该区域流动反应的趋势更大，更有利于酸蚀蚓孔的产生。

注入压差2MPa的测试曲线，从图5－1－7中可以看出，在注酸的初期岩心出口端无流体流出，注酸15min后岩心出口端开始有液体流出，后续随着注酸时间的增加，酸液的滤失速率逐渐增加，这说明酸液在部分充填天然裂缝区域的溶蚀反应形成了深穿透的流动通道，使得酸液滤失速率增加。

图5－1－6　部分充填裂缝电镜扫描图

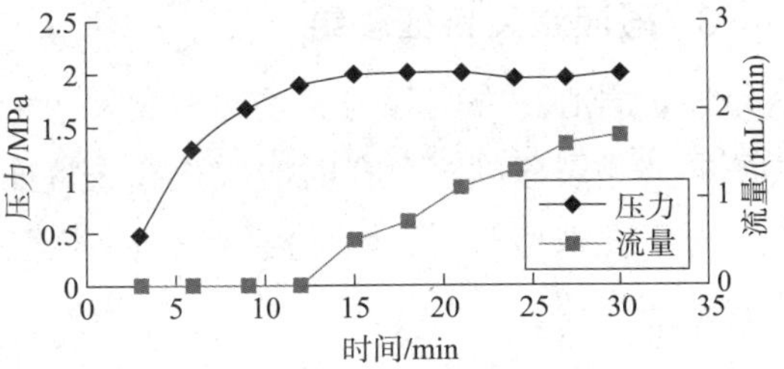


图5－1－7　2MPa注入压差实验测试曲线

3）天然裂缝未充填储层酸液滤失特征

图5－1－8为天然裂缝未充填岩样1.5MPa注入压差下的滤失曲线，压力较为平稳，无上涨趋势，说明岩心滤失性能较好，从图5－1－9刻蚀后的岩心内部刻蚀形态可以看出，酸液主要沿高渗裂缝流动，而其他区域的刻蚀很少，导致对裂缝面刻蚀能力较弱。

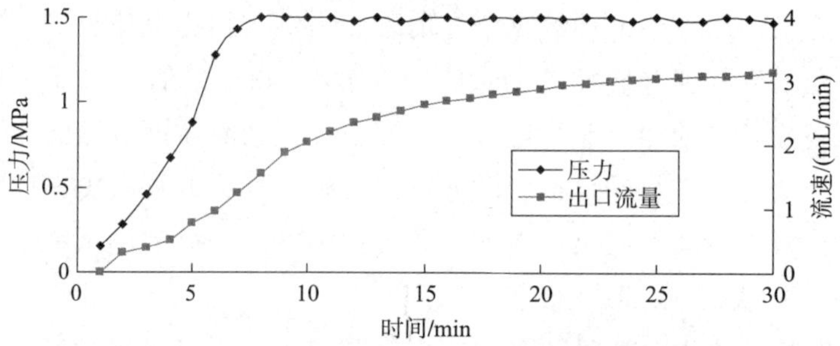


图5－1－8　天然裂缝未充填岩样1.5MPa压差测试曲线

图5－1－9　天然裂缝岩样1.5MPa压差测试岩样

### 3. 酸液滤失特征总结

通过岩心滤失实验与岩板滤失实验相结合，进一步证实了岩心实验的结果，同时对多种不同类型裂缝同时存在时的酸液滤失特征有了进一步的认识：

对于孔隙型储层，酸液溶蚀反应不会引起酸液滤失量的大幅度增加，酸液的滤失主要受物理滤失控制。

对于裂缝完全充填储层，无论充填矿物是钙质充填、混合充填以及泥质充填，酸液在裂缝区域滤失特征与致密基质岩样一致，但在裂缝区域的反应特征存在较大的差异，酸液对完全充填裂缝的沟通能力较差。

对于裂缝部分充填储层，酸液的滤失速率主要与裂缝的充填程度及裂缝开度有关，裂缝开度决定了高导流通道的尺寸，裂缝充填程度决定了产生高导流通道的位置，滤失压差决定了产生高导流通道的数量，酸液对部分充填裂缝的沟通能力较强。

对于未充填裂缝，酸液的滤失速率主要与裂缝开度有关，随着裂缝开度的增加，酸液滤失控制难度激增，高导流通道的沟通能力决定了酸液的滤失量。

## 三、酸岩反应动力学研究

酸岩反应动力学参数是酸压设计的基本参数，通常采用旋转圆盘仪测试分析不同浓度条件下酸岩反应速率，从而计算出酸岩反应动力学参数，为酸压施工设计提供参考。

### 1. 实验装置

以旋转岩盘酸岩反应及腐蚀测试系统 CRS－1000－35 为例，可获得酸岩反应的动力学相关参数以及通过氢离子有效传质系数确定其在酸液中的传递规律，也可以确定浓度和温度同时变化时的反应动力学方程，分析反应速率是如何受相应因素的影响。

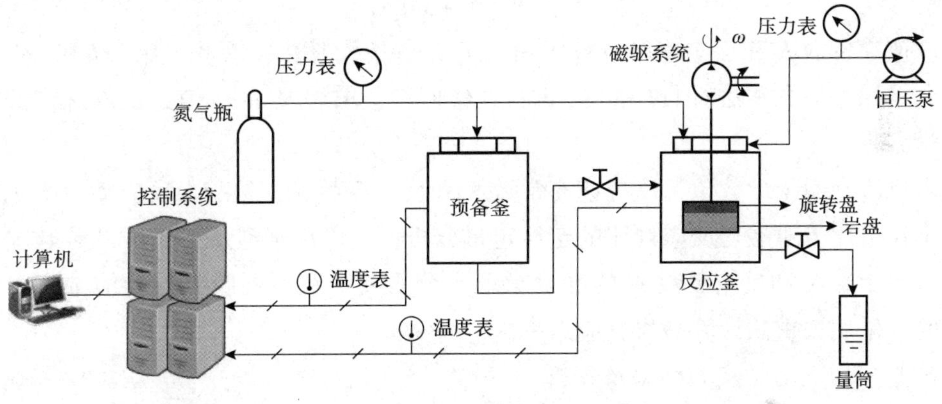


图 5－1－10 CRS－1000－35 旋转岩盘试验仪流程

主要技术指标：预热釜容积(1100mL)、反应釜容积(1000mL)，内径(10cm)，预热釜与反应釜均采用快速开启设计；工作温度(室温～250℃)；高压氮气加压，工作压力(0～35MPa)。

### 2. 参数计算

1)失重法计算酸－岩反应速率

盐酸与灰岩、白云岩的化学反应方程为：

灰 岩：

$$2HCl + CaCO_3 = CaCl_2 + H_2O + CO_2\uparrow \tag{5-1-37}$$

白云岩：

$$4HCl + CaMg(CO_3)_2 = CaCl_2 + MgCl_2 + H_2O + CO_2\uparrow \tag{5-1-38}$$

在计算系统反应速率采用的方法是测试灰岩或者白云岩反应前后质量差 $\Delta m$，在根据化学反应方程式，计算酸反应量 $\Delta C$，计算公式如下：

灰 岩：

$$\Delta C = \frac{2 \times 36.5\Delta m}{100 \times 36.5V} = \frac{\Delta m}{50V} \tag{5-1-39}$$

白云岩：

$$\Delta C = \frac{4 \times 36.5\Delta m}{184 \times 36.5V} = \frac{\Delta m}{46V} \tag{5-1-40}$$

式中，$\Delta C$ 为酸反应量，mol/L；$\Delta m$ 为岩心反应前后质量差，g；$V$ 为酸液体积，L。

在计算系统反应速率时，考虑到面容比的影响，需要进行面容比修正计算：

$$J = \frac{\Delta C}{t} \cdot \frac{V}{S} \qquad (5-1-41)$$

式中，$J$ 为酸岩反应速率，mol/(cm² · s)；$t$ 为反应时间，s；$S$ 为岩心反应表面积，cm²。

2）反应级数和反应动力学方程的确定

$$J = KC^{m} \qquad (5-1-42)$$

常规条件下，利用旋转圆盘装置可测得，一定温度压力和转速条件下的 $C$ 值和 $J$ 值，采用微分法确定酸－岩反应速度，绘制成关系曲线：

$$\lg J = \lg K + m\lg C \qquad (5-1-43)$$

反应速率常数 $K$ 和反应速率级数 $m$ 在一定条件下为常数，因此，用 $\lg J$ 和 $\lg C$ 作图得一直线，采用最小二乘法对 $\lg J$ 和 $\lg C$ 进行线性回归，求得 $K$ 和 $m$ 值，从而确定酸－岩反应动力学方程。

酸岩反应动力学参数包括反应速率常数 $K$ 和反应级数 $m$，是酸岩反应动力学中的重要参数，不仅可用于对酸岩反应规律的定性定量分析，也可用于酸压模拟时的参数输入，所以反应速率常数 $K$ 和反应级数 $m$ 的准确求取十分重要。在不同胶凝酸酸液浓度下，通过圆盘实验，采用失重法计算酸岩反应速率。

3）酸盐反应动力学实验结果及分析

碳酸盐岩中因沉积及岩溶作用的差异，岩石的矿物成分存在较大的差异，而白云石和方解石的反应速率差异很大，以大牛地碳酸盐岩为例，列举了几种典型的酸岩反应动力学参数如表 5－1－3。

**表 5－1－3　岩性矿物成分表**　%

| 黏土 | 方解石 | 白云石 |
|---|---|---|
| 5.1 | 8.9 | 79.7 |
| 0.6 | 9.3 | 88.5 |
| 9.1 | 7.7 | 79.4 |
| 7.1 | 1.9 | 83.1 |

**表 5－1－4　不同酸液浓度下的酸岩反应速率(胶凝酸)**

| 酸液浓度/% | 时间/s | 试验条件 | | | 反应速率/[mol/(cm² · s)] |
|---|---|---|---|---|---|
| | | 酸液 | 温度/℃ | 转速/(r/min) | |
| 10 | 180 | 0.5%胶凝酸 | 90 | 500 | $4.9214 \times 10^{-6}$ |
| 12 | 180 | | | | $5.2349 \times 10^{-6}$ |
| 15 | 180 | | | | $5.8992 \times 10^{-6}$ |
| 18 | 180 | | | | $6.0838 \times 10^{-6}$ |
| 20 | 180 | | | | $6.2954 \times 10^{-6}$ |

(1)灰质白云岩实验结果：

酸岩反应动力学方程：

$$J = 2.9576 \times 10^{-6} C^{0.4176}$$

随着酸液浓度增加，岩心失重增加，酸岩反应速率增加；根据质量作用定律，对酸岩反应速率 $J$ 和酸液浓度 $C$ 进行线性回归，即可求出反应速率常数 $K$ 和反应级数 $m$，回归计算得胶凝酸酸岩反应动力学参数分别为 $K = 2.9576 \times 10^{-6} cm^2/s$，$m = 0.4176$，如图 5－1－11。

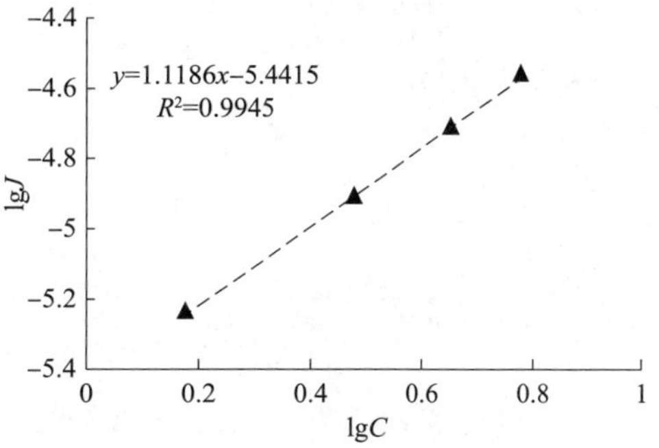


图 5－1－11　酸液浓度与酸岩反应速率的关系

(2)含灰白云岩实验结果：

酸岩反应动力学方程：

$$J = 2.876 \times 10^{-6} C^{0.5052}$$

随着酸液浓度增加，岩心失重增加，酸岩反应速率增加；根据质量作用定律，对酸岩反应速率 $J$ 和酸液浓度 $C$ 进行线性回归，即可求出反应速率常数 $K$ 和反应级数 $m$，回归计算得胶凝酸酸岩反应动力学参数分别为 $K = 2.876 \times 10^{-6} cm^2/s$，$m = 0.5052$，见表 5－1－5、表 5－1－6、图 5－1－12。

**表 5－1－5　岩性矿物成分表**　%

| 方解石 | 白云石 |
|---|---|
| 6.46 | 91.11 |
| 6.14 | 91.51 |

**表 5－1－6　不同酸液浓度下的酸岩反应速率(胶凝酸)**

| HCl 浓度/(mol/L) | 时间/s | 失重量/g | 温度/℃ | 转速/(r/min) | 反应速率/[mol/(cm² · s)] |
|---|---|---|---|---|---|
| 6 | 1200 | 3.9853 | 90 | 500 | $1.322 \times 10^{-5}$ |
| 4.5 | 1200 | 3.2295 | | | $1.071 \times 10^{-5}$ |
| 3 | 1200 | 2.393 | | | $7.94 \times 10^{-6}$ |
| 1.5 | 1200 | 1.038 | | | $3.44 \times 10^{-6}$ |

4)白云岩含量与反应速率的图版

不同酸浓度下，可得到共同规律：随着白云岩含量越高，反应速率降低。可根据岩性变化差异化模拟不同酸液作用距离，优化加酸强度。根据储层测井 PE 值和岩性录井数据，可确定储层岩性差异，根据图版输入不同取值，可较好指导酸液用量及施工参数优化如图 5－1－13。

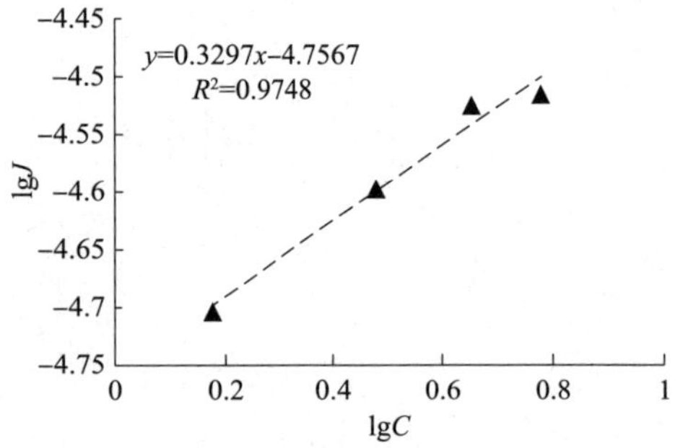


图 5-1-12　酸液浓度与酸岩反应速率的关系

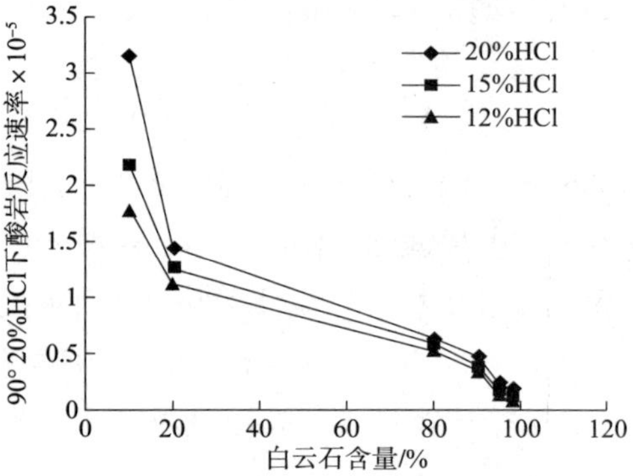


图 5-1-13　酸液浓度与酸岩反应速率的关系

## 四、残酸极限及酸液有效作用距离研究

### 1. 酸液径向滤失分析

在酸压设计中，采用 Cater 和 Geertsma 公式计算出来的有效酸蚀缝长偏大，其原因在于酸液滤失量的计算偏低。虽然采用不稳定试井得到的渗透率值较用岩心分析或其他方法得到的渗透率值更加准确，但是在酸压过程中，地层中的微裂缝会在人工裂缝的破裂以及延伸过程中，在缝内净压力的作用下会有不同程度的张开，增加酸液的滤失量。

此外，若完井方式采用裸眼完井、筛管完井或裸眼预置管柱完井，则应该额外考虑井壁的径向滤失。

采用弹性状态定压求产近似公式，求解酸压井酸液的径向滤失量，并忽略酸蚀蚓孔滤失量。假设气层为无限大等厚均质地层，地层中心一口酸压井，目的层厚度 $h$，注入排量稳定，滤失压差 $\Delta P$(净压力)，其注入酸液滤失符合平面径向流，滤失速率公式为：

$$q_{\mathrm{L}} = \frac{2\pi Kh\Delta P}{\mu\left(\ln\frac{R(t)}{r} + S\right)} \tag{5-1-44}$$

式中，$K$ 为地层径向渗透率，$10^{-3}\mu\mathrm{m}^2$；$h$ 为产层厚度，m；$\Delta P$ 为注入压差，MPa；$S$ 为表皮系数；$r$ 为井筒半径，m；对于水平井裸眼预置管柱分段酸压工艺而言，取 $h$ 为水平井两个封隔器之间平均距离，滤失压差 $\Delta P$ 与注入排量相关，$\Delta P = f(Q_{排量})$。

### 2. 酸液有效作用距离计算

酸液在垂直裂缝中稳态流动，忽略自然对流传质的影响，垂直于裂缝延伸方向的任一断面上，酸液浓度在裂缝高度方向为定值。根据流动反应时的质量守恒定律，建立描述酸液浓度沿裂缝分布的对流扩散偏微分方程：

$$u\frac{\partial C}{\partial x} + v\frac{\partial C}{\partial y} = D_{\mathrm{e}}\frac{\partial^2 C}{\partial y^2} \tag{5-1-45}$$

边界条件：

$$\left.\begin{array}{l} x = 0, C = C_0 \\ y = 0, \dfrac{\partial C}{\partial y} = 0 \\ y = \pm \dfrac{w}{2}, C = 0 \end{array}\right\} \tag{5-1-46}$$

式中，$C = C(x,\ y)$，裂缝中任意一点的酸浓度；$u = u(x,\ y)$，酸液在缝长 $x$ 方向上的速度分量；$v = v(y)$，酸液在缝宽方向 $y$ 轴向上的速度分量；$D_e$ 氢离子有效传质系数。

Terrill 在上述公式中引入满足 Navier - Stokes 方程及连续性方程的流函数，得出速度分量 $u(x,\ y)$ 和 $v(y)$ 的函数关系，并引入无因次变量，整理后得到：

$$\left(1 - \frac{R}{R^*}\right) f'(\eta) \frac{\partial C_D}{\partial \zeta} + \frac{R}{R^*} f(\eta) \frac{\partial C_D}{\partial \eta} = \frac{1}{R^* S_e} \frac{\partial^2 C_D}{\partial \eta^2} \tag{5-1-47}$$

$$\left.\begin{array}{l} \zeta = 0, C_D = 0 \\ \eta = 0, \dfrac{\partial C_D}{\partial \eta} = 0 \\ \eta = \pm 1, -\dfrac{\partial C_D}{\partial \eta} = P C_D^m \end{array}\right\} \tag{5-1-48}$$

为了方便使用，Willianms 和 Nierode 于 1972 年作出 $P$、$m$ 等于不同常数时的计算图板，如石灰岩 $P \to \infty$，$m = 1$ 的情况，此时灰岩表面酸液浓度 $C \approx 0$。

图 5-1-14 中纵坐标为皮克列特数 $P_e$，横坐标为无因次距离 $L_D$，图中曲线代表不同的 $C/C_0$ 值。如果知道酸压时平均裂缝宽度 $W$，壁面平均滤失速度，氢离子有效传质系数 $D_e$，利用算出的 $P_e$ 和给定的 $C/C_0$（一般可取 $C/C_0 = 0.1$）值，便可查出相应的无因次距离 $L_D$，从而得到施工排量下酸液的有效作用距离 $x$ 值。

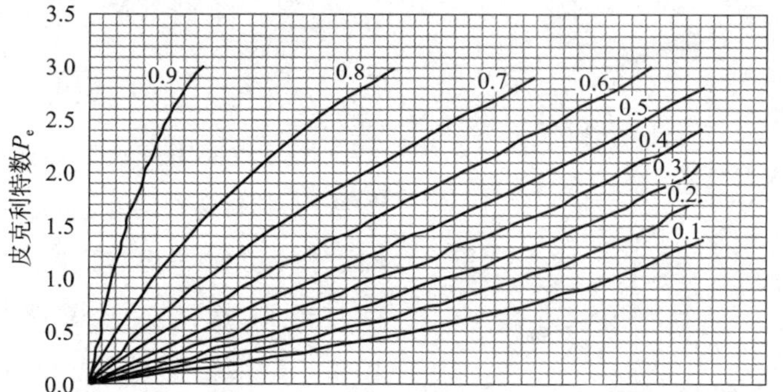


图 5-1-14　酸液浓度与酸岩反应速率的关系

酸岩反应速度是影响酸液有效作用距离的最主要因素，尤其是高温地层，酸岩反应速度对酸压效果的影响更为显著。

1) 温度对酸液有效作用时间的影响

采用20%盐酸体系，利用旋转圆盘试验仪，测定不同温度条件下酸浓度随反应时间的变化，进而研究反应温度对酸液有效作用时间的影响。

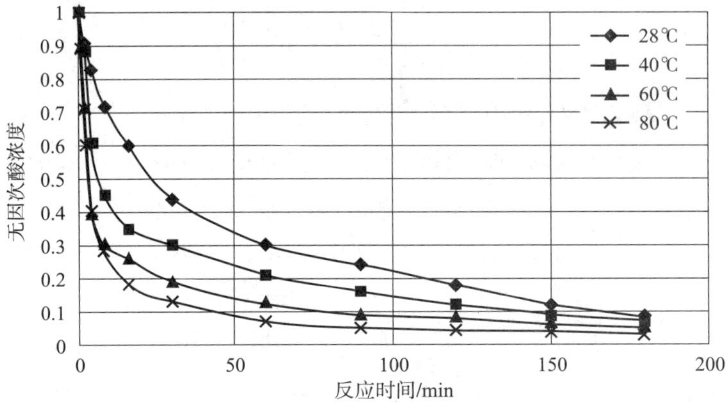


图 5-1-15　常规盐酸体系在不同反应时间无因次的浓度变化

图 5-1-15 为不同温度条件下盐酸体系无因次酸浓度随时间的变化。根据该测试结果，按照盐酸浓度降低到初始浓度的 10%（即无因次酸浓度为 0.1）为残酸极限浓度，确定酸液的有效作用时间。

由图 5-1-16 可以看出，常规盐酸体系在温度较低时，其有效作用时间较长，在28℃和40℃时可超过140min，但随着反应温度升高，则有效作用时间明显缩短，在80℃时其有效作用时间不超过50min，由此外推在120℃条件下其有效作用时间实际不会超过26min。但实际酸压时，由于大排量注液，往往井底和裂缝壁面温度会显著降低，根据以往模拟结果认为，在 4~5$m^3$/min 的注液排量下，井底温度很快会降低到90℃以下，因此实际酸压施工时常规盐酸体系有效作用时间可达到50min。但是如果考虑到酸液向裂缝中的滤失，则该时间应大打折扣。为了增大酸液的有效作用距离，提高酸压效果，需要采用缓速酸来降低酸岩反应速度。

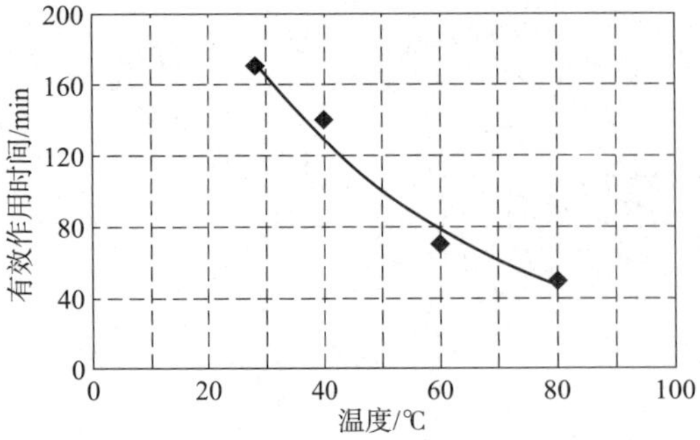


图 5-1-16　盐酸体系在不同温度条件下的作用时间

2) 不同酸液体系残酸极限测定

酸压时，酸液沿裂缝向地层深部流动，酸浓度逐渐降低。当酸浓度降低到一定浓度时，酸液基本失去溶蚀能力，称为残酸，目前常规观点认为残酸极限是鲜酸浓度的10%。酸液由活性酸变为残酸之前所流经裂缝的距离，称为有效作用距离。但在室内残酸极限评价实验中发现缓速酸体系的残酸极限大大高于以往认识的常规酸残酸极限。

表 5－1－7　不同酸液体系残酸极限测定成果

| 酸　型 | 残酸量/mL | NaOH 浓度/(mol/L) | NaOH 体积/mL | 残酸浓度/(mol/L) | 残酸极限浓度/% | 平均残酸极限浓度/% |
|---|---|---|---|---|---|---|
| 交联酸 | 1 | 0.297 | 4.4 | 1.3068 | 4.77 | 4.82 |
| | 1 | 0.297 | 4.5 | 1.3365 | 4.88 | |
| | 1 | 0.297 | 4.45 | 1.3217 | 4.82 | |
| 胶凝酸 | 1 | 0.297 | 2.5 | 0.7425 | 2.71 | 2.73 |
| | 1 | 0.297 | 2.55 | 0.7574 | 2.76 | |
| | 1 | 0.297 | 2.5 | 0.7425 | 2.71 | |
| 转向酸 | 1 | 0.297 | 5.4 | 1.6038 | 5.85 | 5.87 |
| | 1 | 0.297 | 5.45 | 1.6187 | 5.91 | |
| | 1 | 0.297 | 5.4 | 1.6038 | 5.85 | |

由表 5－1－7 可知不同酸液类型残酸极限数值不同，其中转向酸的残酸极限最大(5.87%)；交联酸次之(4.82%)，胶凝酸最小(2.73%)，胶凝酸残酸极限接近常规酸(常规盐酸 2%)。可见交联酸、转向酸对岩石的最终酸溶蚀率低于常规酸。因而，计算酸液有效作用距离时不能一律采用鲜酸浓度的 10% 作为酸岩反应迭代终止条件，需要根据不同酸液体系的残酸极限设定相应的迭代终止条件，进而获得酸液的有效作用距离。

3)残酸极限对酸液有效作用距离的影响

图 5－1－17 展示了大牛地部分碳酸盐岩储层计算出的酸液浓度沿缝长的分布。若按照以往残酸标准(鲜酸浓度的 10%)，则交联酸、胶凝酸、自转向酸的有效作用距离分别为 108m、84m、90m。但按照各种酸液的残酸极限浓度计算结果，则交联酸有效作用距离最大(96m)，其次胶凝酸(81m)，自转向酸的有效作用距离最小(77m)。不难看出，残酸极限对酸液作用距离的影响很大，因此要综合考虑反应速率和残酸极限优化酸液体系。

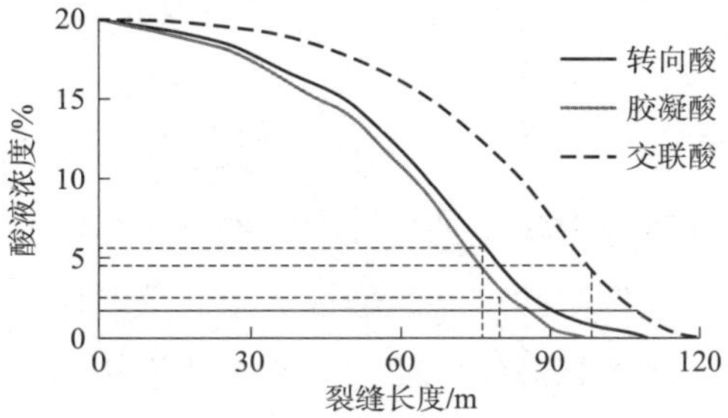

图 5－1－17　酸液浓度沿缝长的分布

## 五、酸刻蚀形态及导流能力结果

### 1. 实验装置

根据酸蚀裂缝导流能力实验划分的两个测试阶段，实验仪器分为两个部分：酸刻蚀实验装置；裂缝导流能力测试装置。

酸刻蚀实验是指将符合标准的岩板放置在导流室内，岩板壁面之间保持一定开度模拟地层裂缝，利用耐酸泵将配好的酸液从储液罐泵入导流室内，酸液在裂缝壁面流动时与岩石反应，能够近似模拟酸压施工中酸岩反应的真实情况。实验所采用的酸刻蚀仪器及流程图如图 5－1－18 所示（图片来自西南石油大学国家重点实验室）。

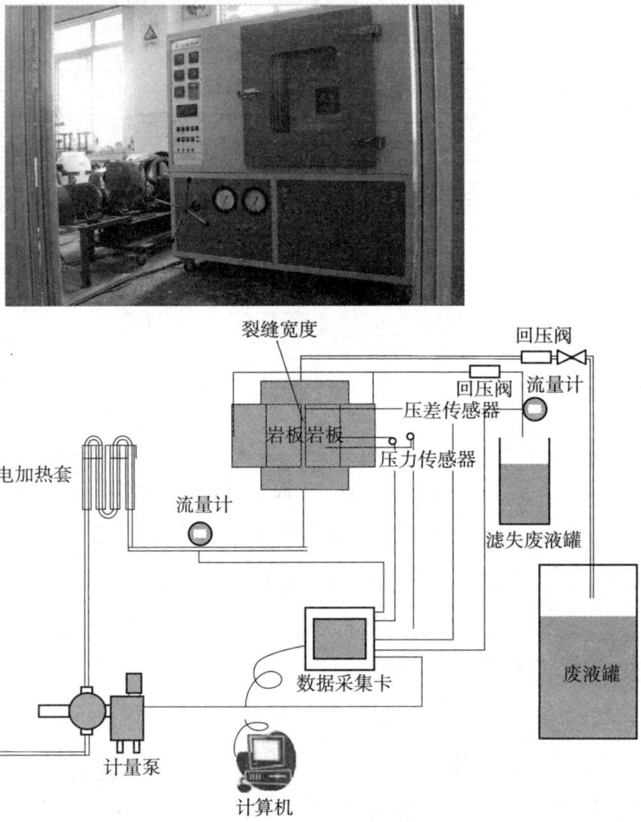


图 5－1－18　酸刻蚀实验装置流程图

导流能力实验是将酸蚀后的一对岩板垂直放置在导流室内，在加载一定闭合压力的情况下测量标准盐水流经酸蚀岩板裂缝时所产生的压差和流量，利用 API 推荐的导流能力计算公式得到裂缝导流能力。实验所采用的导流能力测试系统为西南石油大学国家重点实验室自行研发，仪器及流程图如图 5－1－19 所示。

## 2. 典型岩心酸刻蚀形态及导流能力实验结果

1）含云灰岩（白云岩占比 0% ～30%）

（1）单独注酸实验结果：

实验条件：酸液采用胶凝酸，单独注酸，排量 40mL/min，温度 90℃，注入时间为 90min。

从刻蚀形态观察，虽然非均匀刻蚀形态明显，初期导流能力较高，但随闭合压力的增加急剧下降，闭合压力为 17.9MPa 时，导流能力仅为 3.8$\mu m^2 \cdot cm$，表明岩板中的突起点被迅速破碎，如图 5－1－20、图 5－1－21、图 5－1－22、图 5－1－23 所示。

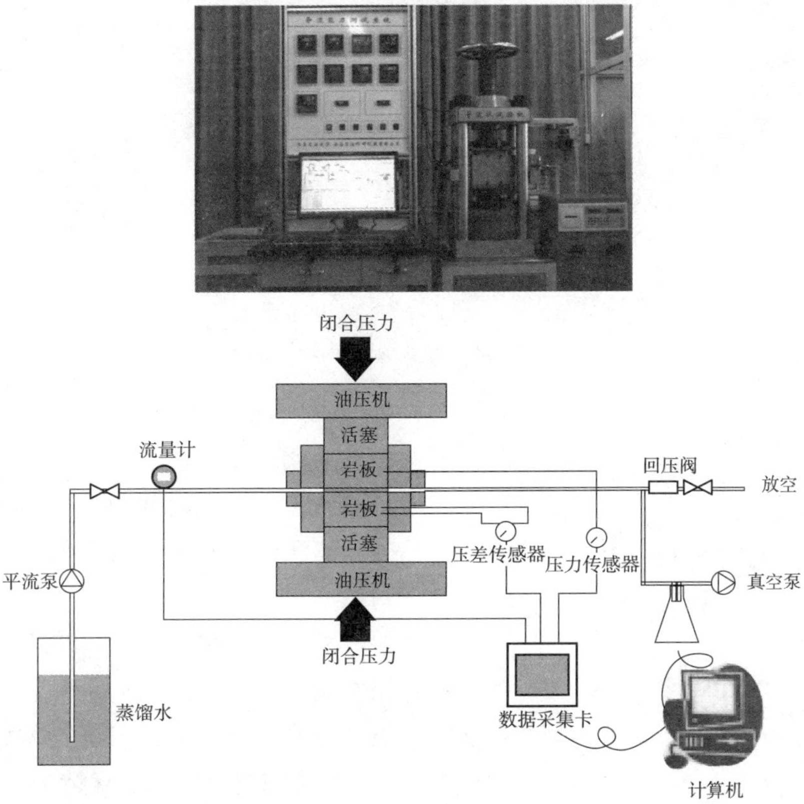


图 5-1-19　裂缝导流能力测试装置流程图

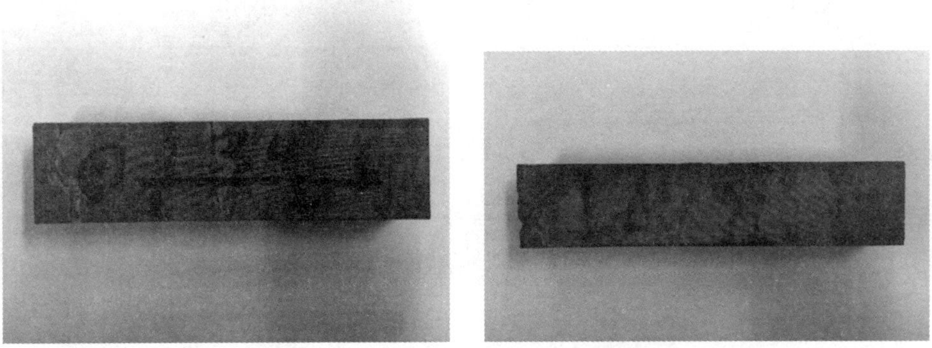

图 5-1-20　1 号岩板(右侧为刻蚀面)

图 5-1-21　2 号岩板(右侧为刻蚀面)

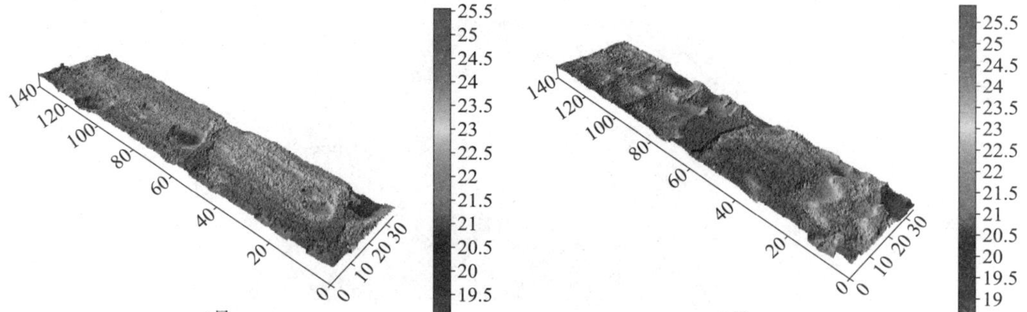


1号　　2号

图 5－1－22　岩板刻蚀表面形态表征

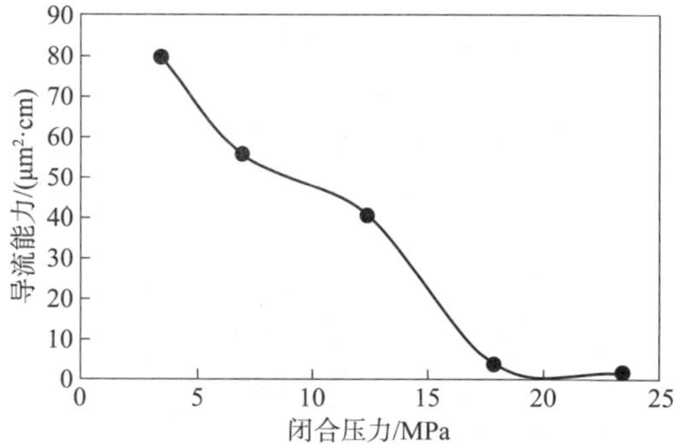


图 5－1－23　酸蚀裂缝导流能力随闭合压力的变化关系

(2)多级注入加砂酸压实验结果：

采用二级交替注入加砂，注液排量 40mL/min，注液时间 90min，温度 90℃；加砂导流测试中铺砂浓度：5kg/$m^3$，40/70 目陶粒。

采用二级交替注入，溶蚀量降低，说明压裂液起到了阻止反应的作用；酸刻蚀形态显示刻蚀后岩板具有一定的非均匀性。加砂导流能力在 50MPa 下能保持 20$\mu m^2$·cm 以上，如图 5－1－24、图 5－1－25、图 5－1－26、图 5－1－27 所示。

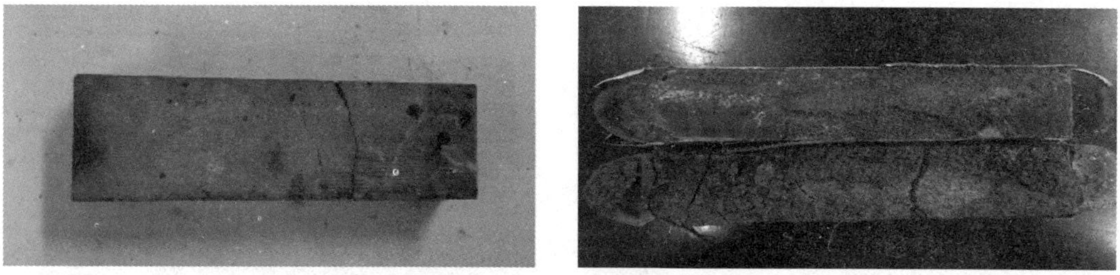

图 5－1－24　1 号岩板(右侧为刻蚀面)

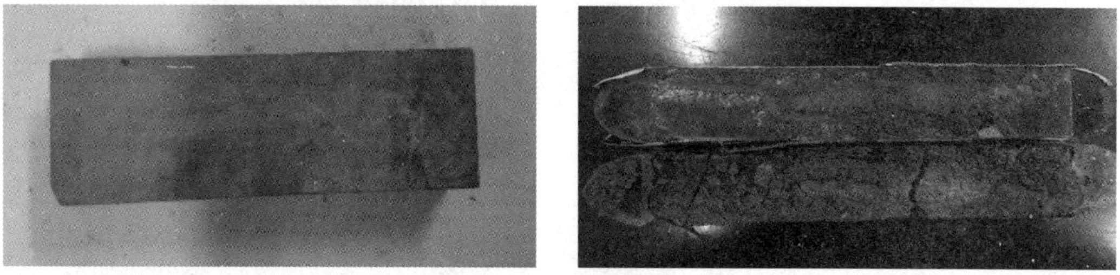

图 5－1－25　2 号岩板(右侧为刻蚀面)

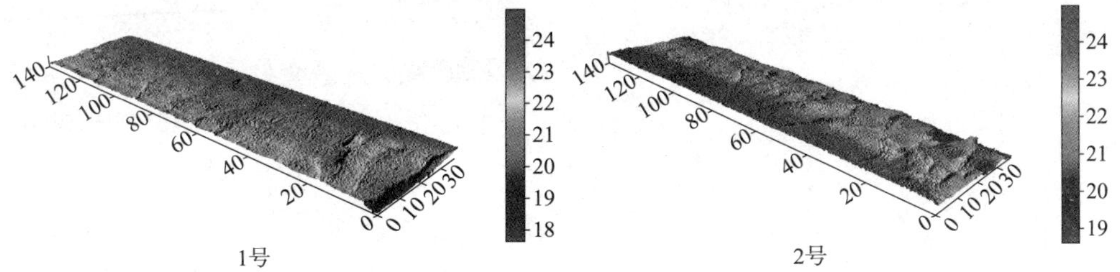


图5－1－26 岩板刻蚀表面形态表征

2）灰质云岩（白云岩占比50%～90%）

（1）高低黏酸交替注入酸压实验结果：

实验条件：20%高黏胶凝酸＋20%低黏胶凝酸，注液排量40mL/min，注入时间90min，温度90℃。

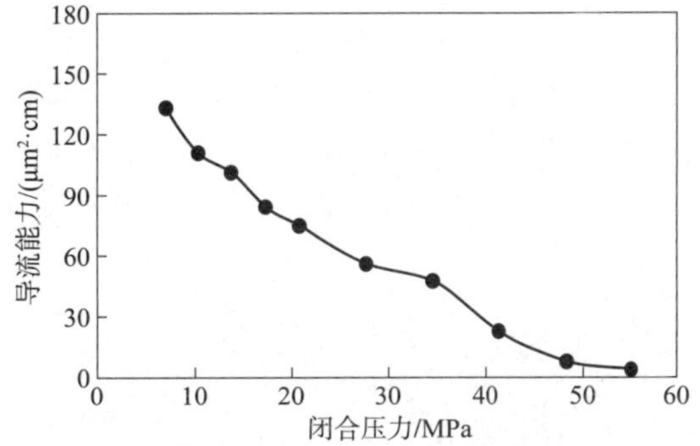


图5－1－27 酸蚀裂缝导流能力随闭合压力的变化关系

初期及高闭合压力下导流能力保持较好：结合酸刻蚀形态分析，两种交联酸交替注入下，两块岩板非均匀刻蚀较明显，低闭合压力下，导流能力很高，随着闭合压力增加，导流能力逐渐下降，下降速度较慢，如图5－1－28、图5－1－29、图5－1－30所示。

图5－1－28 1号岩板（右侧为刻蚀面）

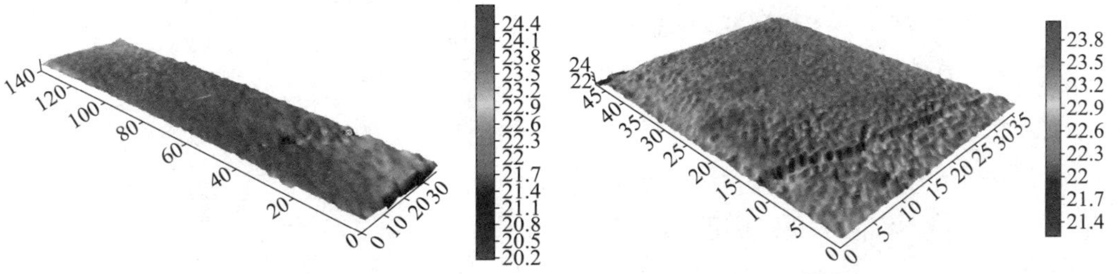


图5－1－29 酸蚀岩板刻蚀表面形态表征

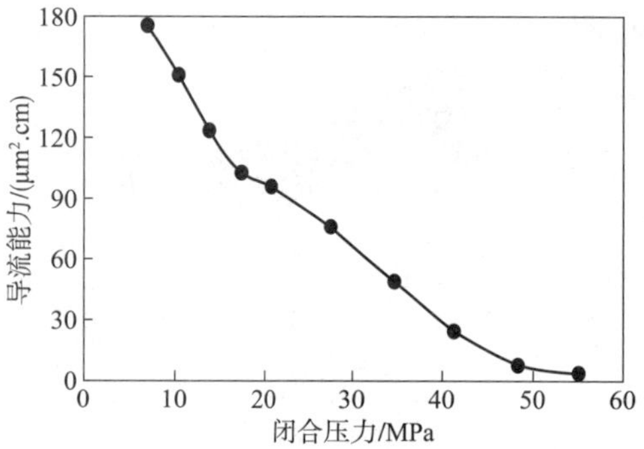

图 5－1－30　酸刻蚀导流能力随闭合压力的变化关系

(2)多级注入加砂酸压实验结果：

实验添加采用三级交替，注液排量 40mL/min，注入间时 90min，温度 90℃，加砂导流测试中铺砂浓度：5kg/m$^3$，40/70 目陶粒。

结合刻蚀形态结果分析，可以看出，岩板表面存在明显的非均匀刻蚀形态，形成了较好的自支撑裂缝，但随着闭合压力提高，岩板非均匀刻蚀较明显的区域逐渐被压平直至部分区域压碎，导致导流能力迅速出现降低，与高低黏酸交替注入酸压结果类似，如图 5－1－31、图 5－1－32、图 5－1－33 所示。

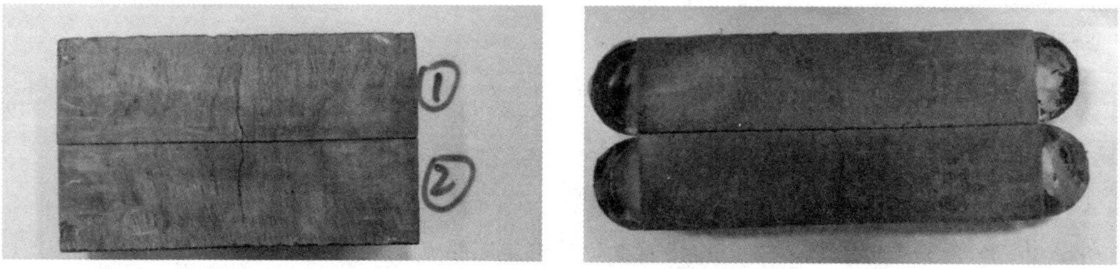

图 5－1－31　1 号岩板(右侧为刻蚀面)

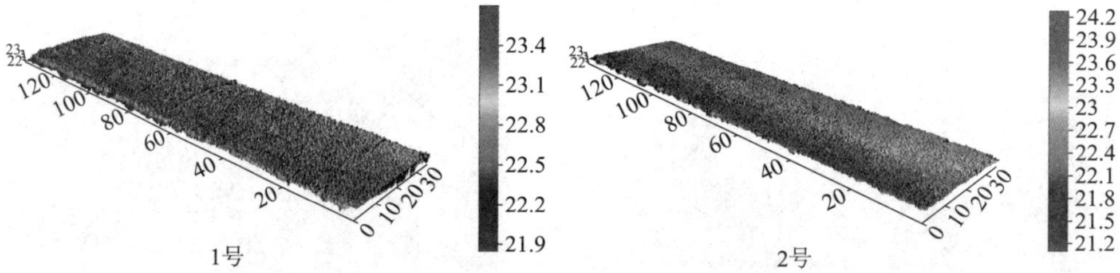

图 5－1－32　岩板刻蚀表面形态表征

3)白云岩(白云岩占比 90%～100%)

(1)单独注酸实验结果：

实验条件：酸液采用胶凝酸，单独注酸，排量 40mL/min，温度 90℃，注入时间为 90min。

马五 4 层位矿物成分以白云石为主，整体非均匀刻蚀形态不明显，随着闭合压力提高，岩板逐渐被压平，导流能力出现迅速降低，如图 5－1－34、图 5－1－35、图 5－1－36 所示。

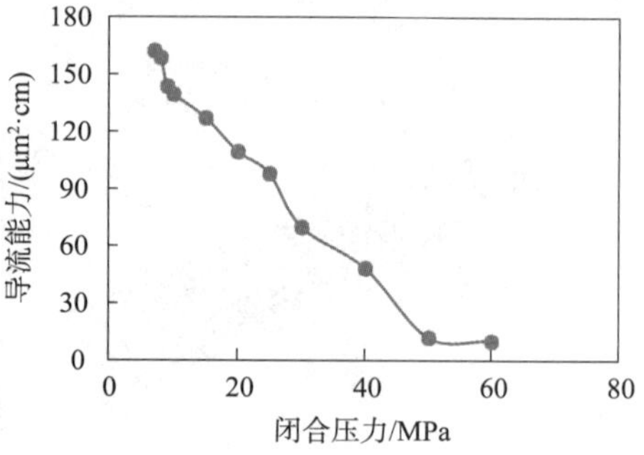

图 5－1－33　酸刻蚀导流能力随闭合压力的变化关系

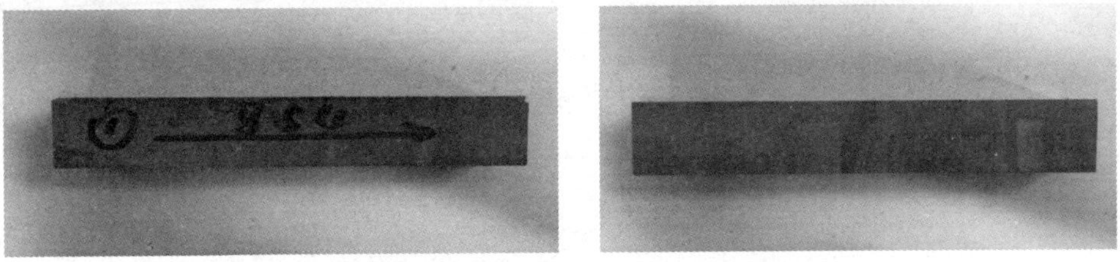

图 5 - 1 - 34　岩板酸后形态(右侧示意图为刻蚀面)

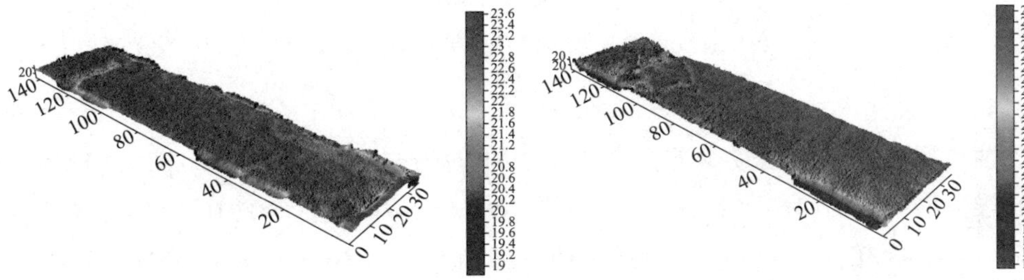

图 5 - 1 - 35　岩板刻蚀表面形态表征

(2)加砂酸压实验结果：

该岩心以白云石为主，含量为 95.5%。从刻蚀形态观察，非均匀刻蚀形态不明显。初始导流能力较高(146.98μm$^2$·cm)，随着闭合压力增加，由于非均匀刻蚀形态不明显，导流能力完全由支撑剂充填层提供。30MPa 时导流能力降低到 18.56μm$^2$·cm，尚能保持一定导流，如图 5 - 1 - 37、图 5 - 1 - 38、图 5 - 1 - 39 所示。

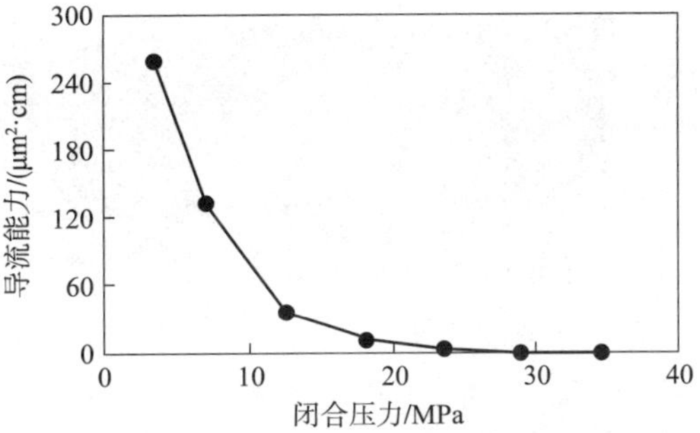


图 5 - 1 - 36　酸蚀裂缝导流能力随闭合压力的变化关系

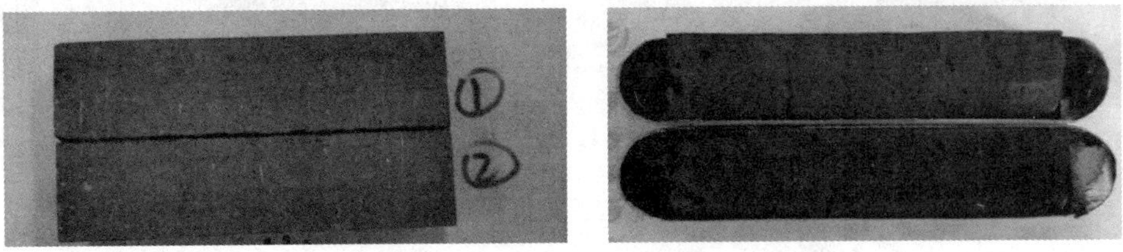

图 5 - 1 - 37　刻蚀前后岩板

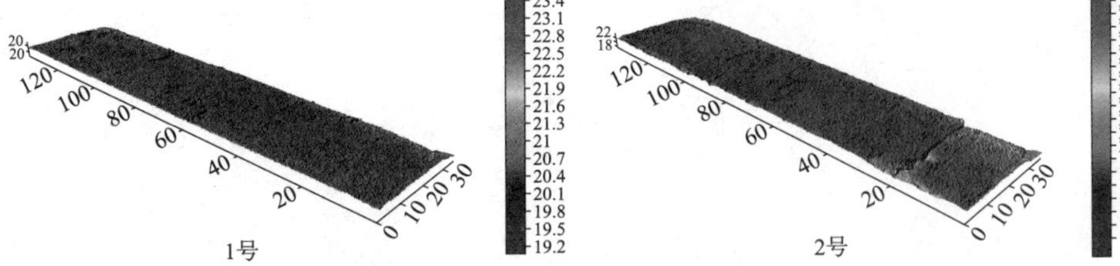


图 5 - 1 - 38　岩板刻蚀表面形态表征

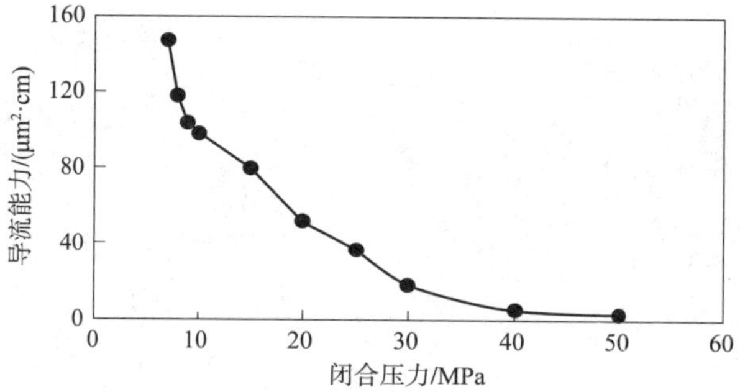


图 5-1-39　马五 6 亚段单独注酸液酸刻蚀导流能力随闭合压力的变化关系

(3)三级交替注入加砂酸压：

从刻蚀形态观察，但相较于前两种工艺，非均匀刻蚀形态有所提高。从导流数据分析，初始导流能力较高(162.62μm$^2$·cm)，随着闭合压力增加，30MPa 时导流能力降低到 69.94μm$^2$·cm，为几种酸压工艺中的最高值，如图 5-1-40、图 5-1-41、图 5-1-42 所示。

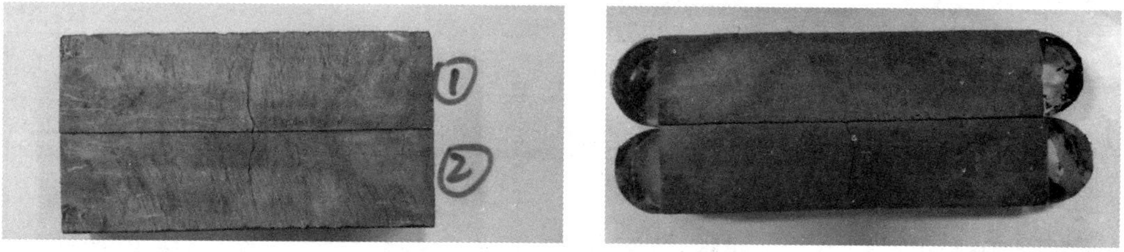

图 5-1-40　刻蚀前后岩板

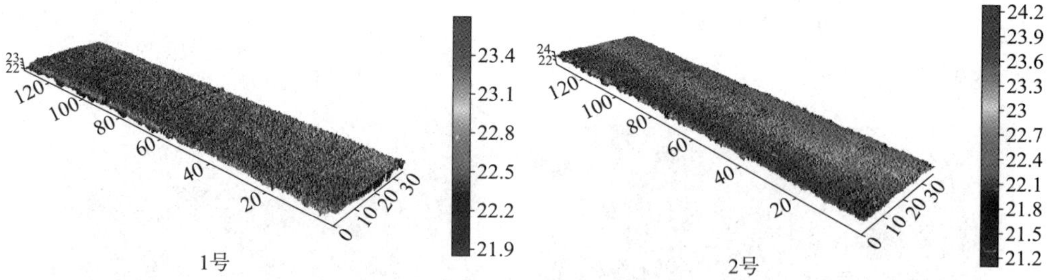


图 5-1-41　岩板刻蚀表面形态表征

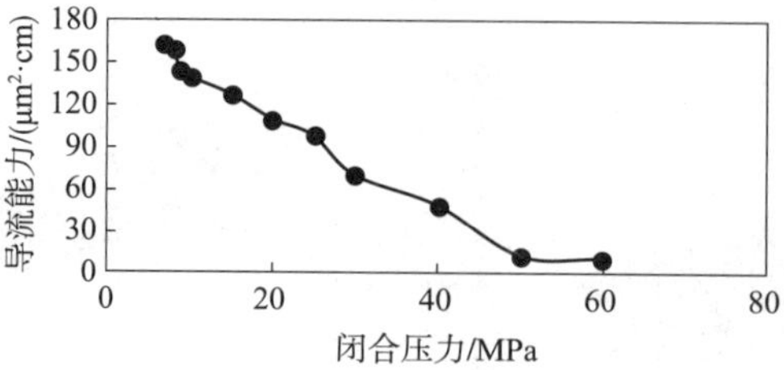


5-1-42　马五 6 亚段三级交替酸刻蚀导流能力随闭合压力的变化关系

# 第二节　考虑天然裂缝影响的水力裂缝起裂延伸机理

碳酸盐岩酸压裂缝在扩展过程中会受到天然裂缝的影响。以华北分公司大牛地气田马家沟组为例，储层主要发育构造裂缝与非构造裂缝两大类。其中构造裂缝主要包括区域构造应力缝、基底断层复活派生裂缝、层面滑移缝；非构造裂缝主要包括陡坎两侧差异压实载荷裂缝与风化裂缝。构造裂缝中的区域构造应力缝是在区域构造应力作用下，岩石发生剪切破裂形成高角度或近垂直的裂缝，缝面平直，延伸较远。水力裂缝遇到不同产状的天然裂缝后，存在沟通转向、直接穿过和转向穿过同时发生三种情况，由此可导致水力裂缝开度、长度等几何形态的不同和缝内流体压力分布的不同。

## 一、裂缝延伸模型

### 1. 模型相关假设条件

水力裂缝延伸主要方程包括：裂缝中流体的流动方程、裂缝宽度方程以及连续性方程。水力裂缝延伸形态及裂缝前缘位置是无法预知的，且在真实情况下，水力裂缝是三维的并非在一个平面内，但是求解一个三维的非平面裂缝问题，是极度复杂的。为了简化问题，且能满足现场实际的简单应用，作了如下假设：

(1)裂缝是线弹性延伸变形。

(2)流体为黏性牛顿流体，且为不可压缩流体。

(3)裂缝延伸各处缝高恒定为储层厚度。

(4)在裂缝长度方向上流体为层流流动。

(5)垂直于裂缝的截面上，流体压力恒定。

(6)水力裂缝尖端位置的流体压力等于垂直于裂缝壁面的就地应力。

### 2. 裂缝中流体流动方程

如果不考虑重力影响，根据前面的假设，经过推导计算得到裂缝中流体流动方程为：

$$\frac{\partial p}{\partial x} = -\frac{64\mu q}{\pi H w(x)^3} \tag{5-2-1}$$

式中，$p(x, y, t)$为裂缝内的流体压力，MPa；$\mu$ 为流体黏度，mPa · s；$q(x)$为水力裂缝 $x$ 方向任意位置处的流量，$m^3/s$；$\omega(x)$为水力裂缝宽度，m；$H$ 为水力裂缝高度，m。

### 3. 裂缝缝宽方程

裂缝宽度计算理论依据是假设裂缝面的变形为线弹性行为。在平面应变条件下，England 和 Green 考虑储层均匀分布有垂向于裂缝壁面的正应力，裂缝被流体施加了与地应力方向相反的应力分布，如图5－2－1所示，推导出弹性体中二维狭长裂缝任意坐标x处的宽度为：

$$w(x,t) = \frac{4(1-\nu)L(t)}{\pi G}\int_{\eta}^{1}\frac{f_{L2}df_{L2}}{\sqrt{(f_{L2}^2-\eta^2)}}\int_{0}^{f_{L2}}\frac{\Delta p(f_{L1})df_{L1}}{\sqrt{(f_{L2}^2-f_{L1}^2)}}$$

$$x \in [-L(t),L(t)] \tag{5-2-2}$$

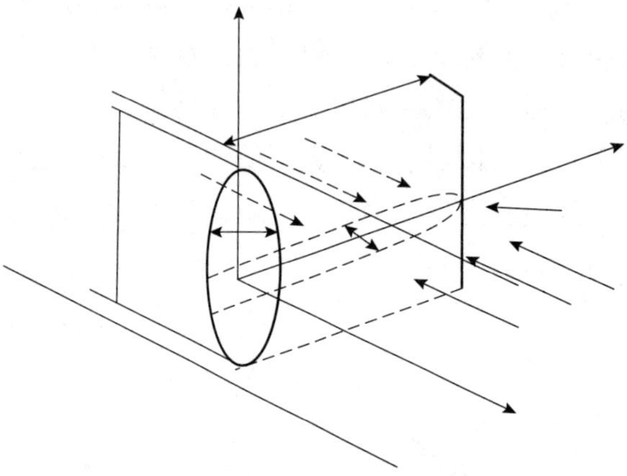

图5－2－1　裂缝缝宽物理模型示意图

式中，$\eta$为$x$位置与缝长$L$的比值；$L(t)$为$t$时刻裂缝半长，m；$G$为岩石剪切模量，MPa；$\nu$为泊松比；$\Delta p$为裂缝内的流体压力$p(f_{L1})$与裂缝面正应力$\sigma_n(f_{L1})$的差；$f_{L1}$、$f_{L2}$为半缝长的分数。

本模型采用垂直平面应变假设，且忽略截面垂向上的压力梯度，如图5－2－1所示。根据式(5－2－2)推导出裂缝宽度$w$和流体压力$p$之间的关系方程，在裂缝垂直剖面z方向上，任意位置z处的缝宽方程为：

$$w(z) = \frac{(1-\nu)}{G}(H^2-4z^2)^{\frac{1}{2}}(p-\sigma_n) \tag{5-2-3}$$

式中，$\sigma_n$为垂直于裂缝面壁面的正应力，MPa；$G$为剪切模量，MPa；$H$为裂缝缝高，m。

如果裂缝假设沿$x$方向延伸，根据公式(5－2－3)在裂缝任何位置处刨面中心，即$z=0$处的宽度方程为：

$$w(x) = \frac{(1-\nu)H[p(x)-\sigma_n(x)]}{G} \tag{5-2-4}$$

式中，$w(x)$为裂缝宽度，m。

$$G = \frac{E}{2(1+\nu)} \tag{5-2-5}$$

式中，$E$为岩石杨氏弹性模量，MPa。

### 4. 连续性方程

单位时间内流入裂缝内的流量是已知的，注入流量也是已知值。连续性方程结合缝宽方程和运动方程可以确定裂缝的缝长。然而，并非所有流入裂缝的流体都保留在了裂缝中。由于裂缝内的流体压力大于储层孔隙中的流体压力，一部分流体将会滤失进入储层中。

从水力延伸裂缝中取出一个单位长度为$\Delta x$的控制单元体如图5－2－2所示，$q(x, t)$是垂直流入控制单元体截面的流体体积流量，$v_1(x, t)$是裂缝单元流体滤失进入储层的体积流量，$A(x, t)$是控制单元体的截面积。

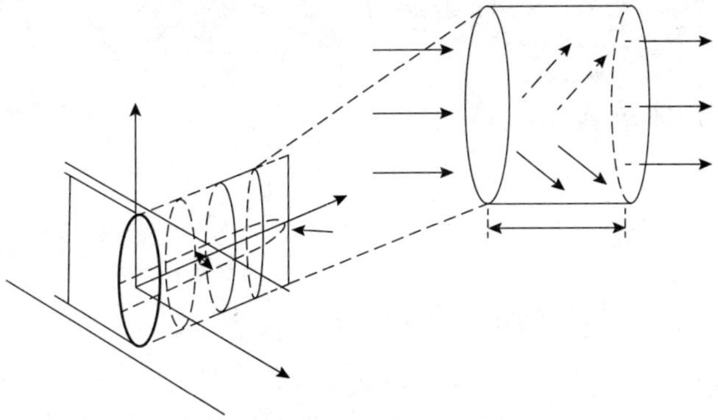

图 5－2－2　裂缝单元体内流体流量分析示意图

根据体积守恒关系，即在 $\Delta t$ 内裂缝某单元体流体体积的增加量，等于流入裂缝单元体的流体总体积，除去流出裂缝单元体的体积，以及单位时间裂缝单元内滤失的流体体积。

那么取某一段裂缝单元研究，则通过某一垂直剖面的流量等于单位裂缝长度上液体的滤失速度与剖面扩展而引起的垂直剖面面积的变化率之和，即：

$$-\frac{\partial q(x,t)}{\partial x}=v_1(x,t)+\frac{\partial A(x,t)}{\partial t} \tag{5-2-6}$$

式中，$q(x, t)$ 为体积流量，$m^3/min$；$A(x, t)$ 为裂缝垂直截面积，$m^2$；$v_1(x, t)$ 为流体滤失量，$m^2/min$；$t$ 为施工时间，min。

若假设滤失仅发生在油层内部，流体滤失量 $v_1$ 可按下式计算：

$$v_1=\frac{2HC(x)}{\sqrt{t-\tau(x)}} \tag{5-2-7}$$

式中，$C$ 为滤失系数，$m/min^{1/2}$；$\tau(x)$ 为流体到达裂缝 $x$ 处的时间，min；$H$ 为油层厚度，m。

当裂缝垂直截面为椭圆时，裂缝垂直截面积 $A$ 可以表示为：

$$A=\frac{\pi wH}{4} \tag{5-2-8}$$

**5. 流体压力分布模型**

将流动方程式(5－2－3)、式(5－2－7)和式(5－2－8)代入式(5－2－6)，整理可得：

$$\frac{\pi H^3(1-\nu)^3}{256\mu G^3}\frac{\partial^2[p(x)-\sigma_n(x)]^4}{\partial x^2}=\frac{2C(x)}{\sqrt{t-\tau(x)}}+\frac{\pi H(1-\nu)}{4G}\frac{\partial[p(x)-\sigma_n(x)]}{\partial t} \tag{5-2-9}$$

1)初始条件

当 $t=0$ 时，由于并未向井底注液，因此，各个位置处的流体压力与最小水平主应力之差均为0，即：

$$p(x,0)-\sigma_n(x)=0 \tag{5-2-10}$$

2）边界条件

任意时刻井筒处的流量为恒定值 $q_0$，根据式（5－2－9）和式（5－2－10）变换整理可得：

$$\left.\frac{\partial[p(x)-\sigma_n(x)]^4}{\partial x}\right|_{x=0}=-\frac{256\mu G^3 q_0}{\pi H^4(1-\nu)^3} \tag{5-2-11}$$

此外，水力裂缝尖端处需要满足条件缝宽 $w=0$，因此有：

$$[p-\sigma_n(x)]|_{x=L}=0 \tag{5-2-12}$$

综合式（5－2－9）～式（5－2－12）便形成了裂缝内流体压力分布模型。

**6. 模拟计算分析**

先不考虑水力裂缝与天然裂缝相交作用准则，对水力裂缝直接穿过天然裂缝的情况，以及水力裂缝遇见天然裂缝发生转向的情况，进行实例计算分析，得到两种情况下的裂缝内流体压力，以及裂缝宽度分布。并分别作图对比两种情况下的流体压力分布，与裂缝宽度分布。

1）将直接穿过天然裂缝与沿天然裂缝发生转向的两种情况进行比较

假设井眼位置为坐标轴（0，0）处，而在距离井眼30m处有一条长20m的天然裂缝，天然裂缝与水平面的夹角为45°，最大水平主应力方向与 $x$ 轴平行，最小水平主应力方向与 $y$ 轴平行。假设以下两种情况：水力裂缝穿过此条天然裂缝继续延伸，而不发生转向，天然裂缝对水力裂缝无影响的情况，如图［5－2－3（a）］所示；水力裂缝与天然裂缝相遇后发生转向，沿着天然裂缝一端延伸，并假设在天然裂缝端点处重新形成分支裂缝，并沿着水平最大主应力方向继续延伸，如图［5－2－3（b）］所示。

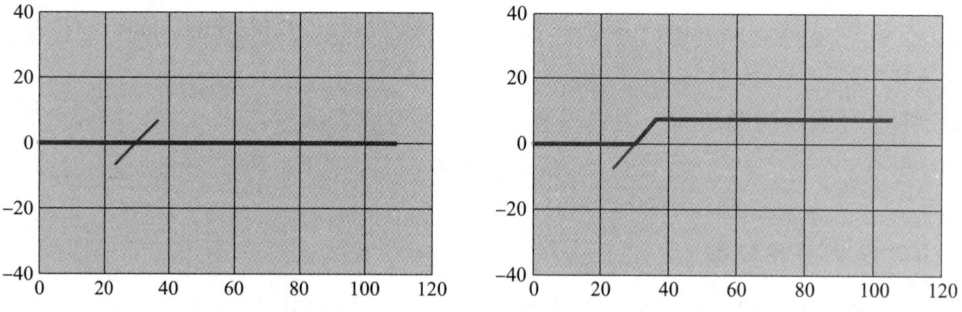


(a)水力裂缝直接穿过天然裂缝　　(b)水力裂缝与天然裂缝相交发生转向

图5－2－3　水力裂缝与天然裂缝两种相交作用

图5－2－4为水力裂缝直接穿过天然裂缝的情况，裂缝内的流体压力沿裂缝长度方向上的分布，通过两种情况的裂缝内流体压力对比发现，从井口位置到水力裂缝沿天然裂缝发生转向段，裂缝内流体压力较非转向的情况有小幅度升高。

图5－2－5为水力裂缝直接穿过天然裂缝的情况，以及水力裂缝与天然裂缝相交后沿着天然裂缝发生转向，裂缝宽度沿缝长方向上的分布，通过两种情况的裂缝宽度对比发

现，直接穿过天然裂缝的裂缝宽度是在裂缝长度方向上连续分布的；而沿着天然裂缝转向延伸的水力裂缝的宽度在裂缝长度方向上是非连续分布的，相较与直接穿过的情况，沿天然裂缝转向的情况下在转向段裂缝宽度有明显降低，这是由于垂直于裂缝的应力不连续分布引起的，在直接穿过的情况下，水力裂缝垂向应力一直保持为最小水平主应力，而在转向情况下转向段垂直于裂缝的应力会大于最小水平主应力，使得裂缝张开会更加困难，所以转向段的裂缝宽度相较于非转向段要小。而从井眼到与天然裂缝相交点处(0～30m)，发生转向的情况的裂缝宽度要比直接穿过的情况的裂缝宽度有所增加，这是由于此段裂缝的流体压力增加引起的。

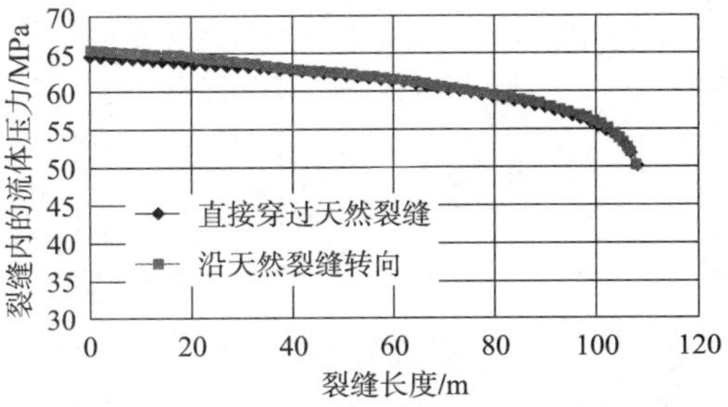


图5－2－4　穿过天然裂缝与沿天然裂缝转向流体压力沿缝长的分布对比

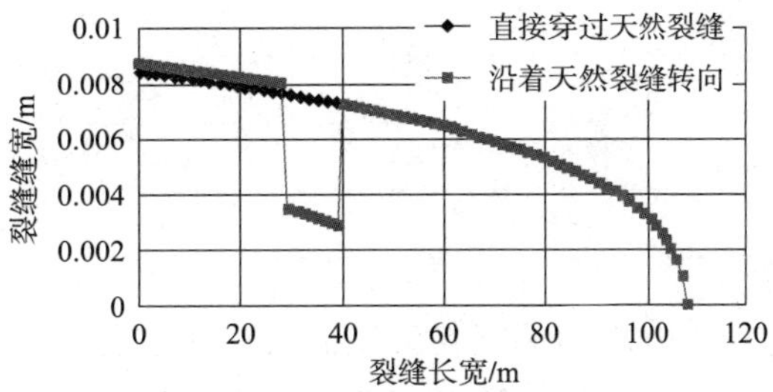


图5－2－5　穿过天然裂缝与沿天然裂缝转向宽度沿缝长的分布对比

2)不同角度下沿天然裂缝转向

图5－2－6得到了逼近角分别为15°、30°和45°的情况下，水力裂缝与天然裂缝相交发生转向延伸的情况下，裂缝内流体压力沿裂缝长度方向的分布，从图中可以看出，随着逼近角度的增大，裂缝沿天然裂缝发生转向段的流体压力会有一定幅度的增加，但是增加幅度不大。

图5－2－7得到了逼近角分别为15°、30°和45°的情况下，水力裂缝与天然裂缝相交发生转向延伸的情况下，裂缝宽度沿裂缝长度方向的分布，从图中可以看出，随着逼近角度的增大，裂缝沿天然裂缝发生转向段的裂缝宽度将逐渐降低，而且降低的幅度会随着逼近角的增加而增加，这是由于随着逼近角度的增加，转向段裂缝垂向应力的增加幅度升高而引起的。

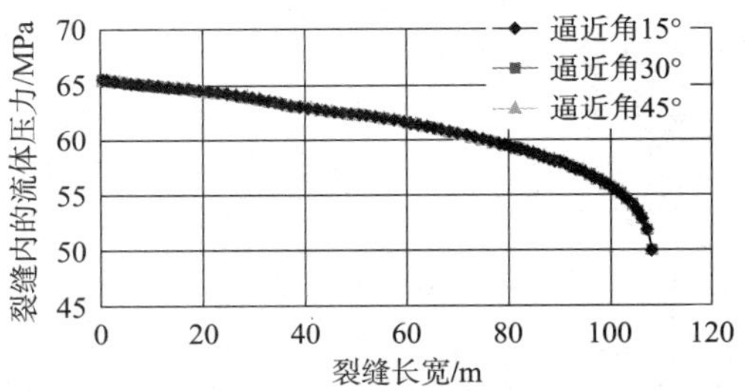


图5－2－6　不同逼近角下裂缝内流体压力沿缝长方向的分布

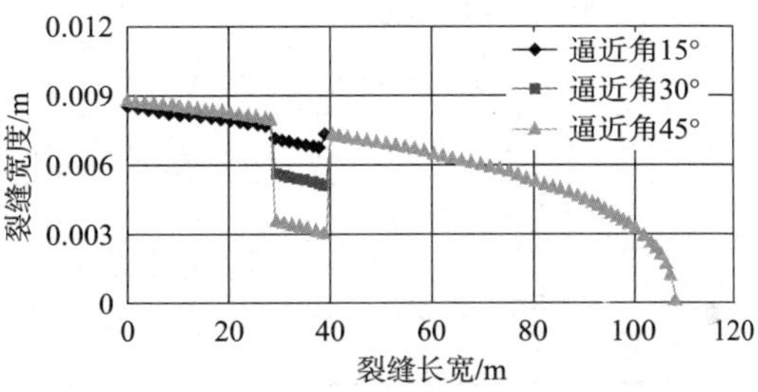


图5－2－7　不同逼近角下裂缝内裂缝宽度沿缝长方向的分布

## 二、水力裂缝与天然裂缝相遇情况的影响因素分析

对水力裂缝与天然裂缝相遇情况的地质力学影响模拟基本参数见表5-2-1。

**表5-2-1 模拟基本参数输入表**

| | | | |
|---|---|---|---|
| 排量/($m^3$/min) | 5 | 缝高/m | 7 |
| 施工时间/min | 50 | 逼近角/(°) | 45 |
| 滤失系数/(m/min$^{1/2}$) | 0.0028 | 岩石抗张强度/MPa | 3 |
| 流体黏度/(mPa·s) | 10 | 内聚力/MPa | 0 |
| 最大主应力/MPa | 75 | 天然裂缝壁面间的摩擦系数 | 0.6 |
| 最小主应力/MPa | 60 | 孔隙度/% | 5.2 |
| 杨氏弹性模量/MPa | $2.8\times10^4$ | 渗透率/$10^{-3}\mu m^2$ | 0.95 |
| 泊松比 | 0.2 | | |

影响水力裂缝与天然裂缝相遇情况的参数有很多，若要对所有参数的所有组合都进行分析难度较大。因此，采用正交分析法选取对水力裂缝与天然裂缝相遇情况有代表性影响因素组合进行模拟计算试验分析，正交试验结果分析见表5-2-2。

**表5-2-2 试验结果分析**

| 水平 | 影响因子 | | | | |
|---|---|---|---|---|---|
| | A | B | C | D | E |
| | 逼近角/(°) | 摩擦系数 | 水平应力差/MPa | 岩石抗张强度/MPa | 内聚力/MPa |
| $K_1$ | 39.3096 | 110.4335 | 26.0231 | 14.5605 | 44.0937 |
| $K_2$ | 54.9639 | 76.1536 | 18.1006 | 32.9860 | 28.9274 |
| $K_3$ | 57.2641 | 40.8792 | 19.3711 | 17.6740 | 52.8976 |
| $K_4$ | 38.2899 | 2.4022 | 44.2318 | 58.3025 | 26.6441 |
| $K_5$ | 0.2536 | -39.7874 | 82.3545 | 66.5581 | 37.5183 |
| $k_1$ | 7.8919 | 22.0867 | 5.2046 | 2.9121 | 8.8187 |
| $k_2$ | 10.9928 | 15.2307 | 3.6201 | 6.5972 | 5.7855 |
| $k_3$ | 11.4528 | 8.1758 | 3.8742 | 3.5348 | 10.5795 |
| $k_4$ | 7.6580 | 0.4804 | 8.8464 | 11.6605 | 5.3288 |
| $k_5$ | 0.0507 | -7.9575 | 16.4709 | 13.3116 | 7.50366 |
| 极差 $R$ | 11.4021 | 30.0442 | 12.8508 | 10.3995 | 5.2507 |
| 主次顺序 | B>C>A>D>E | | | | |

在表5-2-2中，共5个影响因子，每个因子有5个水平，5个水平所对应的模拟计算结果之和分别用$K_1$、$K_2$、$K_3$、$K_4$、$K_5$表示；而取每个影响因子相同水平的模拟结果的

平均值，分别用 $k_1$、$k_2$、$k_3$、$k_4$、$k_5$表示。

每个影响因子相同水平的模拟计算结果平均值的最大、最小值之间的差值即为极差，用 $R$ 表示，它反映了某一影响因子的水平波动时，试验指标的变动幅度。极差 $R$ 越大，说明该因素对试验指标的影响越大。根据极差 $R$ 的大小，可以判断影响因子的主次顺序。

逼近角、天然裂缝壁面的摩擦系数、水平应力差、岩石抗张强度、内聚力对水力裂缝与天然裂缝相交作用的影响程度排序为：摩擦系数 > 水平应力差 > 逼近角 > 岩石抗张强度 > 内聚力。不同地质力学参数情况下，水力裂缝与天然裂缝相交作用模拟结果表明：①高逼近角度下水力裂缝直接穿过天然裂缝；中低逼近下，易发生转向。②低摩擦系数下，易发生转向；高摩擦系数下，易直接穿过。③杨氏模量对作用模式无影响，但对水力裂缝宽度有一定影响。④高逼近角、低摩擦系数的情况下，水平应力差越低，越易发生转向，反之应力差越高，易直接穿过；低逼近角、高摩擦系数下，应力差越高，易发生转向；应力差越低，越易直接穿过。⑤岩石抗张强度越大、内聚力越小，越容易发生转向。⑥上述地质力学参数对缝网复杂性的影响程度排序为：摩擦系数 > 水平应力差 > 逼近角 > 岩石抗张强度 > 内聚力。

# 第六章　不同类型碳酸盐岩储层酸压工艺技术

鄂尔多斯盆地大牛地气田下奥陶统马家沟组马五段主要为一套稳定的厚层状深灰色-灰黑色灰岩、灰云岩以及白云岩，厚度主要分布在24～30m之间，主要储集空间类型可分为洞穴型、裂缝-孔洞型、孔隙型3类。本章在第一章至第三章储层地质特征、第四章岩石力学及地应力特征、脆性特征及第五章不同类型酸蚀裂缝延伸机理介绍基础上，重点讲述了不同类型碳酸盐岩储层酸压工艺适应性，并优化了不同酸压工艺的关键施工参数。

## 第一节　不同类型碳酸盐岩储层酸压改造思路

马五5亚段为表生期古岩溶，储层展布受断裂、古地貌、沉积微相控制，结合钻井、测井、录井、压裂改造等资料，岩溶储层可划分为洞穴型、裂缝-孔洞型、孔隙型3类，见表6-1-1。不同类型碳酸盐岩储层从储集空间类型、储层成因、储层特征等方面存在较大差异，需要根据不同碳酸盐岩储层类型，有针对性地提出改造思路，从而实现碳酸盐岩气藏高效开发。

### 一、洞穴型

该类储集空间少量发育，占比约1.5%，水平井钻遇该类储层后发生失返性漏失，漏失量333～1654$m^3$/d，电成像测井上表现为深黑色洞状或层状特征，该类储集体以独立分布的缝洞为主，分布具有不确定性和不均匀性，储集体连通性差，基质致密，储渗能力差。酸压改造以沟通缝洞发育带为原则，需要根据缝洞规模、钻遇位置采用有针对性的工艺技术，以造高导流酸压主裂缝沟通远端储集体，提高井周储量动用程度为改造思路。

### 二、裂缝-孔洞型

该类储集空间主要为裂缝、溶蚀扩大孔和晶间溶孔，是研究区的主要储层类型，占比约58.5%。钻井过程中无漏失、无溢流，电成像测井上表现为裂缝沟通暗色溶蚀孔洞形成复合储集空间，裂缝及溶缝有效地沟通了溶蚀孔洞，提高了储集岩的储渗性能。但酸压改造面临酸液滤失大，造缝效率低，裂缝形态单一，改造体积偏小等问题。该类储层应当充分利用天然裂缝，借鉴体积压裂模式提高裂缝复杂程度，形成主缝+支缝的双级裂缝系统，达到最大程度动用储层的目标。

## 三、孔隙型

该类储集空间主要是由潮下泥晶灰岩经渗透回流白云石化作用后形成的微晶白云岩的晶间孔隙，是研究区的次要储层类型，占比约40%，钻井过程中无漏失、无溢流，成像测井上表现为高阻亮色灰质成分增多。该类储层以基质孔隙为主要的储集空间和渗流通道，裂缝发育程度低，储层孔渗较差，渗流阻力较大，酸蚀裂缝在高闭合压力下导流能力下降快，压后产量偏低。该类储层应以提高酸蚀裂缝导流能力为目标，改善储层的渗流通道，减小渗流阻力。

**表6-1-1　马五5段不同类型碳酸盐岩储层特征**

| 储层类型 | 孔洞直径/m | 钻井特征 | 井径测井特征 | 深侧向测井特征 | 声波时差测井特征 | 气测全烃测井特征 | 成像测井特征 | | 压裂特征 |
|---|---|---|---|---|---|---|---|---|---|
| 洞穴型 | 1.0～5.0 | 失返性漏失 | 明显扩径 | 大幅下降，箱状，30～200Ω·m | 阶梯式增大，>220μs/m | 尖刀式反复跳跃，>90% | 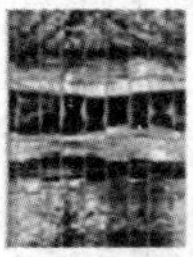 | 深黑色洞状或层状特征 | 无明显破压，施工曲线为低压平直型 |
| 裂缝-孔洞型 | 0.002～0.1 | 无漏失、无溢流 | 略有扩径 | 局部尖峰跳跃，50～1000Ω·m | 明显增大，168～220μs/m，整体光滑，局部出现尖峰 | 全烃10%～90%，形态饱满，呈馒头状分布 | 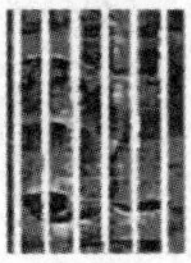 | 裂缝沟通暗色溶蚀孔洞形成复合储集空间 | 压力多次陡降，沟通裂缝-溶蚀孔洞 |
| 孔隙型 | <0.002 | 无漏失、无溢流 | 无扩径 | 降低不明显，曲线光滑，100～2500Ω·m | 略有增大，160～168μs/m，深浅侧向光滑 | 全烃<10%，略有增大 | 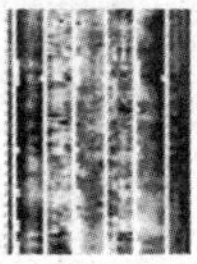 | 高阻亮色灰质成分增多 | 高压以平直型为主，外围基质致密 |

# 第二节　洞穴型储层多级注入酸压闭合酸化技术

针对洞穴型储层特征和酸压改造难点，为实现深穿透酸压更大几率沟通远端缝洞储集体，提高井周储量动用程度的目标，提出多级注入闭合酸压技术，通过压裂液与酸液多次交替注入，造成对地层的多次降温和多次形成滤饼，使后一次注入的酸液比前一次滤失速度明显降低，以延缓酸岩反应速度，增大酸蚀裂缝长度，最后注入闭合酸提高近井地带储层导流能力。

## 一、酸压工作液体系

根据不同液体体系多级交替注入导流能力实验结果(图6-2-1)，在低闭合压力情况下，交联液+胶凝酸初期导流能力较高，但随着闭合压力的增大，4种液体体系的导流能力均出现快速下降，当闭合压力大于35MPa后，线性胶+胶凝酸与交联液+胶凝酸导流能力基本相当。根据马五5亚段储层闭合应力为55～60MPa，考虑利用低黏液体强穿透性能沟通天然裂缝，优选多级交替注入液体采用线性胶＋胶凝酸体系。

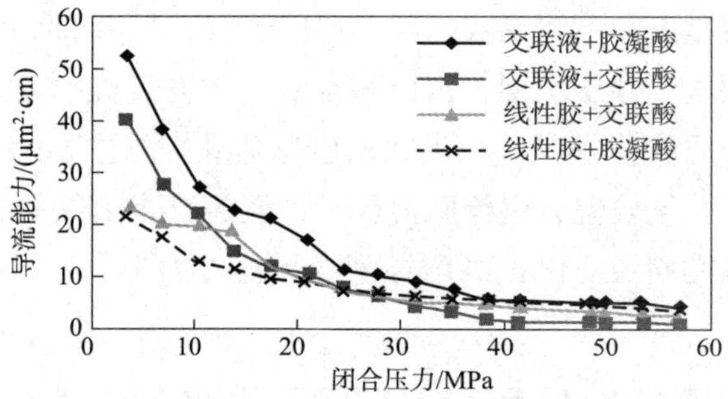


图6－2－1 不同液体体系多级注入导流能力对比

## 二、注入级数和比例

采用酸压模拟软件，假设注入总液量不变，模拟不同酸液与压裂液比例为1.1、1.2、1.3、1.4，不同注入级数为2级、3级、4级的酸蚀裂缝长度，结果见图6－2－2。由图可以看出，当注入级数由2级变为3级时，酸蚀裂缝长度大幅增加，当注入级数超过3级后，酸蚀裂缝长度明显变短；随着酸液和压裂液比例的增大，酸蚀缝长变短，当比例为1.2和1.3时，酸蚀缝长相对较长。这是由于前置压裂液过少，酸液快速突破压裂液滤膜后与储层岩石迅速反应，导致酸蚀缝长过短。综合考虑现场施工难度，优化多级交替注入级数为2～3级，酸液和压裂液比例为1.2～1.3。

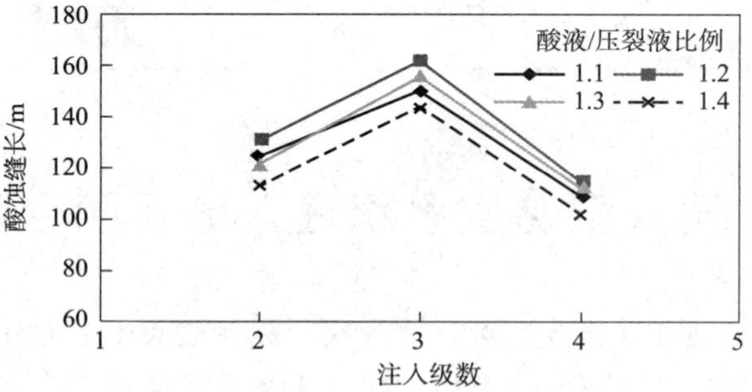


图6－2－2 不同比例下多级交替注入级数与酸蚀缝长的变化

# 第三节 裂缝－孔洞型储层变黏度酸多级注入酸压技术

针对裂缝－孔洞型碳酸盐岩储层，增加酸蚀裂缝复杂程度扩大改造体积，增强裂缝非均匀刻蚀程度提高导流能力，是该类储层酸压改造的关键。借鉴页岩气体积压裂研究成果，低黏度滑溜水造缝相比高黏度的交联液虽然效率较低，滤失较大，但形成的裂缝复杂程度更高。而针对裂缝－孔洞型储层，潜在发育许多微小裂缝和溶蚀孔洞，则可以利用低黏液体的高滤失，改造更小尺度的天然裂缝及孔洞，由此提出了变黏度酸多级注入酸压技术，其技术思路为：通过交替注入高黏度酸和低黏度酸，利用黏性指进效应和酸岩反应速率差异，增强酸液非均匀刻蚀效果，提高裂缝导流能力；同时，低黏酸液有利于改造更小尺度的天然裂缝和溶蚀孔洞，促使裂缝复杂程度提高和改造体积扩大。

## 一、酸液黏度对缝网酸压影响

为研究不同酸液黏度对酸蚀裂缝形态的影响，实验设计了45mPa·s和6mPa·s两种不同黏度胶凝酸，并采用CT扫描仪对酸化后的岩心进行扫描，结果如图6－3－1和图6－3－2所示。由图6－3－1可以看出，酸化后裂缝缝宽增加更明显，且井眼有明显的溶蚀扩径现象，但裂缝仍然保持沿着主应力方向延伸，未见明显扩展，主裂缝周边更小尺度的裂缝并未开启，酸液未进行刻蚀。由图6－3－2可以看出，酸化后裂缝缝宽增加更明显，井眼有明显的溶蚀扩径现象，同时，酸液进入了部分细微裂缝，刻蚀出了新的裂缝，裂缝明显更加复杂。

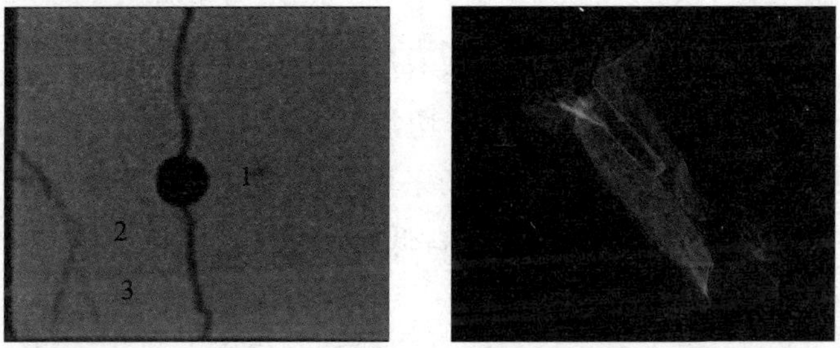


图6－3－1　45mPa·s高黏胶凝酸注入后CT扫描照片

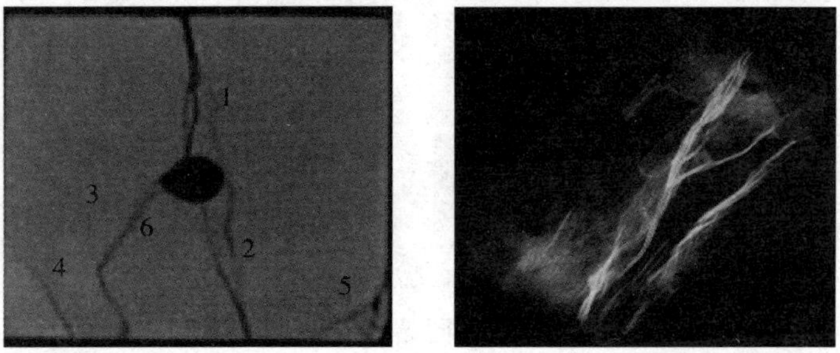


图6－3－2　6mPa·s低黏胶凝酸注入后CT扫描照片

## 二、酸液黏度比

高黏液体和低黏液体之间的黏度差异，对指进程度的强弱具有决定性的影响。根据现场常用酸液体系的黏度范围，采用FLUENT软件中的VOF模型分别模拟不同黏度差异的条件下，低黏液体在高黏液体中的流动特征，结果如图6－3－3所示。从图中可以看到，黏度比越大，指进现象越显著，越有利于产生非均匀刻蚀。

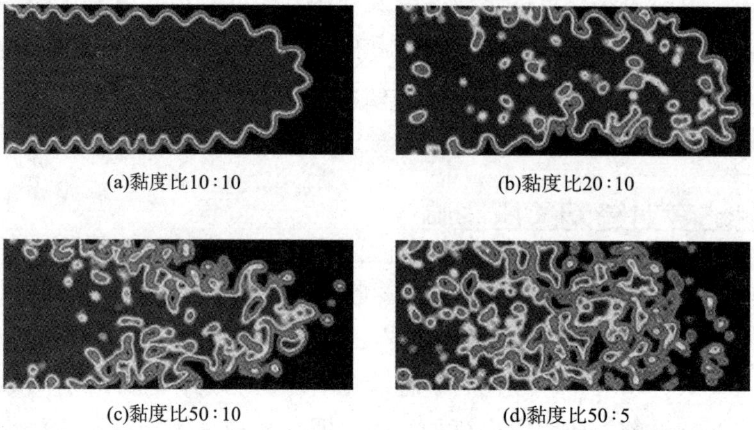


图6－3－3　不同黏度比下酸液非均匀分布形态

为了量化表征指进产生的酸液分布非均匀程度，采用非均匀系数来描述非均匀流动程度，具体为当指进前缘到达出口时，注入流体未波及面积占通道总面积的比例($\eta$)＝未波及面积/总面积×100%。

上述4种黏度比例酸液分布分均匀系数有明显差异，黏度比越大，非均匀系数越大，酸液在裂缝中的非均匀分布，有利于产生非均匀刻蚀，优化非均匀系数达到15%以上，同时考虑常用酸液的黏度范围，结合目前现场采用加注不同比例的胶凝剂调节胶凝酸黏度，且考虑过低浓度的胶凝酸摩阻较大，优化高低黏酸液的黏度比为5～10，如图6－3－4所示。

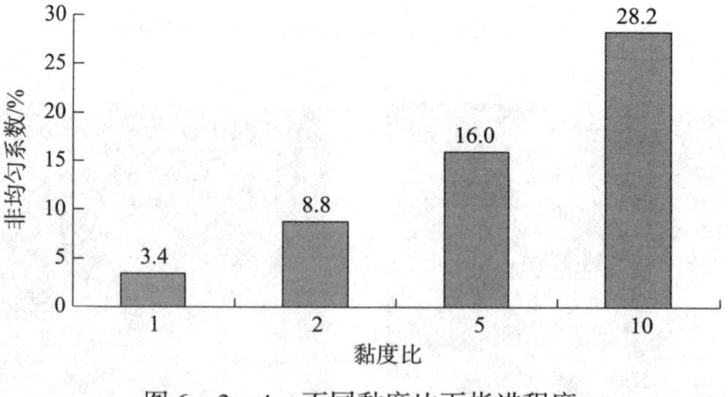


图6－3－4　不同黏度比下指进程度

## 三、注入排量

假设高低黏酸的黏度度比恒定为5，分别模拟注入排量为3$m^3$/min、5$m^3$/min、7$m^3$/min时的流动状态，结果见图6－3－5。由图可以看出，随着注酸速度增加，指进程度呈现递增的趋势，说明酸液指进程度是与注酸速度正相关的，即注酸速度越大，酸液指进越严重。在现场实施过程中，注入低黏酸液时，应在施工条件满足的情况下尽量提高施工排量至7$m^3$/min以上。

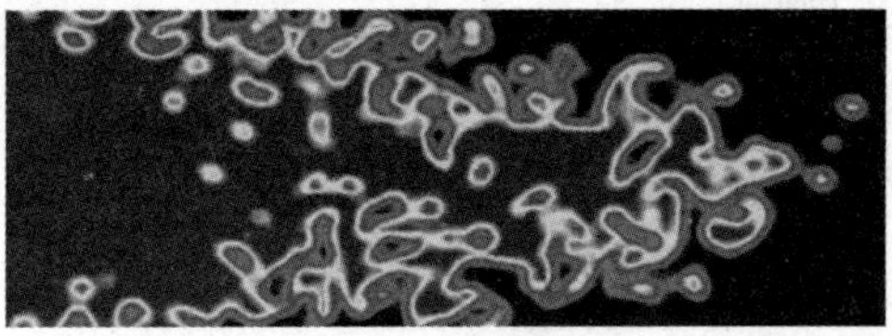

(a)注入速度3m³/min

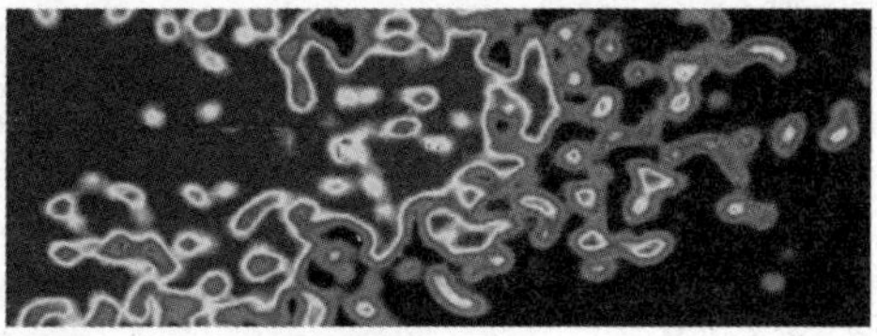

(b)注入速度5m³/min

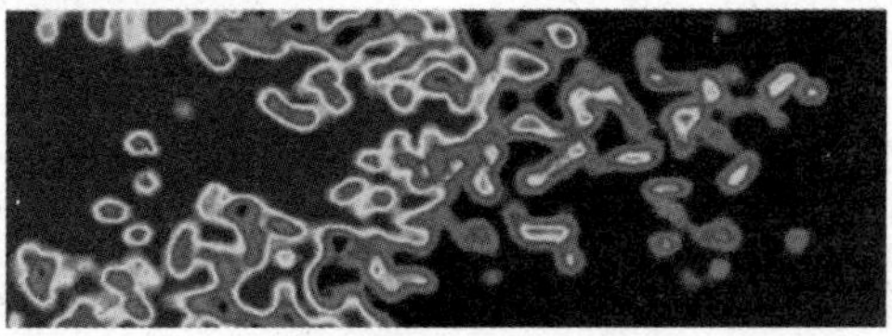

(c)注入速度7m³/min

图6－3－5　不同注入速度指进形态对比

## 四、注入级数

随着注入时间增加，指进前缘逐渐到达出口，再继续注入会逐渐失去非均匀刻蚀作用，因此需要优化A(低黏)、B(高黏)两种酸液注入的比例，最理想的情况是A液体的指进前缘刚刚到达出口，即开始交替B液体，使B液体重新充满裂缝后再交替A液体，从而一直保持A液体的非均匀分布，强化非均匀刻蚀程度(图6－3－6)。

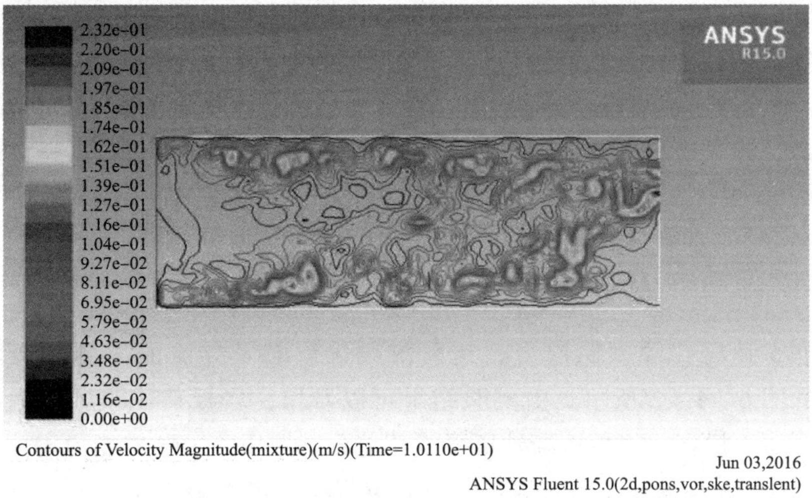


图6－3－6　指进过程中速度分布云图

由于黏性指进作用，前缘流动速度最快体，通过合理评估前缘速度，优化设计交替注入时间。

由图6－3－7可知，黏度差异越大，前缘流动过程中的指进相的流动速度越快，交替注入时间也应该越短。

以注酸速度5m³/min，裂缝半长120m为例，不同黏度差异条件下低黏相前缘到达裂缝尖端时间如图6－3－8所示，用于交替注酸方案设计。

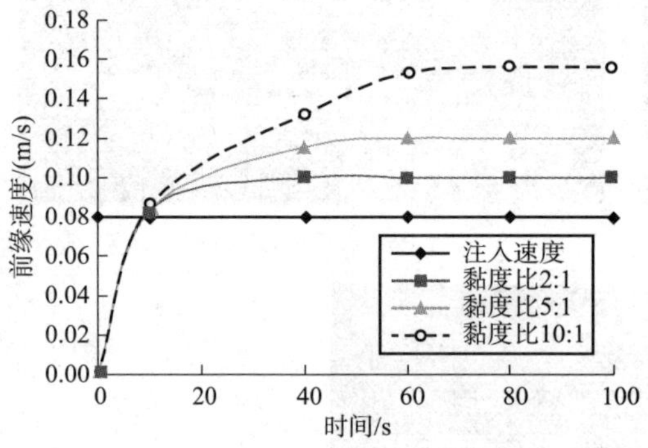


图 6－3－7　前缘速度和注入速度关系曲线

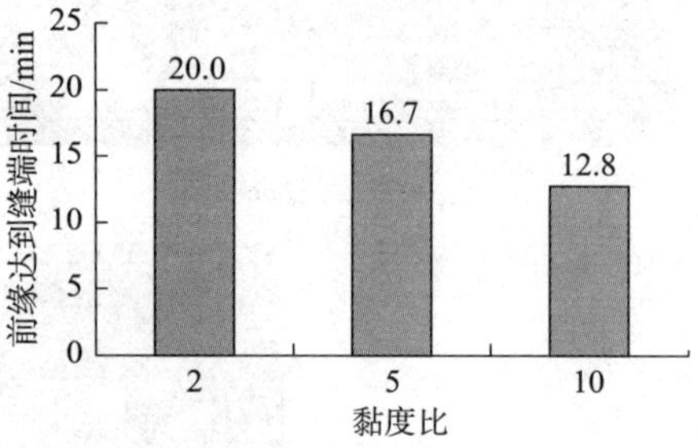


图 6－3－8　黏度比和交替时间关系

在酸压设计中，先确定酸液总规模，根据高黏、低黏酸液的黏度差异和泵注排量，即可确定每级注入量和注入级数。

## 第四节　孔隙型储层多级注入加砂酸压技术

针对孔隙型储层裂缝发育程度低，常规酸压后白云质矿物溶蚀情况较为均匀，裂缝非均匀刻蚀程度低，随着闭合应力增大导流能力快速下降，自支撑不能满足要求等难题，形成多级注入加砂酸压技术，将深穿透机理与加砂压裂造高导流裂缝原理相结合，通过压裂液和胶凝酸多级注入，降低酸岩反应速度，促进裂缝向前延伸；后期通过压裂液携带支撑剂进入地层，保证裂缝具有长期高导流能力。本节通过室内实验和软件模拟两种手段开展酸蚀裂缝参数、注入级数、注入酸量、注入排量、前置液和酸液比例等关键参数优化研究。

### 一、孔隙型储层加砂必要性

选取马五 5 亚段孔隙型储层岩板进行酸刻蚀形态及导流能力测试实验，结果如图 6－4－1 和图 6－4－2 所示。由实验结果可以看出，岩板整体非均匀刻蚀形态不明显，随着闭合压力提高，岩板逐渐被压平直至部分区域压碎，导流能力迅速降低，直至降为 0。因此，孔隙型储层单纯依靠酸刻蚀自支撑，导流能力不足，不能满足储层高效改造的需要。

采用二级交替注入加砂模式，注液(压裂液、酸液)排量为 40mL/min，注液时间为 90min，温度为 70℃；加砂导流测试中铺砂浓度为 5kg/$m^3$，40/70 目陶粒，实验结果见图 6－4－3。由图可以看出，采用二级交替注入，溶蚀量降低，酸刻蚀形态显示刻蚀后岩板具有一定的非均匀性。在闭合压力 50MPa 下，导流能力保持 20μ$m^2$·cm 以上，相比不加砂模式，导流能力有明显提高。

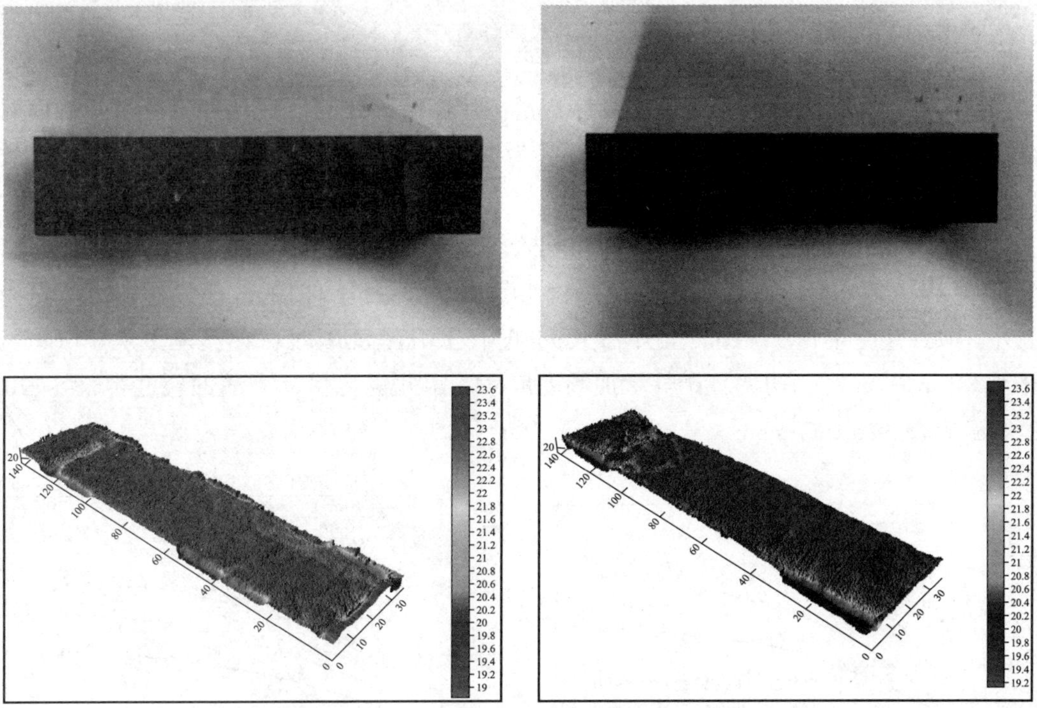

图 6 - 4 - 1　单独注酸岩板刻蚀表面形态表征

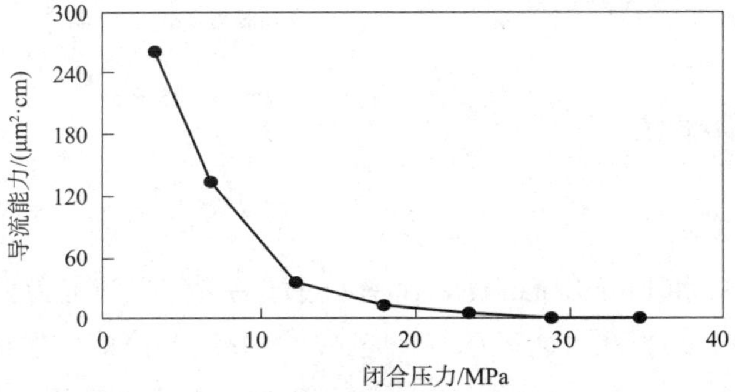


图 6 - 4 - 2　单独注酸后酸蚀裂缝导流能力随闭合压力变化关系

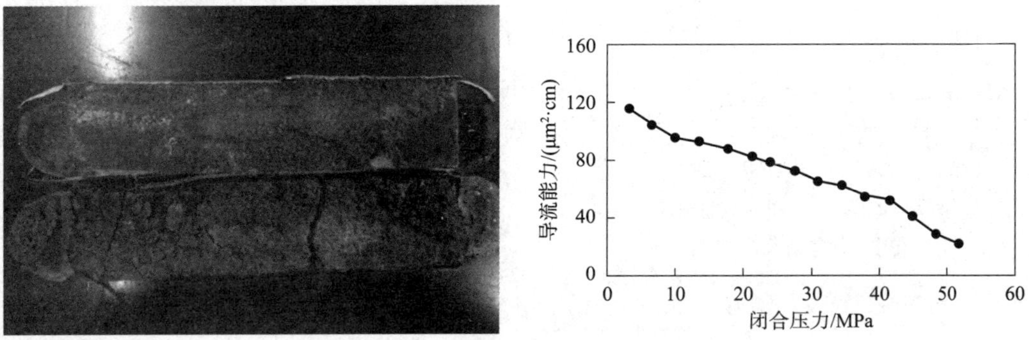


图 6 - 4 - 3　酸刻蚀加砂后裂缝形态及导流能力随闭合压力变化关系

## 二、酸蚀裂缝参数

选择缝长、导流能力作为主要的设计变量，计算酸压井的压后初期日产量，从而对人工裂缝参数进行优化。所模拟的储层渗透率为 $0.44\times10^{-3}\mu m^2$，孔隙度为 4.6%，有效厚度为 6.4m，生产压差为 5MPa。

对压后产能进行了模拟计算，可以得出产量指标与裂缝半长、裂缝导流能力的关系，如图 6－4－4、图 6－4－5 所示。酸蚀裂缝半长由 90m 上升到 120m 时，初期日产量有大幅上升；酸蚀裂缝半长从 120m 上升到 160m 时，上升幅度减缓；导流能力从 $20\mu m^2\cdot cm$ 上升到 $30\mu m^2\cdot cm$ 时，初期日产气增加幅度最大。因此优化目标为酸蚀裂缝半长 >120m，裂缝导流能力 $>20\mu m^2\cdot cm$。

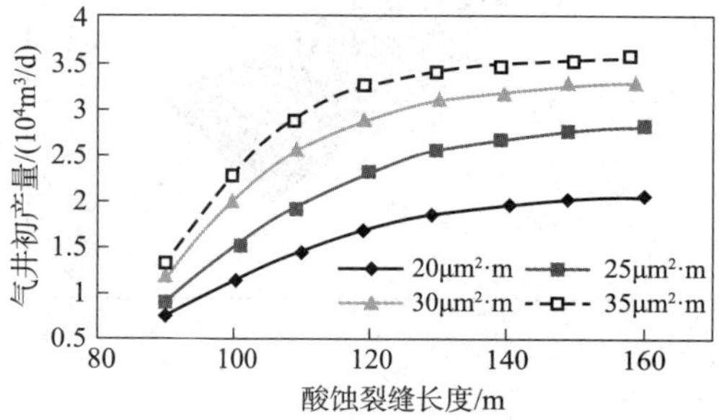

图 6－4－4　初产与裂缝半长关系

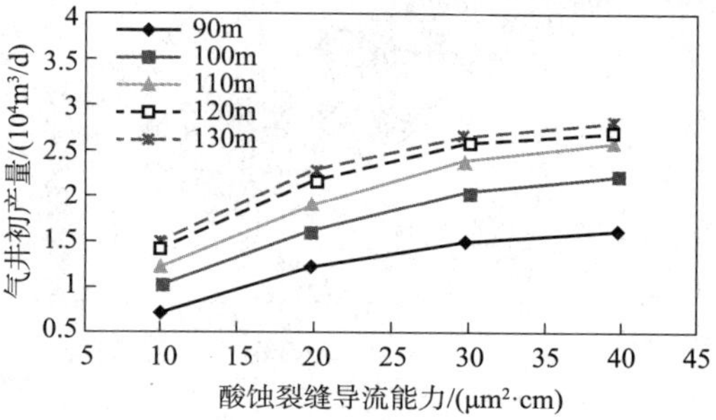

图 6－4－5　初产与导流能力关系

## 三、酸蚀裂缝排量

### 1. 室内实验模拟

分别对 50mL/min 和 140mL/min 注入速率下过酸后裂缝导流能力保持率进行测定，结果表明(图 6－4－6)：提高注入速率有利于提高酸蚀裂缝导流能力保持率。从图 6－4－7 和图 6－4－8 可以看出：低速注酸下岩板产生部分面溶蚀，高速注酸下形成条状溶蚀。

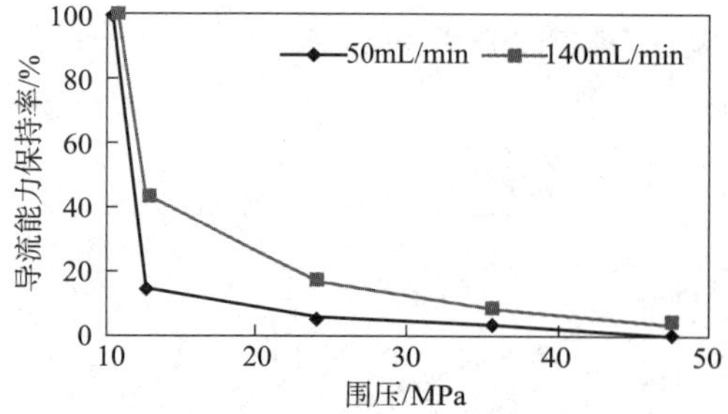

图 6－4－6　不同注入速率下酸蚀裂缝导流能力图

因此，酸压设计时，在其他条件满足的情况下尽可能选择高排量。要确定更为准确的用酸规模和排量，需要根据单井实际情况，首先，明确地质目标与井眼间距离及空间位置，确定出改造规模范围；然后，使用酸压软件对不同排量和规模下形成的酸蚀裂缝形态进行模拟，从而确定最优施工排量。

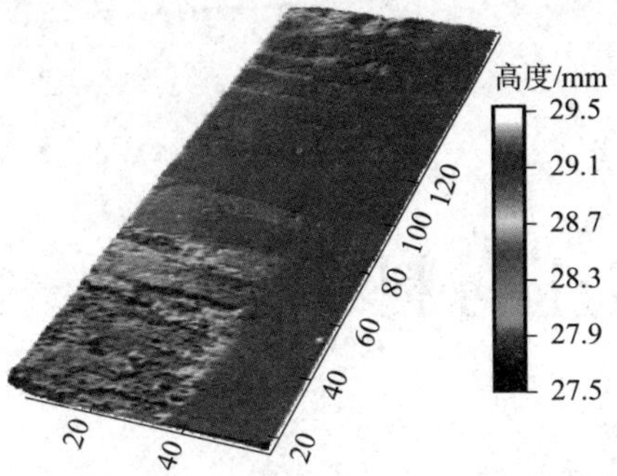


图6－4－7　岩板二级注入后下岩板扫描结果

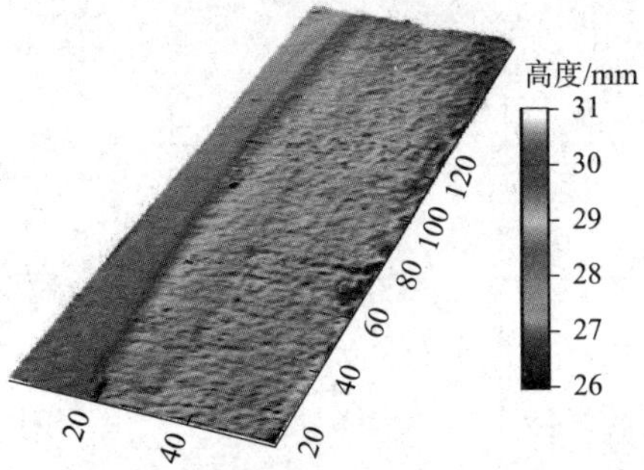


图6－4－8　岩板二级注入后下岩板扫描结果

## 2. 井口限压法计算

为保证高酸蚀裂缝导流能力和长酸蚀裂缝长度，在井口限压下尽量大排量施工。大牛地气田酸压施工限压通常为80MPa，结合沿程摩阻、管柱强度及不同施工排量下井口压力预测，为确保施工安全，施工排量不能超过8m³/min，见表6－4－1、表6－4－2、表6－4－3。

**表6－4－1　不同排量下压裂液摩阻**

| 施工排量/(m³/min) | 6 | 7 | 8 | 9 |
|---|---|---|---|---|
| 压裂液沿程摩阻/MPa | 27.5 | 35.3 | 43.9 | 53.4 |

**表6－4－2　3½in N80管柱强度要求**

| 外径/mm | 钢级 | 单重(加厚)/(kg/m) | 壁厚/mm | 内径/mm | 通径/mm | 管体拉强度/kN | 抗内压(加厚)/MPa | 抗挤强度/MPa |
|---|---|---|---|---|---|---|---|---|
| 89.0 | N80 | 11.46 | 6.45 | 76.0 | 72.82 | 922 | 70.1 | 72.6 |

注：1in＝25.4mm。

**表6－4－3　不同施工排量下井口施工压力预测结果**

| 延伸压力梯度/(MPa/m) | 不同排量下的井口压力(MPa)预测 | | | |
|---|---|---|---|---|
| | 6m³/min | 7m³/min | 8m³/min | 9m³/min |
| 0.018 | 54.2 | 62.0 | 70.6 | 80.1 |
| 0.019 | 57.2 | 65.0 | 73.6 | 83.1 |
| 0.020 | 60.3 | 68.1 | 76.7 | 86.2 |

# 第七章　酸压材料

酸压材料包括酸液、压裂液及支撑剂，是酸压技术的重要组成部分。选择经济高效的酸压材料，对于确保酸压改造效果具有重要意义。本章在第六章不同类型碳酸盐岩储层酸压工艺技术的基础上，重点讲述了常用稠化酸、交联酸、清洁转向酸、压裂液、支撑剂的优化及综合性能评价。

## 第一节　稠化酸

稠化酸是在普通酸液中加入线性高分子增稠剂，利用增稠剂的增黏能力，提高酸液黏度，降低酸岩反应速率，增加活性酸穿透距离，提高酸液在地层深部的溶蚀能力。稠化酸的有效作用距离比常规酸要远，是目前鄂尔多斯盆地奥陶系碳酸盐岩储层酸压的主体酸液体系。

### 一、稠化酸体系

稠化酸体系配方主要包括盐酸、稠化剂、盐酸缓蚀剂、铁离子稳定剂、助排剂以及起泡剂等(方娅，2000)。

#### 1. 盐酸

盐酸是最常用的酸，其优点是成本低，缺点是与碳酸盐岩反应速度快。通过综合考虑不同浓度盐酸对岩心的刻蚀形态、刻蚀后的导流能力及储层条件下酸岩反应速率，以此优化盐酸浓度。

1) 不同酸浓度酸刻蚀形态及导流能力

图 7－1－1 是不同酸浓度对岩心的刻蚀形态，由图看出，20%～25%盐酸浓度均能出现较好的刻蚀形态，均出现酸蚀蚓孔。

图 7－1－2 是不同酸浓度对岩心刻蚀后的导流能力测试结果，随着酸浓度的增大，刻蚀后岩心的导流能力增大，但 20%～25%盐酸浓度刻蚀后，岩心导流能力在高闭合应力下相近。

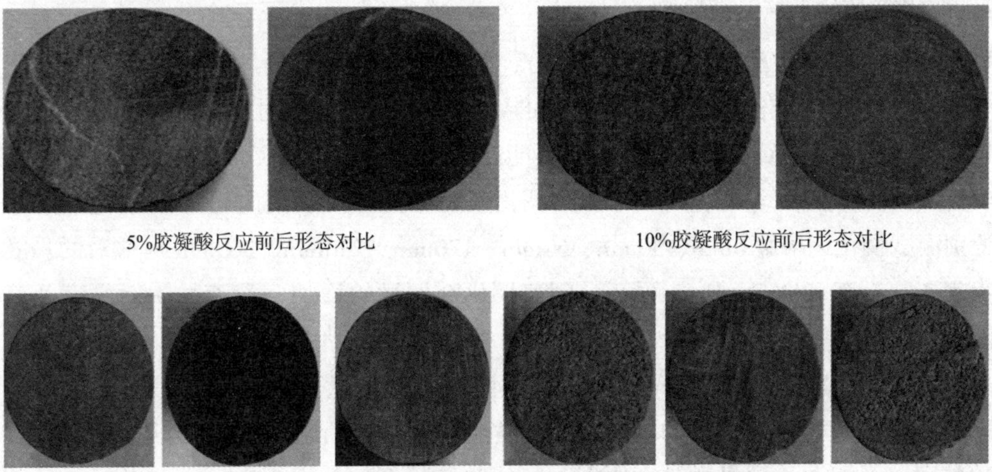

5%胶凝酸反应前后形态对比　　10%胶凝酸反应前后形态对比

15%胶凝酸反应前后形态对比　　20%胶凝酸反应前后形态对比　　25%胶凝酸反应前后形态对比

图 7-1-1　20%～25%盐酸浓度下的刻蚀形态

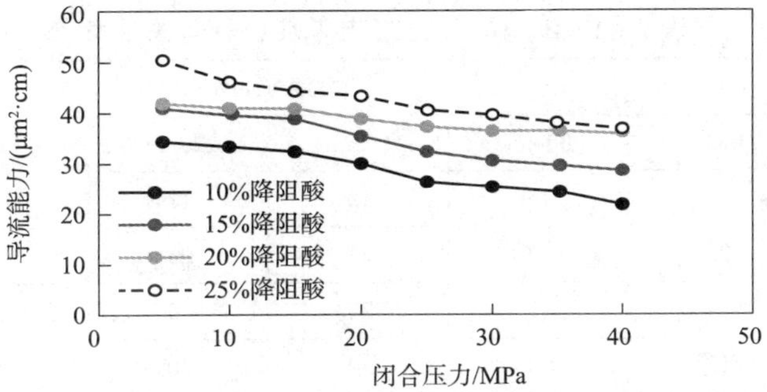


图 7-1-2　不同浓度酸对岩心刻蚀后的导流能力曲线

2）不同浓度酸岩反应速率

从酸岩反应速率看出，储层温度条件下，酸浓度对酸岩反应速率影响较小，特别是盐酸浓度在 20%～25% 时，酸岩反应速率相近，见表 7-1-1。

**表 7-1-1　不同浓度酸与岩心反应的速率[马五 10 亚段(鄂 5)]**

<table>
<tr><th>HCl 浓度/%</th><th>时间/s</th><th>失重量/g</th><th>温度/℃</th><th>转速/(r/min)</th><th>反应速率/[mol/(cm² · s)]</th></tr>
<tr><td>25</td><td>1200</td><td>8.032</td><td rowspan="4">90</td><td rowspan="4">500</td><td>2.932 × 10⁻⁵</td></tr>
<tr><td>20</td><td>1200</td><td>7.89</td><td>2.809 × 10⁻⁵</td></tr>
<tr><td>15</td><td>1200</td><td>7.189</td><td>2.592 × 10⁻⁵</td></tr>
<tr><td>10</td><td>1200</td><td>5.232</td><td>1.886 × 10⁻⁵</td></tr>
</table>

根据不同盐酸浓度与岩心反应后刻蚀形态、导流能力及反应速率实验结果，考虑经济性，最终确定稠化酸中盐酸浓度为 20%。

### 2. 稠化剂

稠化剂是稠化酸配方中最为关键的成分，常用为高分子聚合物，作用在于增加酸液黏度，降低施工摩阻。稠化剂的酸溶性、增稠能力以及溶胀时间都对酸液整体性能有非常重要的影响。不同的酸液配置方法对酸液性能可能产生极大地影响。实验测试了稠化剂浓度分别为0.7%、0.8%、0.9%、1.0%、1.1%的稠化酸配方的黏度，同时考虑到稠化剂酸溶解时间，分别测试稠化剂溶解0min、30min、60min、120min、240min、360min后酸液的黏度。

由表7-1-2和图7-1-3可知，随着稠化剂加量的增加，酸液的初始黏度及最终黏度也随之增加，当稠化剂加量低于0.7%时，得到的酸液黏度较低，而当稠化剂加量达到1.1%时酸液的最终黏度达到48mPa·s；从不同稠化剂加量下酸液达到最大黏度所需的时间可以看出，随着稠化剂加量的增加，酸液达到最大黏度所需的时间逐渐增加。综合考虑酸液的黏度以及酸液达到最大黏度所需时间认为胶凝剂加量为0.7%~0.9%时，酸液的黏度能够满足施工需求，且酸液在120min内即可达到最大黏度，因此，确定胶凝剂的加量为0.7%~0.9%。

表7-1-2 稠化剂黏度与浓度(时间)关系表

| 浓度/% | 黏度/(mPa·s) | | | | | |
|---|---|---|---|---|---|---|
| | 0min | 30min | 60min | 120min | 240min | 360min |
| 0.4 | 9 | 15 | 18 | 18 | 18 | 18 |
| 0.5 | 10.5 | 17 | 21 | 23 | 23 | 23 |
| 0.6 | 14 | 19 | 24 | 25 | 25 | 25 |
| 0.7 | 18 | 24 | 30 | 30 | 30 | 30 |
| 0.8 | 22.5 | 30 | 34.5 | 36 | 36 | 36 |
| 0.9 | 24 | 33 | 37.5 | 41 | 42 | 42 |
| 1.0 | 30 | 37.5 | 40.5 | 43 | 45 | 45 |
| 1.1 | 34.5 | 39 | 43.5 | 45 | 47 | 48 |

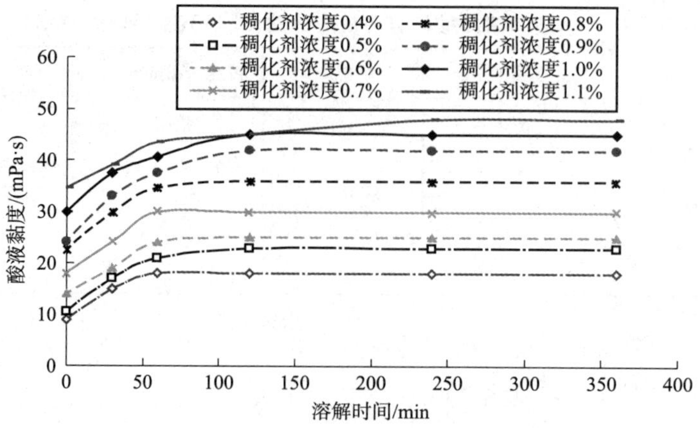


图7-1-3 酸液黏度随溶解时间变化曲线

### 3. 缓蚀剂

在酸压施工中，酸的注入会造成油套管等的腐蚀，严重时可导致管材的破裂，从而导致严重的经济损失，而且酸溶蚀下的金属铁离子会对地层形成伤害，所以酸腐蚀的控制在酸压过程中起着十分关键的作用。缓蚀剂是指用在金属表面起防护作用的物质，加入微量或少量这类化学物质可使金属材料在该介质中的腐蚀速度明显降低直至为零，同时还能保持金属材料原来的物理机械性能不变。酸压缓蚀剂是保证酸压工艺安全顺利实施的重要添加剂，尤其是深井和高温井，如果酸液的缓蚀性能不好，可能对施工车辆、管线、井下设备造成严重的腐蚀，使施工设备损坏。而且，大量的铁离子随酸液进入地层，在残酸返排过程中，随着pH 值增加，可能会出现氢氧化铁沉淀，对储层造成二次伤害，影响酸压效果。为此，酸液中需加入缓蚀剂，以延缓酸液对金属材料的腐蚀，延长管道和设备的使用寿命。

1)缓蚀剂配伍性能

使用了部分添加剂厂商提供的 3 种酸压缓蚀剂，分别取 2mL 加入 100mL 酸溶液中，振荡后静置，每隔 30min 观察溶液变化。结果发现，8h 后未发现分层、乳化、沉淀等现象。说明选用的 3 种缓蚀剂均能均匀分散在酸液中，与酸液配伍性良好。采用上述方法将 3 种酸压缓蚀剂分别加入地层水中发现，8h 后各缓蚀剂与地层水配伍性良好，无分层、乳化和沉淀现象发生。

2)缓蚀剂防腐蚀性能

采用失重法测试缓蚀剂的性能，具体实验方法按照石油天然气行业标准的酸化用缓蚀剂性能试验方法及评价指标 SY/T 5405—1996 进行实验。腐蚀试样为 50mm × 10mm × 3mm 的 N80 不锈钢片，经过 400#、600#砂纸的粗磨和细磨后，用丙酮除油，然后在无水乙醇中浸泡 1min 后，取出用冷风吹干放入干燥器中 20min 后称重(精确至 0. 0001g)，然后用游标卡尺测量其尺寸，将棉线系在试片的小孔上，再存入干燥器中备用。

根据每平方厘米的试片表面积酸液用量为 $20cm^3$，把所需的酸液(浓度为 20%)倒入反应釜中，将制备好的试片单片吊挂，两片一组分别放入未加和已加缓蚀剂的平行酸液中，保证试片表面全部与酸液相接触。然后将酸液升温至所需测定的温度，反应到预定的时间后取出试片，观察腐蚀状况并作详细记录。然后立即将试片用水冲洗，用丙酮除油和在无水乙醇中浸泡后，取出用冷风吹干放入干燥器中 20min 后称重(精确至 0. 0001g)。

测试了缓蚀剂在 90℃、120℃针对 N80、P110 不锈钢片的缓蚀性能，测试时间为 4h，120℃动态腐蚀速率压力为 16MPa，转速为 100r/min。计算公式如下：

$$V = \frac{m_0 - m_1}{St} \tag{7-1-1}$$

式中：$V$ 为腐蚀速率，$g/(m^2 \cdot h)$；$m_0$为腐蚀前钢片的质量，g；$m_1$为腐蚀后钢片的质量，g；$S$ 为钢片的表面积，$m^2$；$t$ 为腐蚀反应时间，h。平均腐蚀速率计算公式如下：

$$\overline{V} = \frac{V_1 + V_2}{2} \tag{7-1-2}$$

式中：$\overline{V}$ 为每组平行试样平均腐蚀速率，$g/(m^2 \cdot h)$；$V_1$、$V_2$分别为同组的两块试片的腐蚀速率，$g/(m^2 \cdot h)$。

根据表7－1－3，90℃时，N80、P110钢片在20%的盐酸中的腐蚀速率均满足行业标准要求，因此，储层温度在90℃时，缓蚀剂加量为1%。

**表7－1－3　不同钢片在含有缓蚀剂盐酸中的腐蚀速度(90℃)**

| 钢片类型 | 用量/% | 测试温度/℃ | 测试时间/h | 腐蚀速率/[g/(m²·h)] |
|---|---|---|---|---|
| N80 | 1 | 90 | 4 | 3.2 |
| P110 | 1.5 | | | 2.8 |
| | 1 | | | 2.8 |
| | 1.5 | | | 2.4 |

根据表7－1－4，120℃时，N80、P110钢片在20%的盐酸中的腐蚀速率均满足行业标准要求，因此，储层温度在100～120℃时，缓蚀剂加量为2%。

**表7－1－4　不同钢片在含有缓蚀剂盐酸中的腐蚀速度(120℃)**

| 钢片类型 | 用量/% | 测试温度/℃ | 测试时间/h | 腐蚀速率/[g/(m²·h)] |
|---|---|---|---|---|
| N80 | 2 | 120 | 4 | 26.8 |
| P110 | 2 | | | 27.9 |
| | 2 | | | 28.5 |
| | 2 | | | 29.2 |

## 4. 铁离子稳定剂

酸压时残酸的铁离子来源于对设备及油套管的腐蚀和溶解在储层中的含铁矿物。在酸压施工过程中，当pH值大于2.2，无铁离子稳定剂时，$Fe^{3+}$开始生成$Fe(OH)_3$沉淀，pH值为4.3时沉淀完全。生成的$Fe(OH)_3$沉淀会堵塞孔隙，造成储层渗透率的下降，严重时会使酸压失败，所以酸液中需要加入铁离子稳定剂，常用的铁离子稳定剂为多价络合剂。

按照石油天然气行业标准SY/T 6571—2003《酸化用铁离子稳定剂性能评价方法》对现场酸压施工用铁离子稳定剂和CX－301铁离子稳定剂稳定铁离子能力进行了评价。结果表明，两种铁离子稳定剂稳定铁离子的能力分别为147.33mg/g以及144.29mg/g，两种铁离子稳定剂稳定铁离子的能力均较好，评价结果铁离子稳定剂加量为0.15%，见表7－1－5、表7－1－6。

**表7－1－5　现场铁离子稳定剂稳定铁离子能力**

| 现场实验样 | 试样编号 | | |
|---|---|---|---|
| 标准铁离子溶液量/mL | 1#样 | 2#样 | 3#样 |
| | 18.6 | 18.8 | 19.1 |
| 铁离子稳定能力/(mg/g) | 147.25 | 147 | 147.75 |
| 平均值/(mg/g) | 147.33 | | |

表 7-1-6 CX-301 铁离子稳定剂稳定铁离子能力

| 高温强效铁离子稳定剂 CX-301 | 试样编号 | | |
|---|---|---|---|
| 标准铁离子溶液量/mL | 1#样 | 2#样 | 3#样 |
| | 18.1 | 17.8 | 18.0 |
| 铁离子稳定能力/(mg/g) | 145.25 | 144.50 | 145.00 |
| 平均值/(mg/g) | 144.92 | | |

## 5. 助排剂

酸压后，残酸的高表面张力会减少储层向井筒内流动，增加油气层的排酸时间和难度。降低残酸的表面张力有助于预防水堵和乳化液堵塞，加速残酸的返排。因此，酸液中加入一定量的表面活性剂，有助于酸压后残酸返排以及酸压后油气井的生产。在酸液配方中加入助排剂，可明显降低残液的表面张力和界面张力，从而降低毛细管压力，改善残液的返排能力，有效的提高工作液返排速率。

依据石油天然气行业标准 SY/T 5755—1995《压裂酸化用助排剂性能评价方法》对 BA1-5、ZBS、DL-12 3 种助排剂进行了性能评价。结果见表 7-1-7，助排剂 BA1-5 具有良好的降低表面张力的能力，在较低的加量下就能够达到较好的降低表面张力的效果，有良好的助排能力，推荐浓度为 1%；助排剂 DL-12 在加量较少的情况下，其降低表面张力的效果不佳，但随着加量的增加，表面张力迅速下降并达到较好的效果；助排剂 ZBS 其降低表面张力的能力最差。

表 7-1-7 助排剂的表面张力对比实验

| 助排剂代号 | 加入量/% | 表面张力/(mN/m) |
|---|---|---|
| BA1-5 | 0.5 | 26.0 |
| | 1.0 | 25.9 |
| | 1.5 | 25.7 |
| ZBS | 0.5 | 32.5 |
| | 1.0 | 32.2 |
| | 1.5 | 32.1 |
| DL-12 | 0.5 | 32.3 |
| | 0.6 | 32 |
| | 0.8 | 31.8 |

## 6. 起泡剂

起泡剂目的是产生泡沫，帮助压裂施工后液体返排。采用搅拌法测定起泡剂的起泡能力。搅拌法采用高速搅拌器测定发泡剂性能，将定量发泡剂溶液倒入量杯中，以规定的速度搅拌一定的时间，记录停止搅拌时泡沫起泡高度。实验结果见表 7-1-8、图 7-1-4 和图 7-1-5，随着起泡剂浓度的增加，酸液的起泡高度也随之增加，同时泡沫的稳定性也相应提高，但从图中可以看出，随着起泡剂加量的增加，起泡率以及半衰时间的增加幅度减小，综合考虑气泡效率以及经济因素，推荐起泡剂浓度为0.5%。

表7-1-8 不同起泡剂浓度的起泡能力

| 试验样品 | 加量/% | 起泡百分比/% | 半衰时间/min |
|---|---|---|---|
| 现场取样 | 0.30 | 33 | 10 |
| | 0.40 | 48 | 27 |
| | 0.45 | 53 | 39 |
| | 0.50 | 61 | 47 |
| | 0.55 | 64 | 50 |
| | 0.60 | 67 | 51 |

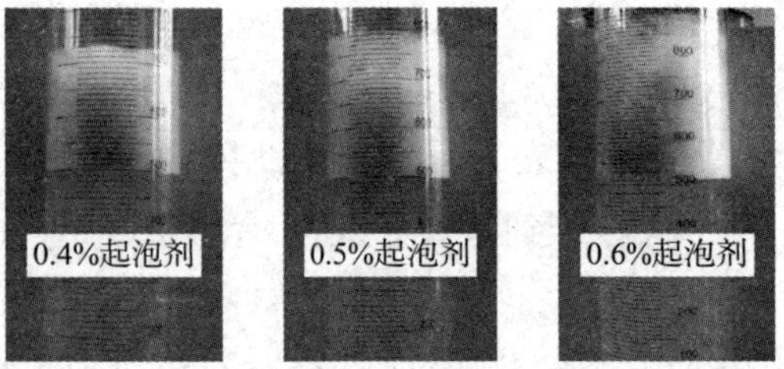


图7-1-4 不同起泡剂浓度的起泡高度

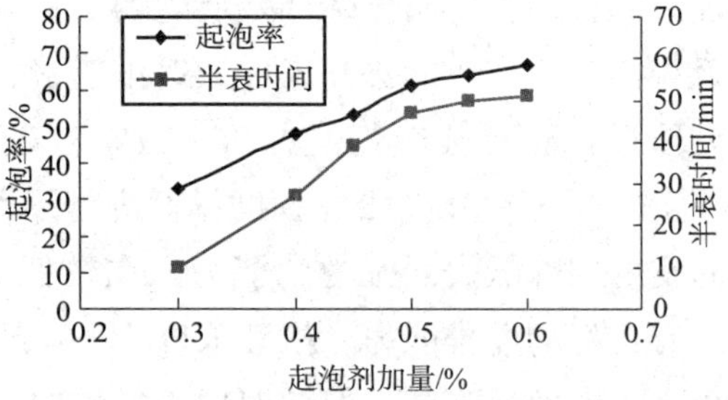


图7-1-5 起泡剂加量与起泡率及半衰时间关系曲线

### 7. 稠化酸酸液体系配方

通过稠化酸体系单剂优化综合评价，最终确定大牛地下古风化壳碳酸盐岩储层酸压用稠化酸体系配方为：20% HCl+2.0%缓蚀剂+0.15%铁稳剂+1%助排剂+0.5%起泡剂+(0.7%~0.9%)增稠剂。

## 二、稠化酸体系综合性能

酸液体系综合性能是评价能否满足储层及工艺需求的关键，能为酸压设计参数优化提供依据。针对大牛地碳酸盐岩储层酸压用稠化酸液配方，评价了其流变性、缓速性、腐蚀性、酸岩反应动力学等性能。

### 1. 稠化酸流变性能

室内用Hakker RS6000流变仪测试了稠化酸体系在90℃，170$s^{-1}$剪切的流变性能，测试结果表明(图7-1-6)，酸液具有很好的耐温耐剪切性能，在120min内酸液黏度保持在20mPa·s以上，说明稠化酸体系具有较好的降滤失，造长缝能力。

### 2. 稠化酸缓速性能

将配制好的稠化酸酸液与空白盐酸，在常压、90℃、静态条件下与过量的大理石反应，间隔一定的时间取样，用标准的NaOH溶液滴定液体中盐酸的浓度，论证稠化酸的缓速效果。从图 7 - 1 - 7 缓速性能曲线可以看出，空白酸在 8 ~ 10min 内有效浓度降低了一半，而高浓度稠化酸有效浓度下降一半所需时间为 60min 左右，说明该套稠化酸体系具有很好的缓速性能，利于增大酸液有效作用距离，提高酸压改造的效果。

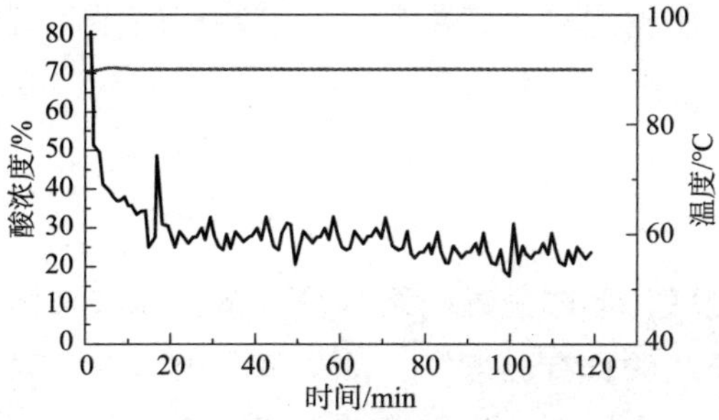


图 7 - 1 - 6　稠化酸流变性能测试

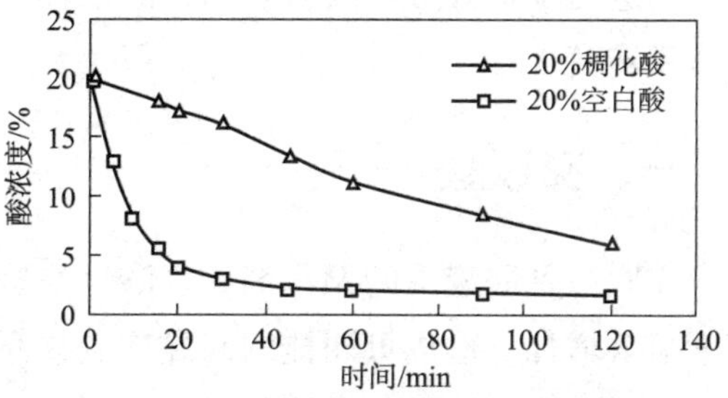


图 7 - 1 - 7　稠化酸缓速性能评价

### 3. 稠化酸腐蚀性能

前面已经通过缓蚀剂优选实验研究了缓蚀剂的缓蚀性能，并对缓蚀剂的用量进行了优化，但为了进一步了解酸液配方的缓蚀性能，进行了稠化酸动态腐蚀速率测试实验。实验结果见表 7 - 1 - 9，稠化酸在储层温度条件下，对钢片的腐蚀速率很低，平均腐蚀速率仅 22. 31g/($m^2$ · h)，而空白酸对钢片的腐蚀速率达到 20684. 99g/($m^2$ · h)，表明稠化酸具有很好的缓速性能，能够满足长时间酸压改造的要求。

**表 7 - 1 - 9　稠化酸缓蚀性能实验**

| 体　系 | 测试温度/℃ | 测试时间/h | 腐蚀速率/[g/($m^2$ · h)] |
|---|---|---|---|
| 空白酸 | 100 | 1/3 | 20684. 99 |
| 稠化酸 | 100 | 4 | 22. 31 |

### 4. 稠化酸酸岩反应动力学

通过对酸岩反应动力学数据的回归处理，得到稠化酸与 D53 井岩心的酸岩反应动力学方程为：

$$J = 6.2058 \times 10^{-6} C^{0.6702}$$

结果表明，稠化酸在储层温度条件下，酸岩反应速度较慢，能够满足深度酸压改造的要求。

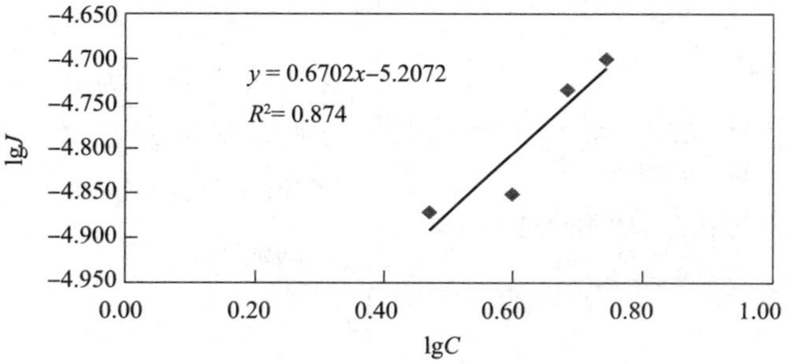


图 7 - 1 - 8　酸岩反应动力学回归曲线

# 第二节 新型酸液体系

为进一步提升酸压改造效果，酸液体系从常用稠化酸向交联酸、清洁转向酸等新型酸液体系转变。

## 一、交联酸

交联酸是酸液中的稠化剂，经酸性交联剂交联，形成三维网络状分子链，使酸液体系黏度显著增加，形成可调挂的高黏冻胶体系。交联酸具有黏度高、滤失低、摩阻低、易泵送，酸岩反应速度慢、造缝效率高、返排容易、流变性好、能携砂等一系列优点，从而实现酸液体系深穿透、提高酸蚀裂缝导流能力、延长压后有效期、提高单井产能。

### 1. 交联酸用稠化剂

酸液稠化剂是交联酸重要组成部分，通过物料配比、加料方式、温度控制三方面的研究(黄黎明，1991)，合成了 SRAP－1 稠化剂，对该稠化剂溶解时间、增黏性能、溶胀时间进行了实验评价。

1)溶解时间

配制过程中，先将量取好的盐酸与水互溶，开启搅拌器，在一定的转速下搅拌，缓慢加入稠化剂，降低转速搅拌，至溶液澄清透明。通过大量实验表明，1.0% 耐高温酸用稠化剂的溶解时间均小于 40min，且溶解后溶液均匀，无沉淀、分层、鱼眼等现象出现。

2)增黏性能

(1)稠化剂浓度对增黏性能的影响：

利用毛细管黏度计测定了实验温度为 30℃，盐酸浓度为 25% 时稠化剂在不同浓度下稠化酸液黏度，见图 7－2－1。

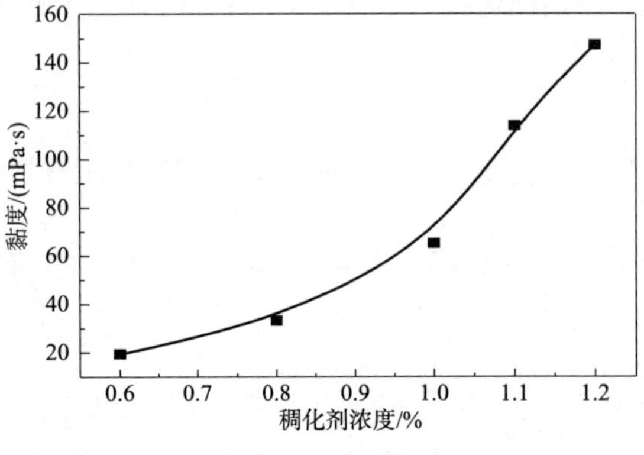


图 7－2－1 稠化剂浓度对增黏性能的影响

对相同浓度的盐酸溶液配制成的稠化酸，稠化剂浓度越大，其酸液黏度也越大。稠化剂黏度增大主要是由于网络结构形成的。

(2)酸浓度对稠化剂增黏性能的影响：

实验测定了不同酸浓度下稠化酸(稠化剂浓度分别为 0.8% 和 1.0%)的黏度，实验结果见表 7－2－1，酸浓度对配制的稠化酸的黏度影响不大，即稠化剂具有较好的耐酸性。

表 7-2-1　盐酸浓度对稠化剂增黏性能的影响

| 稠化剂浓度/% | 盐酸浓度/% | 温度/℃ | 黏度/(mPa·s) |
|---|---|---|---|
| 0.8 | 10 | 30 | 35.68 |
| 0.8 | 15 | 30 | 34.02 |
| 0.8 | 20 | 30 | 33.53 |
| 1.0 | 10 | 30 | 64.59 |
| 1.0 | 15 | 30 | 64.12 |
| 1.0 | 20 | 30 | 63.76 |

3）稠化酸的溶胀时间

配制 25% HCl、1.0% 稠化剂的稠化酸，匀速搅拌 30min 后，每隔一段时间测定其酸液黏度，持续测量 9h。实验结果见图 7-2-2，随着时间的增长，稠化酸的黏度逐渐增大，当到达 7h 之后黏度逐渐趋于稳定，故该稠化剂的溶胀时间为 7h。因此，实验或施工过程中应提前配制稠化酸，并放置一定时间后使用。

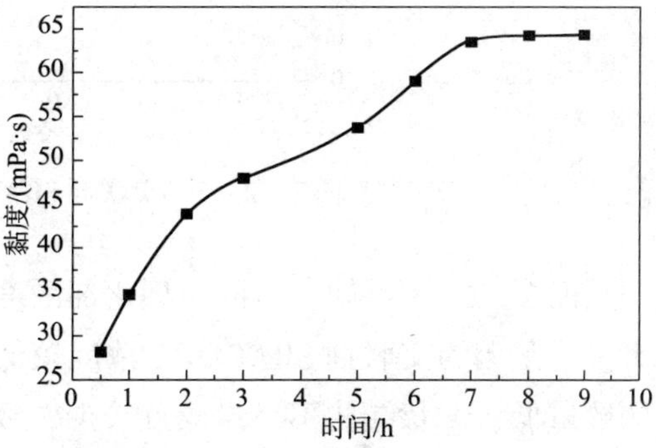

图 7-2-2　稠化酸黏度-时间关系曲线

综上所述，将合成的高温酸用稠化剂作为稠化剂配成的稠化酸，酸溶性较好，溶解后溶液均匀，无沉淀、分层、鱼眼等现象；其黏度受酸液浓度的影响比较小，能满足储层酸化压裂改造的需要。

## 2. 交联剂

根据交联酸用交联剂的性能需求，通过分子设计和合成筛选，研发了 AB 型交联剂。通过调节交联剂 A 与 B 的比例可以调节延迟交联时间和交联强度，形成性能稳定的交联酸体系（王海涛，2009）。交联剂 SRACL-1 的基本性能见表 7-2-3。

表 7-2-3　交联剂 SRACL-1 的基本性能

| 项　目 | 指　标 |
|---|---|
| 外观 | 澄清透明均一液体 |
| 密度/($g/cm^3$) | 1.15～1.35 |
| pH 值 | <1 |
| 固含量/% | 50.01 |
| 水溶性 | 与水互溶 |
| 交联性能 | 形成均匀可挑挂冻胶 |

1）交联剂 SRACL-1 浓度对交联性能的影响

交联剂 SRACL-1 的浓度对交联酸的交联性能起着至关重要的作用，浓度太小时，得到的交联酸液黏度较小，无法满足现场使用的要求；浓度过大时，不仅增大酸化压裂施工的成本，而且对地面泵入造成一定的困难。实验以 1.0% 合成聚合物稠化酸为例，测定了其在不同交联剂浓度下交联酸的交联时间及交联后冻胶的强度，如图 7－2－3 所示。

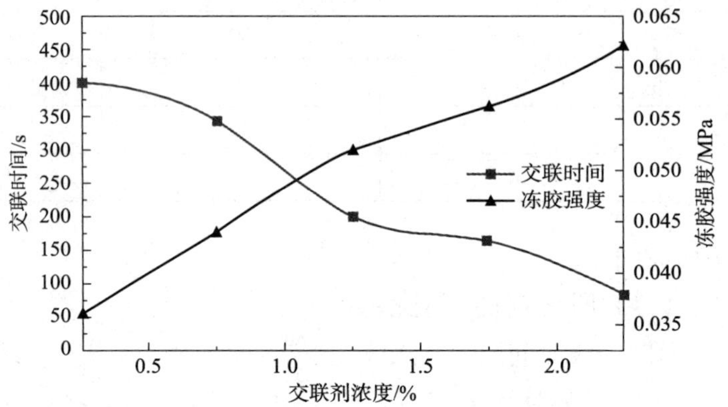


图 7－2－3　交联剂 SRACL－1 浓度对交联性能的影响

从图 7－2－3 可知，对同一稠化剂浓度，交联剂浓度越大，交联时间越短，冻胶强度越大。这是因为交联剂 SRACL－1 浓度较低时，$Zr4^+$ 含量较小，用于交联的多核羟桥络离子的数量低，网状结构不易形成且较少，致使交联酸的交联时间较长，并且所形成的冻胶强度不高。多核离子随着交联剂 SRACL－1 浓度的增大而增加，从而减小了交联时间，并增强了交联酸冻胶的强度。

2）稠化剂浓度对交联性能的影响

实验在温度 30℃、交联剂浓度 0.8% 的条件下，测试了稠化剂的浓度对交联时间和冻胶强度的影响，如图 7－2－4 所示。

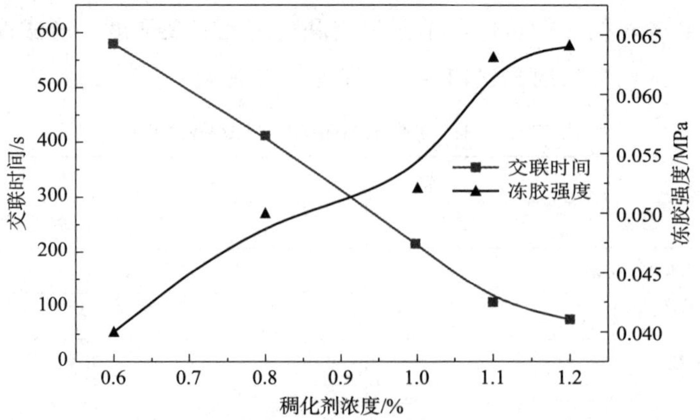


图 7－2－4　稠化剂浓度对交联性能的影响

由图 7－2－4 可以看出，当交联剂 SRACL－1 浓度一定时，交联酸的交联时间随稠化剂浓度的增大而缩短。出现这一规律的原因是，稠化酸中稠化剂分子以独立的线型分子分散在酸液中，当稠化剂的浓度增加时，酸液中分子增多，它们之间距离变小，容易发生分子间碰撞，从而稠化剂分子中的功能基团与 $Zr^{4+}$ 形成立体网络状结构，进而得到具有高黏度及高强度的交联酸冻胶。

3）交联温度对交联性能的影响

交联酸液属于地面交联酸，温度会对其交联时间产生一定的影响，对稠化比为 1.0% 的稠化酸测定了不同温度下交联酸的交联时间。图 7－2－5 为交联时间随温度的变化曲线。

分析可知交联时间随着温度的升高迅速地缩短，当温度高于 60℃ 以后，交联时间变化较小。这是由于温度的升高能加快溶液中分子的热运动，增加了酰胺基团与多核羟桥络离子碰撞的机会，交联时间迅速降低；但是当温度达到一定程度时，热运动已不是制约交联的主要因素，交联时间趋于平稳。

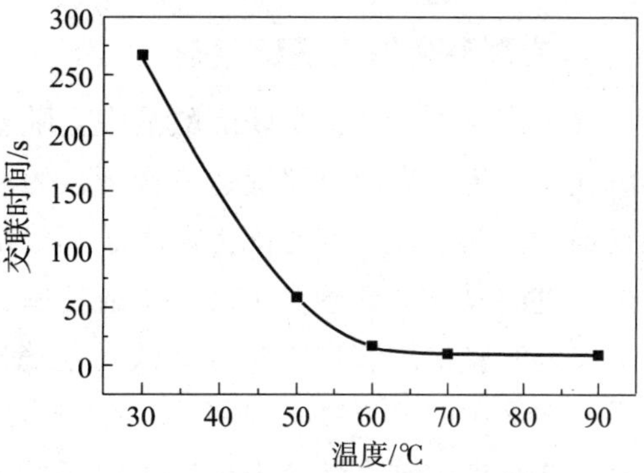

图 7－2－5　交联时间随温度的变化曲线

### 3. 交联酸用缓蚀剂

储层温度高且酸液与管道作用时间长，致使高温地层酸化压裂施工中腐蚀问题较为严重，所以缓蚀剂是交联酸中起关键作用的一种酸液添加剂。依据 SY/T 5404—1996《酸化用缓蚀剂性能试验方法及评价指标》，采用常压静态挂片失量法，测定了加入不同缓蚀剂种类及加量的酸液体系的腐蚀速率及缓蚀率。利用以上实验方法测得各种腐蚀介质的腐蚀速率及缓蚀率数据。由表 7－2－4 中不同缓蚀剂种类及加量的缓蚀数据得到，缓蚀剂为 SRACI－1，加量为 3.0% 时，交联酸对 N80 钢片的腐蚀速率最低，仅为 2.70g/($m^2$·h)，缓蚀率高达 99.96%，较其他缓蚀剂而言，缓蚀剂 SRACI－1 的缓蚀效果最好。因此，酸液缓蚀剂选用缓蚀剂 SRACI－1，加量根据温度选择为 1.0% ~3.0%。

表 7－2－4　不同缓蚀剂种类及加量的缓蚀效果

| 腐蚀介质 | 钢片表面积/$cm^2$ | 试片腐蚀前质量/g | 试片腐蚀后质量/g | 失重量/g | 腐蚀速率/[g/($m^2$·h)] | 平均腐蚀速率/[g/($m^2$·h)] | 缓蚀率/% |
|---|---|---|---|---|---|---|---|
| 25% HCl 无缓蚀剂 | 1360.60 | 10.354 | 4.4082 | 5.9458 | 8739.95 | 8583.49 | —— |
| | 1383.60 | 10.8918 | 5.0620 | 5.8298 | 8427.03 | | |
| 交联酸 SRACI－1，2.0% | 1389.61 | 10.8789 | 10.8405 | 0.0384 | 6.91 | 6.49 | 99.92 |
| | 1394.16 | 10.903 | 10.8692 | 0.0338 | 6.06 | | |
| 交联酸 SRACI－1，3.0% | 1356.69 | 11.0091 | 10.9929 | 0.0162 | 2.99 | 2.70 | 99.96 |
| | 1359.34 | 10.9111 | 10.898 | 0.0131 | 2.40 | | |

续表

| 腐蚀介质 | 钢片表面积/$cm^2$ | 试片腐蚀前质量/g | 试片腐蚀后质量/g | 失重量/g | 腐蚀速率/[g/($m^2$·h)] | 平均腐蚀速率/[g/($m^2$·h)] | 缓蚀率/% |
|---|---|---|---|---|---|---|---|
| 交联酸 HS－1，2.0% | 1343.71 | 10.873 | 10.7722 | 0.1008 | | | 18.75 |
| | | 19.29 | 99.77 | | | | |
| | 1337.37 | 10.763 | 10.6569 | 0.1061 | | | 19.83 |
| 交联酸 HS－1，3.0% | 1346.73 | 10.7821 | 10.7395 | 0.0426 | | | 7.91 |
| | | 8.00 | 99.90 | | | | |
| | 1348.97 | 10.9353 | 10.8916 | 0.0437 | | | 8.09 |

### 4. 交联酸用铁离子稳定剂

酸压作业施工中，交联酸酸液中会随着反应的进行溶入铁离子，铁离子的存在容易引起沉淀的产生，进而对储层造成伤害，为避免这种伤害的发生，需要向酸液中加入铁离子稳定剂。铁离子稳定剂的优劣取决于其稳定铁离子的能力，因此需要对其性能进行评价及优选，进而满足提高酸化压裂施工成功率、延长作业有效期和提高经济效益的要求。

室内实验采用滴定法测定了铁离子稳定剂 EEA，SRFS－1、KMS－2 的铁离子稳定能力及在酸液中的稳定铁离子的量。实验结果表明，当铁离子稳定剂的加量均为 1.0% 时，三种铁离子稳定剂在酸液中稳定铁离子的量均大于 800mg/L，其中以 SRAFS－1 的铁离子稳定能力最好，见表 7－2－5。因此铁离子稳定剂优选为 SRAFS－1，加量为 1.0%。

**表 7－2－5　铁离子稳定剂在酸液中稳定铁离子能力评价表**

| 铁离子稳定剂名称 | 浓度/% | 稳定铁离子的量/(mg/L) | 酸液中稳定铁离子的量/(mg/L) |
|---|---|---|---|
| EET | 1 | 120000 | 1200 |
| SRAFS－1 | 1 | 206500 | 2065 |
| KMS－2 | 1 | 84000 | 840 |

### 5. 交联酸用助排剂

酸液中的助排剂多为表面活性剂，因表面活性剂具有较低的表界面活性，可降低毛细管阻力，进而有利于残酸的返排。常用的助排剂有聚氧乙烯醚和含氟表面活性剂、阴离子－非离子两性表面活性剂和含氟表面活性剂的复配体系。采用 ZJA－SH－035 型表界面张力仪测定了三种不同助排剂的表界面张力。三种助排剂在浓度为 1.0% 的情况下，助排剂 SRACU－1 的表界面张力均低于其他两种助排剂，即 SRACU－1 具有较好的助排效果，从而确定交联酸中助排剂为 SRACU－1，加量为 1.0%，见表 7－2－6。

**表 7－2－6　不同助排剂的表界面张力**

| 助排剂名称 | 浓度/% | 表面张力/(mN/m) | 界面张力/(mN/m) |
|---|---|---|---|
| SRACU－1 | 1 | 25.8 | 0.07 |
| ZX－H1 | 1 | 28.45 | 11.30 |
| BD1－5 | 1 | 30.26 | 1.62 |

### 6. 交联酸配伍性能

性能优良的交联酸液不仅要求酸液中各单剂具有较好的性能，还需要各单剂间配伍性良好，才能够避免对地层的二次污染。

将稠化剂配制成浓度为0.8%的稠化酸，将优选的各种添加剂单独加入到稠化酸中搅拌均匀，然后加入质量分数为1.0%的交联剂配制成交联酸。将配制好的交联酸倒入安瓿瓶中，密封后分别放于常温及90℃水浴锅中，4h后取出，观察交联酸的外观，及是否有沉淀或分层产生。从表7-2-7中可知，优选出的酸液主要添加剂与主剂间均具有良好的配伍性。

**表7-2-7　交联酸主剂与添加剂单剂的配伍性**

| 交联酸基本体系 | 添加剂 | 温度/℃ | 颜色 | 透明度 | 分层 | 沉淀 |
|---|---|---|---|---|---|---|
| 25% HCl+0.8%稠化剂+1.0%交联剂 | 2.0% SRACI-1(缓蚀剂) | 90 | 红棕色 | 透明 | 不 | 无 |
| | 1.0% SRAFS-1(铁稳剂) | 90 | 无色 | 透明 | 不 | 无 |
| | 0.3% SRACU-1 助排剂) | 90 | 无色 | 透明 | 不 | 无 |

### 7. 交联酸高温流变性能

酸液的滤失特性和反应特性决定了酸压改造效果，由图7-2-6可知，酸液滤失量随着酸液黏度的增加而降低，因此优化酸液黏度十分重要。评价酸液体系最重要的指标为高温下液体剪切黏度。

从交联酸的耐温性能及现场施工的成本等方面综合考虑，确定130℃~140℃酸压用交联酸体系的最佳配方为：25% HCl + 1.0% SRAP-1 稠化剂 + 3.0% SRAI-1 缓蚀剂 + 1.0% SRAC-2 交联剂 + 1.0% SRAF-1 铁离子稳定剂 + 1.0% SRAD-1 破乳剂 + 0.05% SRAB-1 破胶剂，同时还完善适用不同温度的系列体系配方，见表7-2-8。

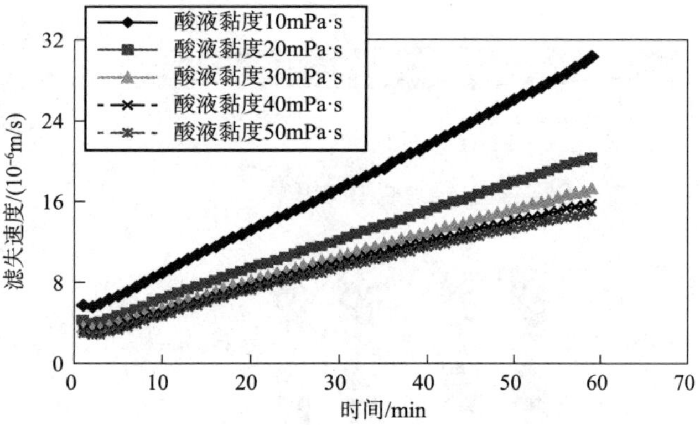


图7-2-6　不同黏度酸液滤失速度对比

**表7-2-8　不同温度体系酸液配方**

| 适用温度/℃ | 清洁交联酸体系 | 低黏度稠化酸体系 |
|---|---|---|
| 90~100 | 0.6%稠化剂+0.8%交联剂+1.0%缓蚀剂+辅剂 | 0.3%稠化剂+1.0%缓蚀剂+辅剂 |
| 110~120 | 0.8%稠化剂+1.0%交联剂+2.0%缓蚀剂+辅剂 | 0.4%稠化剂+2.0%缓蚀剂+辅剂 |
| 130~140 | 1.0%稠化剂+1.0%交联剂+3.0%缓蚀剂+辅剂 | 0.5%稠化剂+3.0%缓蚀剂+辅剂 |

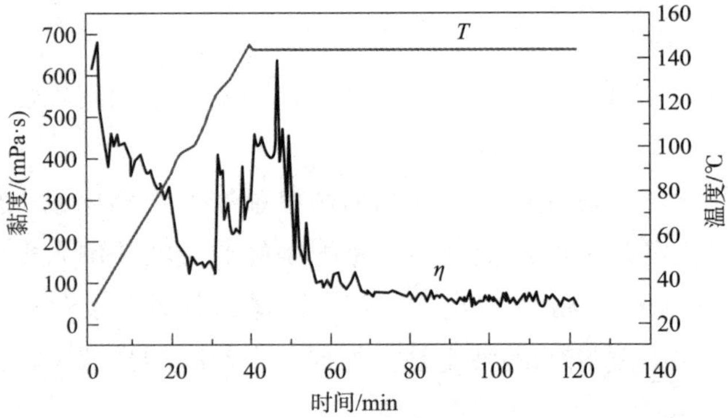

图 7-2-7　交联酸的高温流变曲线

由交联酸的高温流变曲线可知(图 7-2-7)，在温度由 25℃升至 140℃的过程中，交联酸的黏度减小，当温度升到 140℃时，剪切 1h 后交联酸的黏度仍然保持在 50mPa·s 以上。由此说明，该交联酸配方具有较好的热稳定性和剪切稳定性，满足高温酸压施工的要求。

## 二、转向酸

转向酸与稠化酸的不同之处就在于新酸向残酸转变过程中，增加了一个黏度升高的过程。即酸液进入地层后，随着酸液的消耗，酸浓度降低到 8% 左右，酸液中的转向剂由于金属离子的存在，结构发生变化，液体由线性流体变成黏弹性的冻胶状。这种高黏液体滤失量较小，可以起到暂堵作用，导致酸液流向转变，另一方面由于酸岩反应正常进行，这种高黏状态存在时间很短，可能只有几分钟。随着酸液的进一步消耗，酸浓度降低，转向剂分子形成的网络结构解离，液体又恢复到原来的线性流体状况，黏度随之降低，转向剂分子能顺利返排出地面。

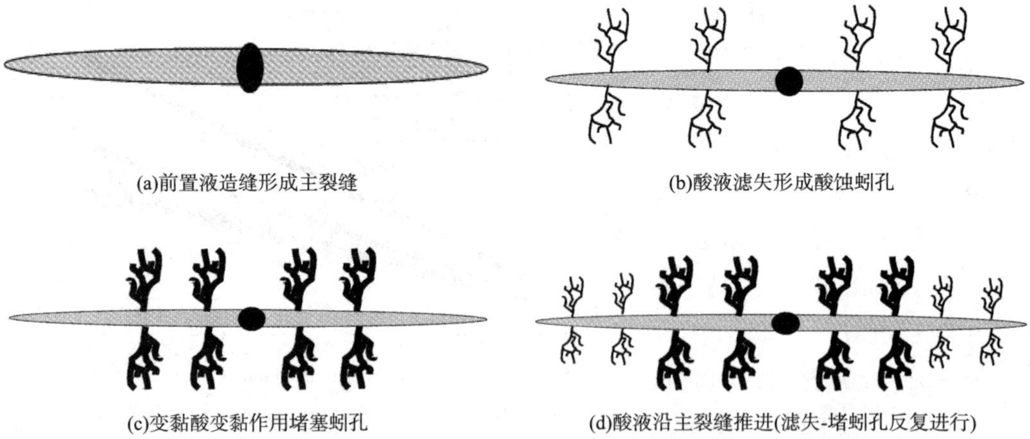
(a)前置液造缝形成主裂缝　(b)酸液滤失形成酸蚀蚓孔　(c)变黏酸变黏作用堵塞蚓孔　(d)酸液沿主裂缝推进(滤失-堵蚓孔反复进行)

图 7-2-8　转向酸降滤及分流转向机理

### 1. 鲜酸表观黏度

在酸化(酸压)施工过程中，鲜酸首先要流经地面管线以及酸处理管柱，在此过程中酸液的表观黏度决定了其在地面管线以及井筒中流动的摩阻压降大小，通常希望酸液的初始黏度尽可能低，以减小管路流动中的摩阻压降损失，同时也有利于泵注排量的提高，降低施工风险。

1)酸液浓度的影响

图7－2－9给出了不同酸液浓度下鲜酸的表观黏度变化情况。从图7－2－9中可以看出随着酸液浓度的增加，体系黏度先逐渐增加，当酸浓度达到10%时溶液黏度达到最大，溶液黏度达到最大后若继续提高酸液浓度，黏弹性体系黏度呈下降趋势，当溶液酸浓度达到25%时，体系黏度仅有3mPa·s。

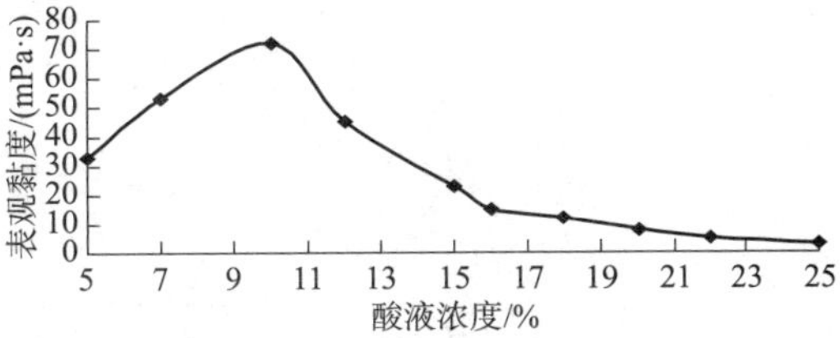

图7－2－9　酸液浓度与表观黏度关系

实验发现在酸液浓度较低的情况下，随着酸浓度的降低体系出现不溶或相分离现象，如图7－2－10所示。在酸浓度为3%浓度时，表面活性剂在酸液中已经开始出现“豆花”状的不溶物，需要很长时间才能完全溶解，如果将表面活性剂溶于清水，表面活性剂分子将直接从水中析出发生相分离。当酸液浓度处于10%左右时，即使在不加入无机离子(如CaCl、MgCl等)的鲜酸环境下，黏弹性体系已经表现出较高的黏度，虽然体系黏度比聚合物交联冻胶低，仅有72mPa·s，但体系已经明显具有了弹性，如图7－2－11所示。

图7－2－10　低浓度酸液的相分离现象

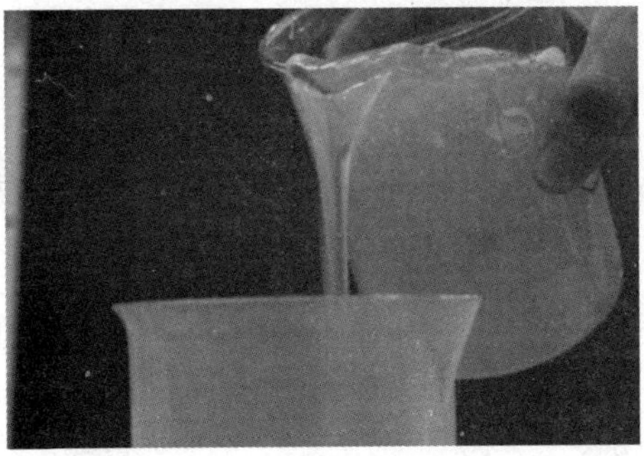
图7－2－11　10%浓度鲜酸黏弹性溶液

在酸浓度增加的初期随着酸液浓度的增加，体系黏度逐渐增加的主要原因是：表面活性剂的溶解问题。表面活性剂在酸中的溶解性与酸液浓度有关，当酸液浓度大于5%后酸液基本能完全溶解。由于是完全溶解的临界状态，所以，表面活性剂在酸液中的胶束存在形式主要以球状胶束存在，随着酸浓度的继续增加，表面活性剂分子溶解更为充分，开始有短棒状胶束存在，当酸浓度达到10%时，体系黏度出现峰值，而之后继续增加酸液浓度，体系黏度将逐渐减小。酸液黏度下降的原因可能是表面活性剂与氯离子(反离子)的相互作用有关。

但当酸液浓度大于10%以后，体系黏度随酸液浓度的增加逐渐下降，由酸液变黏机理可知，10%的酸液浓度下，可能达到反离子的最大结合度，此后，反离子结合度将随着酸液浓度的增加而降低，使得更多的反离子以游离状态存在，排斥作用增加，胶束聚集数减小。

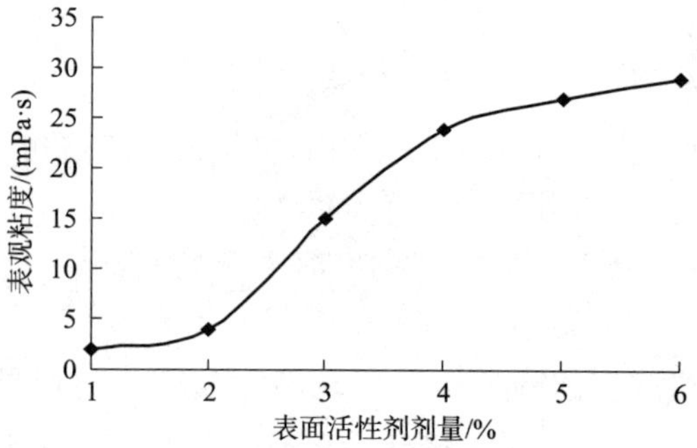


图 7－2－12　鲜酸表观黏度与表面活性剂浓度关系

2）主剂浓度的影响

从图 7－2－12 可以看出，在表面活性剂浓度较低情况下（小于 2%），体系的黏度很低接近于清水，表现出牛顿流体性质。一方面，由于表面活性剂加量太少，体系中的表面活性剂分子主要以球型胶束或短棒状胶束，依靠分子自身流体力学黏度来增加体系黏度；另一方面，由于在鲜酸环境下表面活性剂分子呈阳离子型，离子头基间的排斥力，阻碍了球型胶束缔合成蠕虫状胶束的过程，使得体系黏度较低。随着表面活性剂浓度的增加，胶束聚集体的表面曲率减小，分子头基所占据的空间面积减小，有利于胶束尺寸的增加，使得酸液体系的黏度也表现出线性增加的趋势，当加量超过 4% 后体系黏度增加幅度减缓；如图 7－2－13 所示。总的来说，在鲜酸环境下酸液体系的黏度都较低，对酸化施工的泵注过程非常有利。

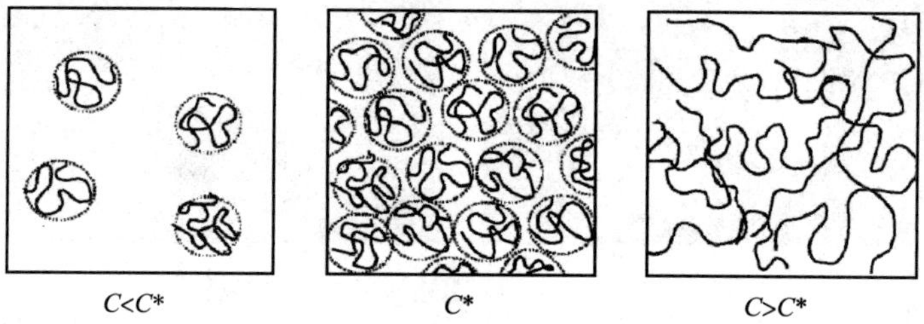


图 7－2－13　胶束结构随表面活性剂浓度的变化

## 2. 残酸表观黏度

酸液流经地面管线以及酸化管柱后进入地层，进入地层后酸液与储层岩石发生剧烈反应。随着反应的进行，酸液体系浓度逐渐降低，pH 值逐渐增加，此外反应还会产生大量的 $Ca^{2+}$、$Mg^{2+}$，将会造成清洁转向酸体系流变性能的变化，该黏度变化过程是转向酸化过程成功与否的关键。

1）酸液浓度的影响

把初始浓度为 20% 的 HCl 按照残酸配制方法三配制成不同酸液浓度的酸液，测定其酸黏度随酸液浓度以及反离子浓度的变化趋势。

图 7－2－14 给出了清洁转向酸体系的黏度随酸液浓度（pH 值）的变化趋势。从图中可以看出，在较低的 pH 值环境下，酸液黏度已经开始表现出逐渐增加的趋势。酸液黏度增加过程与体系中无机离子的数量具有很好的对应关系，在反应的初始阶段，进入溶液的无机离子浓度很小，主要与水结合形成水合离子，对胶束表面的电荷屏蔽作用不大，随着酸

岩反应的进行，体系中的无机离子数量急剧增加，此时，存在于溶液中的无机盐可以屏蔽胶束表面电荷、形成交联，使体系黏度迅速增加。当反应到酸液浓度为10%时，酸液体系的表观黏度就开始增加，当pH值达到－0.2左右，体系黏度达到最大。从图中可以看到，除3%稠化剂加量下体系黏度随pH值增加黏度基本不变外，在其他较高浓度加量下，"冻胶"黏度都随pH值增加先表现出较大幅度下降，然后达到稳定的现象。

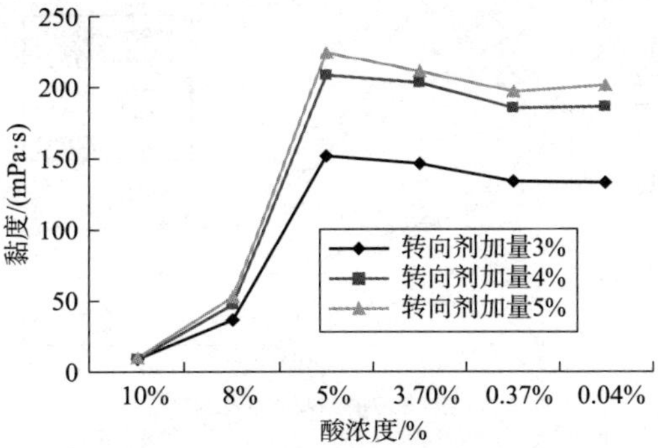


图7－2－14　pH对表观黏度的影响

分析认为黏弹性体系黏度降低的主要原因与胶束结构发生变化有关，酸液达到最大黏度所对应酸液浓度大约在5%左右，在此浓度下酸岩反应还将继续进行，酸液的浓度将逐渐降低，体系反离子的数量将逐渐增加。可以认为在最大黏度下，蠕虫状胶束的长度已经达到最大，而在此后继续增加反离子量胶束难以继续增长，为了降低体系能量，则胶束结构会发生变化。

2）剪切速率的影响

酸液进入地层后在多孔介质以及天然微裂缝中流动，酸液在孔隙或天然裂缝中受到的剪切相对于地面管线以及酸化管柱来说要低很多，所以有必要研究在低剪切速率下残酸体系的黏度变化，以确定残酸是否具有转向能力，残酸的转向能力与残酸的表观黏度密切相关，可以通过测试不同剪切速率下，残酸表观黏度的变化来判断其转向能力。

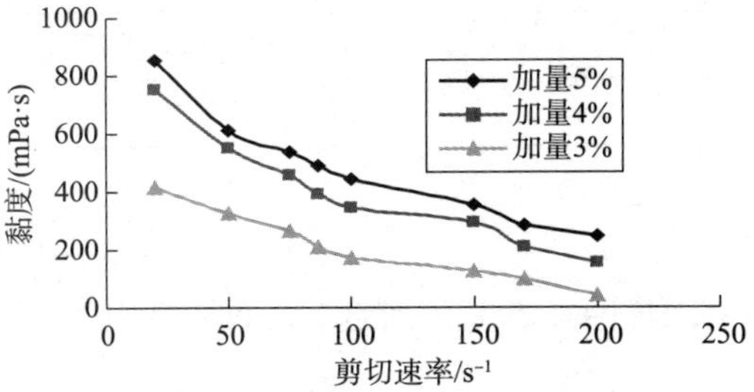


图7－2－15　剪切速率对表观黏度的影响

从图7－2－15可以看出在低剪切速率下，残酸体系表现出很高的黏度，甚至表现出屈服应力（呈冻胶状态只有施加的应力大于一定值后才具有流动性），随着剪切的增加，表观黏度逐渐下降。黏度下降的主要原因是在较高的剪切速率下，胶束间互相交叠缠绕形成的三维空间网状结构的冻胶体系发生解缠，蠕虫状胶束分子沿应力场方向发生定向排列，在宏观上表现为表观黏度降低，但当停止剪切后体系黏度可以恢复。

3）温度的影响

通常认为酸液流经地面管线以及井筒时温度不会发生变化或仅发生微小变化。然而，一但酸液进入地层后，一方面，储层的高温环境使得进入的酸液不断与其发生热交换，使得酸液温度增加；另一方面，酸液与储层岩石发生剧烈反应放出大量热，两方面原因使得残酸所处的温度环境将发生巨大变化，所以，有必要研究温度对残酸黏度的影响。

从图7－2－16可以看出不同温度下残酸黏度随剪切速率的变化情况。在较低温度下

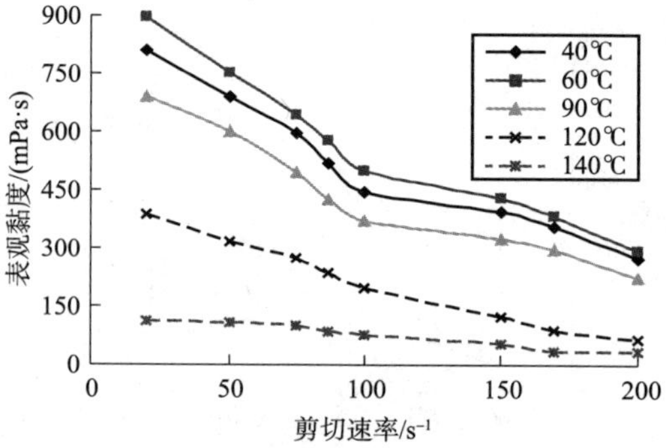

图7-2-16 不同温度剪切速率对表观黏度影响

残酸体系表现出剪切变稀的非牛顿流体性质。与鲜酸情况相同，残酸的黏度在温度为60℃时比40℃时要高，当温度超过90℃以后，体系黏度随温度升高逐渐降低，但即使在120℃环境下，体系在200$s^{-1}$的剪切速率下依然具有90mPa·s以上的表观黏度，能满足转向的要求。当温度达到140℃时，体系黏度发生了明显的下降，表明残酸的三维空间网状结构已经破坏，这主要还是由于高温环境下表面活性剂分子动能增加，布朗运动加剧，使得蠕虫状胶束的聚集时间大于胶束分离的时间，则胶束分子体系处于分离状态，体系结构破坏，黏度降低到球状或短棒状胶束的黏度水平。

### 3. 添加剂相互的配伍性

通过添加剂的配伍性评价优选单剂在整体配方中的相互配伍性，防止单剂之间的影响造成对配方的影响，结果见表7-2-9，酸液中各添加剂均能很好的配伍。

表7-2-9 添加剂相互的配伍性

| 配伍性 | HCl | 转向剂 | 缓蚀剂 | 铁离子稳定剂 |
|---|---|---|---|---|
| HCl | | 互溶 | 互溶 | 互溶 |
| 转向剂 | 互溶 | | 互溶 | 互溶 |
| 缓蚀剂 | 互溶 | 互溶 | | 互溶 |
| 铁离子稳定剂 | 互溶 | 互溶 | 互溶 | |

### 4. 转向酸体系配方

通过实验优化出转向酸体系配方为20%～24% HCl+4.5%转向剂（表面活性剂）+2%缓蚀剂+1%铁离子稳定剂。

### 5. 转向酸流变性能

变黏后残酸的黏度保持能力决定了转向酸在地层能否实现降低酸液滤失以及暂堵转向的能力，为此室内测试了地层温度下，反应后变黏的残酸的流变性能，测试结果见图7-2-17。从图7-2-17看出，在地层温度条件下酸液在剪切90min后黏度依然保持在60mPa·s以上，酸液具有很高的黏度，同时取出残酸样发现，酸液还具有一定的黏弹性，这非常有利于酸液的降滤和暂堵转向。

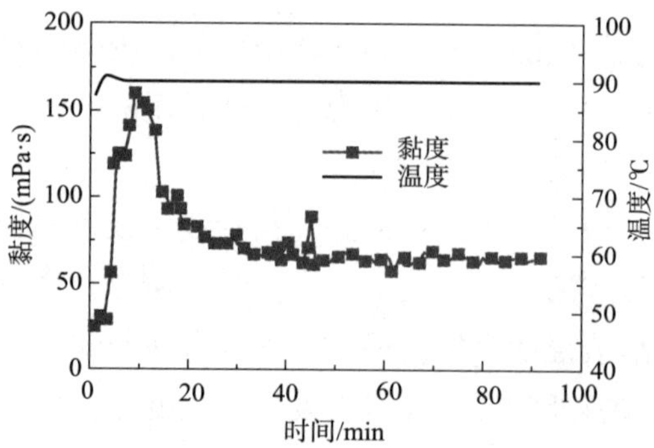

图7-2-17 转向酸流变性能实验

室内同时测试了不同温度下变黏酸的流变参数，则可以为酸压优化设计提供合理的酸液性能参数，见表7－2－10。

**表7－2－10 不同温度下酸液流变参数**

| 参数 | 40℃ | 60℃ | 70℃ | 80℃ | 90℃ |
|---|---|---|---|---|---|
| $n$ | 0.5479 | 0.5436 | 0.6747 | 0.8037 | 0.8865 |
| $K$ | 2.9238 | 2.5159 | 1.1288 | 0.331 | 0.2087 |

## 6. 转向酸缓速性能

室内用Dbk井的岩性对比分析了转向酸的缓速性能，测试结果表明，空白盐酸在反应30min时已近乏酸，而转向酸反应120min后酸浓度依然达到5%，反应出转向酸液具有很好缓速效果，见图7－2－18。

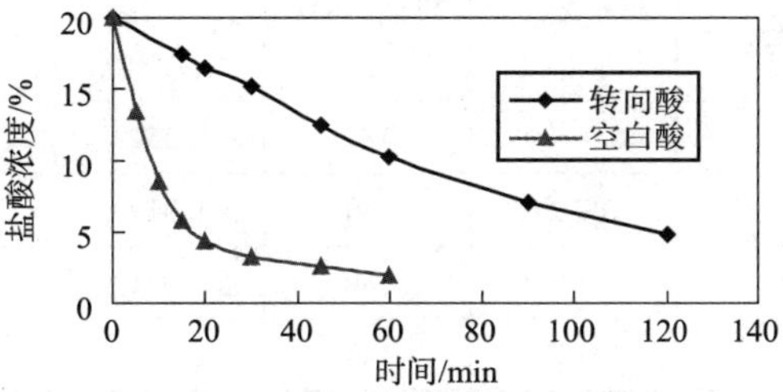


图7－2－18 转向酸缓速性能测试

## 7. 转向酸转向性能

转向酸在地层能否实现分流转向以及降低酸液滤失的能力，是转向酸最关键的性能指标，室内采用流动实验测试了转向酸的转向性能，从测试曲线可以看出(图7－2－19)，注盐水过程中压力变化较小，在注入转向剂时，dPacid/dPKCl持续上升，表明酸液黏度变化形成一种暂堵段塞，表现出很好的转向性能。同时未在岩心端面看到凝胶成分的存在，说明转向酸主要在岩心内部发生了分流转向。

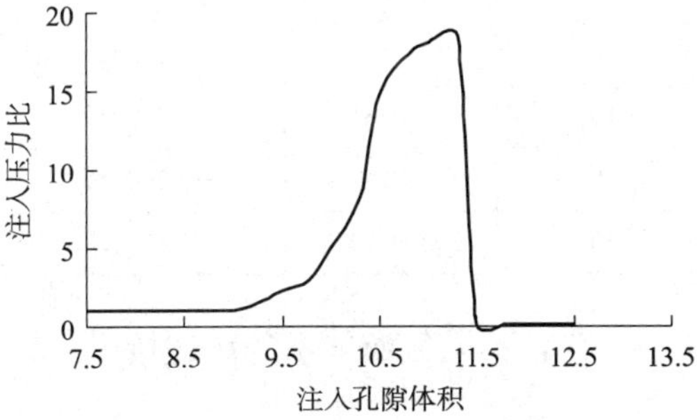


图7－2－19 转向酸转向性能测试

## 8. 酸岩反应动力学参数

室内在储层温度下测试了转向酸与Dbk井的酸岩系统反应动力学参数。试验条件：温度90℃，压力8MPa，转速500rpm，岩心为Dbk井，马五2亚段2829.25～2835.26m段，反应时间180s。普通酸：20% HCl＋2% BA1－11，稠化酸：20% HCl＋0.6%胶凝剂＋2% BA1－11，转向酸：20% HCl＋4% BA1－27＋2% BA1－11，分别与岩心粉末反应制得不同浓度的余酸。实验结果见表7－2－11、表7－2－12、表7－2－13。

表 7-2-11 普通酸酸岩反应测定结果

| 温度/℃ | 鲜酸浓度/mol/L | 反应时间/s | 反应后浓度/mol/L | 岩心直径/cm | 酸液体积/mL | 转速/(r/min) | 反应速率/[$10^{-4}$mol/(cm$^2$·s)] |
|---|---|---|---|---|---|---|---|
| 90 | 5.5600 | 180 | 5.1451 | 2.522 | 504.0 | 500 | 2.33 |
| | 5.3150 | 180 | 4.9681 | 2.524 | 526.5 | 500 | 2.03 |
| | 3.8210 | 180 | 3.5379 | 2.526 | 514.0 | 500 | 1.61 |
| | 2.0835 | 180 | 1.8536 | 2.524 | 535.5 | 500 | 1.37 |

表 7-2-12 稠化酸酸岩反应测定结果

| 温度/℃ | 鲜酸浓度/mol/L | 反应时间/s | 反应后浓度/mol/L | 岩心直径/cm | 酸液体积/mL | 转速/(r/min) | 反应速率/[$10^{-4}$mol/(cm$^2$·s)] |
|---|---|---|---|---|---|---|---|
| 90 | 5.4680 | 180 | 5.3578 | 2.520 | 511.5 | 500 | 0.628 |
| | 5.0156 | 180 | 4.9143 | 2.524 | 518 | 500 | 0.583 |
| | 3.1310 | 180 | 3.0417 | 2.522 | 524 | 500 | 0.521 |
| | 1.9834 | 180 | 1.8988 | 2.524 | 521.5 | 500 | 0.491 |

表 7-2-13 转向酸酸岩反应测定结果

| 序号 | 压力/MPa | 酸液体积/L | 转速/(r/min) | HCl 含量/% | 酸液浓度差/(mol/L) | 酸岩反应速率/[$10^{-4}$mol/(cm$^2$·s)] |
|---|---|---|---|---|---|---|
| 1 | 5 | 0.8 | 500 | 5 | 0.009 | 1.3786 |
| 2 | | | | 8 | 0.0102 | 1.5212 |
| 3 | | | | 10 | 0.0265 | 0.9232 |
| 4 | | | | 15 | 0.0183 | 2.4889 |
| 5 | | | | 20 | 0.0112 | 3.597310$^{-4}$ |

对三种酸液体系在90℃下的酸岩反应速率作图，比较不同酸液体系的缓速情况，结果见图 7-2-19、图 7-2-20。

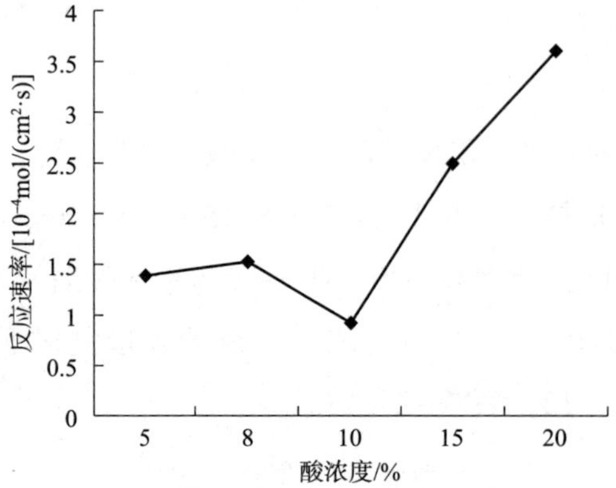


图 7-2-20 转向酸反应速率与酸浓度关系

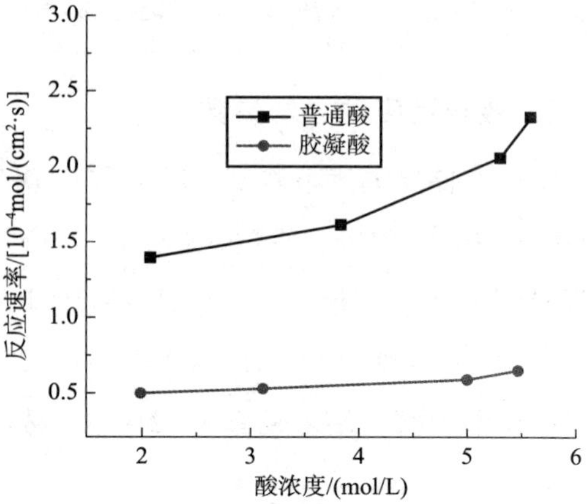


图 7-2-21 90℃普通酸、稠化酸反应速率与酸浓度的关系

由于转向酸随酸浓度变化有一个黏度变化过程，得到的反应速率与酸浓度不是线性关系，无法得到反应动力学方程。不过由实验结果可知，在相同条件下，普通酸的反应速度远大于稠化酸和转向酸，在90℃时稠化酸的反应速度与变黏酸的反应速度基本相当，而普通酸的反应速度是稠化酸和转向酸的4倍以上。

#### 9. 残酸对基质渗透率伤害

使用岩心动态伤害仪评价了基础配方在90℃、3.5MPa时开展了岩心渗透率伤害实验，当浸泡时间缩短时，残酸液对岩心的伤害较低，表明酸液中的残留物能吸附在岩石上，会堵塞岩石孔喉。三种酸液对比，交联酸对岩石渗透率伤害最大，而转向酸最小，主要是转向酸使用的是小分子表面活性剂，化合物分子大部分都能通过岩心的小孔喉，见表7-2-14。

表7-2-14 岩心伤害实验结果

| 酸类型 | 气测渗透率/$10^{-3}\mu m^2$ | 残酸浸泡时间/min | 气测渗透率（浸泡后）/$10^{-3}\mu m^2$ | 岩心伤害率/% |
|---|---|---|---|---|
| 稠化酸 | 1.53 | 180 | 1.09 | 28.76 |
| | 1.08 | 120 | 0.82 | 24.07 |
| 交联酸 | 1.09 | 180 | 0.57 | 47.71 |
| | 2.15 | 120 | 1.17 | 45.58 |
| 转向酸 | 1.95 | 180 | 1.71 | 12.31 |
| | 1.34 | 120 | 1.18 | 11.94 |

## 第三节 压裂液

酸压施工中用压裂液做前置液起造缝、降滤和冷却地层的作用，同时在复合加砂酸压中用压裂液可进行携砂作业。压裂液配方性能是影响酸压效果的重要因素，因此要求压裂液具有黏度高、悬砂能力强、滤失小、摩阻低等优点。根据性能及成本综合考虑，选择在鄂尔多斯盆地致密砂岩储层应用成熟的水基压裂液配方作为酸压中的压裂液。压裂液配方为：0.3% HPG（一级）+1.0% KCl +0.1%杀菌剂+0.5%助排剂+0.5%起泡剂+0.2% $Na_2CO_3$。

### 一、压裂液携砂性能

压裂液悬砂性能直接影响支撑剂的沉降速度和在裂缝中的分布，从而影响压后裂缝的几何形态、沉砂剖面和裂缝的导流能力。对压裂液悬砂性能的研究是压裂液携砂工艺优化设计的关键。采用20~40目支撑剂，复测定十组沉降时间数据，取其平均值作为砂粒的沉降时间。

由表7-3-1可知，砂粒沉降速度较快，主要是液体基液黏度较低；随着砂粒数目的增加，沉降速度差异不大。

表 7－3－1　砂粒沉降速度表

| 砂粒数目 | 液柱长度/cm | 沉降时间/s | 沉降速度/(cm/s) |
|---|---|---|---|
| 1 | 25 | 42 | 0.595 |
| 3 | 25 | 59 | 0.424 |
| 5 | 25 | 45 | 0.556 |
| 10 | 25 | 50 | 0.50 |

## 二、压裂液流变性能

由图 7－3－1 压裂液流变性能曲线看出，在 70℃，170s$^{-1}$的剪切速率下，随着剪切的进行，压裂液冻胶黏度是逐渐降低的，剪切进行 30min 后，压裂液黏度降到 100mPa·s 以下，这种下降的趋势一直持续到 50min；其后黏度下降速率变缓，在较低时间内(约 20min)维持在 40～20mPa·s 范围内；然后再次下降，期间黏度变化范围较大，但大多数是在 15mPa·s 以下。

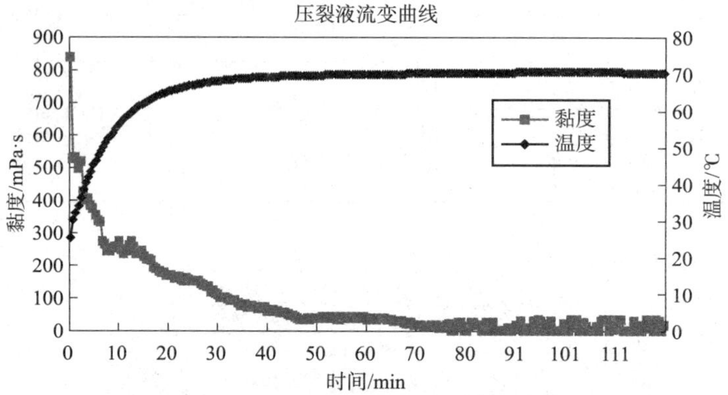


图 7－3－1　压裂液在 70 ℃下的流变曲线

## 三、压裂液破胶性能

将一定量的压裂液放入密闭容器中，放入电热恒温器中加热恒温，使压裂液分别在 20℃、50℃和 70℃下恒温破胶，每隔一定时间观察冻胶的破胶情况，最后取破胶液上面的清液用六速度旋转黏度计测定破胶液的黏度，实验结果见表 7－3－2。

表 7－3－2　破胶时间与温度的关系

| 温度/℃ | 破胶剂浓度/(mg/L) | 不同时间下破胶液黏度/(mPa·s) | | | | | |
|---|---|---|---|---|---|---|---|
| | | 60min | 120min | 185min | 200min | 230min | 16h |
| 20 | 0 | 未破 | 未破 | 未破 | 未破 | 126 | 27 |
| 20 | $200\times10^{-6}$ | 未破 | 未破 | 未破 | 未破 | 33 | 12 |
| 50 | $200\times10^{-6}$ | 未破 | 未破 | 27 | 24 | 6 | 3 |
| 70 | $200\times10^{-6}$ | 3 | — | — | — | — | — |

从实验结果分析可得，在室温下，过硫酸铵反应缓慢，破胶时间较长（均在16h以上）；而当温度为50℃时，破胶速度明显加快，在230min时就彻底破胶，破胶后溶液黏度为6mPa·s，压裂液体系破胶彻底，肉眼能看见明显的压裂液残渣悬浮。

## 四、破胶液性能

测定压裂液破胶液表面张力，目的是评价助排剂的性能，保证破胶后的压裂液具有较高的返排率，减小对地层的伤害，破胶液表面张力越低越利于破胶液的快速返排。将体积为50mL的压裂液交联后，加入破胶剂，使压裂液在恒温70℃温度下破胶，制备出破胶液，提取上层清液用自动张力测定仪测定破胶液表面张力，见表7－3－3。

**表7－3－3 破胶液表面张力**

| 液 体 | 表面张力/（mN/m） | | |
|---|---|---|---|
| | 第一次测量结果 | 第二次测量结果 | 平均值 |
| 破胶液 | 46.8 | 43.5 | 45.2 |

## 五、压裂液残渣含量

残渣是压裂破胶液中残存的不溶物质。测定残渣含量，可以为降低油层损害、提高裂缝导流能力提供参考，见表7－3－4。

**表7－3－4 压裂液固相残渣测试结果**

| 离心管质量/g | 离心管＋残渣/g | 残渣含量/（mg/L） | 残渣率/% |
|---|---|---|---|
| 19.4741 | 19.4842 | 202 | 5.05 |

## 六、压裂液与地层流体配伍性能

地层水与压裂液各种添加剂是否配伍直接影响到压裂液的质量和压裂效果，所以必须考察压裂液与地层水的配伍性。实验采用实验室自行配置的无机溶液来模拟地层水，并使其与破胶液分别按2∶1，1∶1，1∶2的体积比混合，总液量为60mL，最后观察是否产生沉淀，见表7－3－5。

**表7－3－5 压裂液与模拟地层水的配伍性试验现象**

| 测试时间/h | 地层水/破胶液<br>2∶1观察现象 | 地层水/破胶液<br>1∶1观察现象 | 地层水/破胶液<br>1∶2观察现象 |
|---|---|---|---|
| 1 | 澄清透明 | 澄清透明 | 澄清透明 |
| 2 | 澄清透明 | 澄清透明 | 澄清透明 |
| 12 | 澄清透明 | 澄清透明 | 有少许白色絮状沉淀 |

续表

| 测试时间/h | 地层水/破胶液<br>2∶1 观察现象 | 地层水/破胶液<br>1∶1 观察现象 | 地层水/破胶液<br>1∶2 观察现象 |
|---|---|---|---|
| 18 | 有少许白色絮状沉淀 | 有少许白色絮状沉淀 | 白色絮状沉淀增多 |
| 24 | 白色絮状沉淀增多 | 白色絮状沉淀增多 | 白色絮状沉淀增多 |
| 48 | 白色絮状沉淀 | 白色絮状沉淀 | 白色絮状沉淀 |

地层水配方：2% KCl + 5.5% NaCl + 0.45% $MgCl_2$ + 0.55% $CaCl_2$。

由结果(表 7-3-5)看出压裂液与标准盐水混合后，有絮凝状沉淀产生。

由结果(图 7-3-2)看出压裂液与地层水混合 12h 后，地层水/破胶液为 1∶2 的比色管首先产生沉淀，其他两管随后。再取破胶液作酸碱度测试，结果显示破胶液为弱碱性，推测该白色絮状沉淀是由标准盐水中 $Mg^{2+}$ 生成的 $Mg(OH)_2$ 沉淀。为了验证这个推测，重新配取只含有等量 $MgCl_2$ 而不含其他三类物质的溶液，按配伍性实验的步骤再次进行实验。由实验结果可知是 $MgCl_2$ 导致沉淀生成，如果实际地层水中不含 $Mg^{2+}$，则该体系配伍性良好，见图 7-3-3。

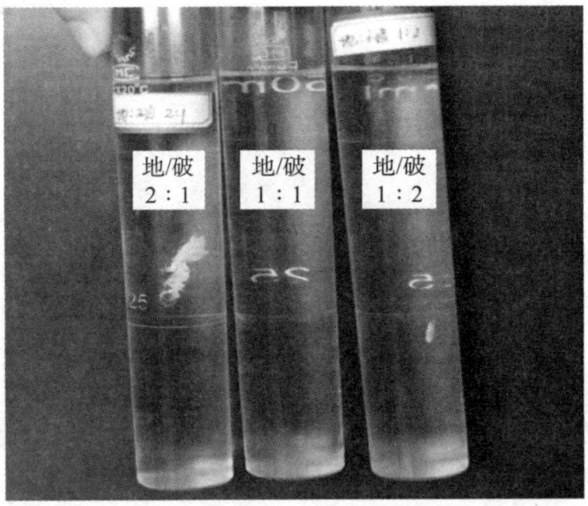

图 7-3-2　破胶液与地层水的配伍性照片

图 7-3-3　破胶液与 $MgCl_2$ 溶液的配伍性照片

# 第四节　支撑剂

为保证复合加砂酸压取得好的改造效果，支撑剂导流能力至关重要。而支撑剂的物理性质、储层岩石的硬度、闭合压力、孔隙压力、裂缝最终的支撑宽度、压裂液伤害、支撑剂的微粒运移与压实作用等诸多因素都将对酸蚀支撑裂缝导流能力产生影响，因此支撑剂的性能评价与支撑剂优选直接影响到储层改造的效果。支撑剂的导流能力评价是用于测定及评价在支撑裂缝中的支撑剂充填层渗流能力的高低，支撑剂导流能力是支撑剂性能的综合反映。

室内依据《压裂支撑剂充填层短期导流能力评价推荐方法》(SY/T 6302—2009)，在多功能裂缝导流能力测试分析系统上，分别测定了单一粒径陶粒、不同组合粒径陶粒。选定铺砂浓度10kg/m³，在室温条件下使用蒸馏水测试不同闭合压力的支撑裂缝导流能力。

## 一、单一粒径导流能力

随闭合压力增加，由于支撑剂破碎相互嵌入，大粒径支撑剂导流能力比中等粒径支撑剂下降快，在低闭合压力下，大粒径支撑剂绝对导流能力始终优于中等粒径支撑剂，见表7-4-1、图7-4-1。

表7-4-1 不同粒径支撑剂导流能力测试(铺砂浓度10kg/m³)

| 闭合压力/MPa | 导流能力/($\mu m^2 \cdot cm$) | | | |
|---|---|---|---|---|
| | 16/30目 | 20/40目 | 30/50目 | 40/60目 |
| 6.9 | 494.75 | 349.69 | 168.61 | 96.84 |
| 13.8 | 463.84 | 310.46 | 156.77 | 83.91 |
| 20.7 | 457.18 | 295.29 | 155.87 | 78.91 |
| 27.6 | 400.04 | 280.83 | 140.26 | 75.75 |
| 34.8 | 395.75 | 252.83 | 131.92 | 60.29 |
| 41.4 | 350.38 | 241.35 | 125.24 | 49.31 |
| 55.2 | 258.81 | 194.62 | 102.98 | 36.32 |
| 69 | 163.38 | 170.35 | 85.72 | 26.9 |

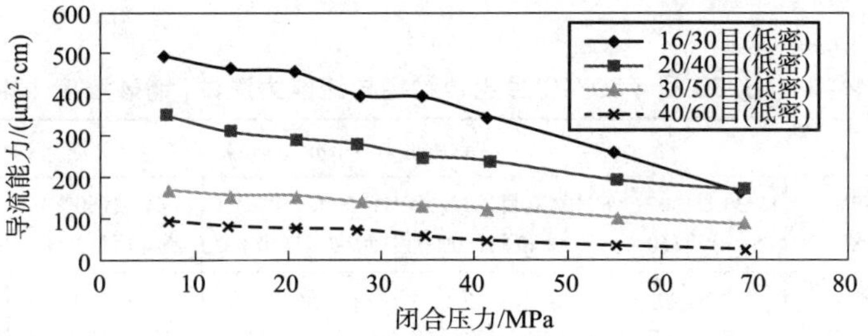


图7-4-1 不同粒径支撑剂导流能力测试曲线(低密)

大粒径支撑剂能够有效降低支撑剂嵌入程度，为此，针对低密大粒径支撑剂16/30目、中等粒径20/40目在高闭合压力82.7MPa下进行了导流能力实验。支撑剂铺砂浓度均为10kg/m³。实验结果显示：大粒径(16/30目)支撑剂在高闭合压力下导流能力下降速度明显高于中等粒径(20/40目)，在闭合压力超过82.7MPa时，两者导流能力相差不大，因此，对于大牛地气田下古生界奥陶系风化壳碳酸盐岩的部分高闭合应力(≥60MPa)井，选用低密大粒径支撑剂相对于中等粒径支撑剂并没有明显优势，见表7-4-2、图7-4-2。

表 7-4-2　两种粒径导流能力测试(铺砂浓度 $10kg/m^3$)

| 闭合压力/MPa | | 6.9 | 13.8 | 20.7 | 27.6 | 34.5 | 41.4 | 55.2 | 69 | 82.7 | 96.5 |
|---|---|---|---|---|---|---|---|---|---|---|---|
| 导流能力/($\mu m^2 \cdot cm$) | 16/30 目 | 632.04 | 562.17 | 465.32 | 462.64 | 372.93 | 335.38 | 219.98 | 151.77 | 94.05 | 61.54 |
| | 20/40 目 | 285.53 | 267.43 | 234.98 | 216.03 | 194.43 | 207.12 | 151.77 | 109.71 | 79.04 | 56.23 |

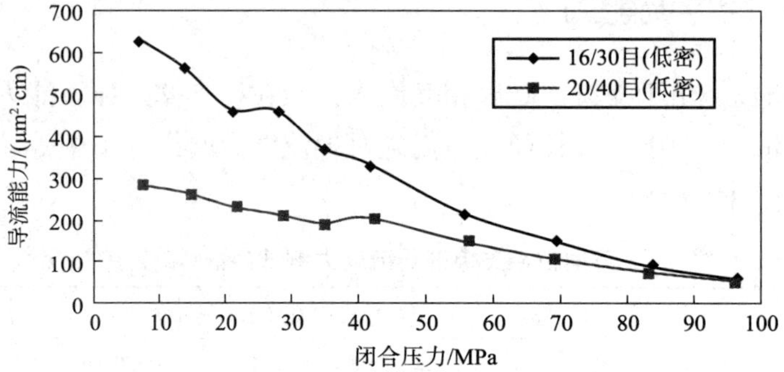


图 7-4-2　两种粒径导流能力测试曲线(低密)

## 二、不同组合粒径导流能力

从表 7-4-3 及图 7-4-3 看出，不同比例组合下的支撑剂随着闭合压力的增大，导流能力呈明显的下降趋势。组合粒径的初始导流能力明显比 20/40 目单粒径时大，以大粒径在缝口，小粒径在缝端的铺砂方式，大大提高了支撑剂的导流能力。16/30 目(80%) + 20/40 目(20%)这组的导流能力最好，在高闭合压力 69MPa 下导流能力大于 16/30 目单一粒径的导流能力，由于组合陶粒可以有效减小支撑剂破碎和嵌入对支撑剂充填层的伤害，所以导流能力好。

表 7-4-3　16/30 目 +20/40 目组合粒径导流能力测试(铺砂浓度 $10kg/m^3$)

| 闭合压力/MPa | 导流能力/($\mu m^2 \cdot cm$) | | | | | | |
|---|---|---|---|---|---|---|---|
| | 16/30 目(20%) + 20/40 目(80%) | 16/30 目(40%) + 20/40 目(60%) | 16/30 目(50%) + 20/40 目(50%) | 16/30 目(60%) + 20/40 目(40%) | 16/30 目(80%) + 20/40 目(20%) | 16/30 目 | 20/40 目 |
| 6.9 | 278.67 | 326.76 | 363.3 | 407.9 | 467.55 | 512.07 | 245.9 |
| 13.8 | 257.8 | 310.83 | 349.69 | 378.11 | 429.15 | 469.4 | 234.24 |
| 20.7 | 242.78 | 291.75 | 306.76 | 325.78 | 404.32 | 469.86 | 192.04 |
| 27.6 | 235.9 | 241.04 | 283.86 | 287.42 | 355.17 | 410.28 | 156 |
| 34.8 | 207.12 | 209.24 | 245.87 | 232.2 | 335.91 | 348.3 | 133.21 |
| 41.4 | 179.61 | 184.43 | 215.58 | 220.49 | 297.34 | 322.81 | 109.69 |
| 55.2 | 159.86 | 148.38 | 178.8 | 174.84 | 242.08 | 238.86 | 78.24 |
| 69 | 117.03 | 117.81 | 143.32 | 134.84 | 198 | 179.15 | 55.55 |
| 82.7 | 94.69 | 93.51 | 117.03 | 83.55 | 156.64 | 129.15 | 41.38 |

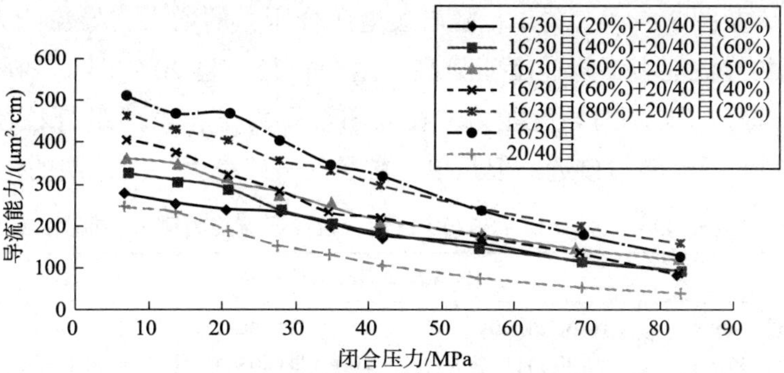


图7－4－3　16/30目、20/40目组合粒径导流能力测试曲线

从表7－4－4及图7－4－4看出，随着闭合压力的增加，20/40目单一粒径的导流能力下降速度明显高于组合粒径，高闭合压力下，组合粒径的导流能力明显高于20/40目、30/50目单一粒径的导流能力。其中，20/40目(80%)＋30/50目(20%)导流能力最好，特别是在低闭合压力下，导流能力高出其他组将近一倍，由于粒径孔隙空间大，流体流过的孔隙通道没有被残渣堵塞。

**表7－4－4　强20/40目＋30/50目组合粒径导流能力测试(铺砂浓度10kg/m³)**

| 闭合压力/MPa | 导流能力/(μm²·cm) | | | | | | |
|---|---|---|---|---|---|---|---|
| | 20/40目(20%)＋30/50目(80%) | 20/40目(40%)＋30/50目(60%) | 20/40目(50%)＋30/50目(50%) | 20/40目(60%)＋30/50目(40%) | 20/40目(80%)＋30/50目(20%) | 20/40目 | 30/50目 |
| 6.9 | 146.94 | 150.63 | 171.44 | 151.38 | 258.56 | 245.9 | 149.98 |
| 13.8 | 131.05 | 140.68 | 160.48 | 141.79 | 235.16 | 234.24 | 131.47 |
| 20.7 | 117.58 | 135.04 | 139.43 | 136.33 | 206.45 | 192.04 | 112.12 |
| 27.6 | 109.5 | 122.81 | 119.43 | 131.38 | 181.34 | 156 | 101.85 |
| 34.8 | 94.92 | 112.34 | 108.96 | 119.79 | 166.32 | 133.21 | 90.51 |
| 41.4 | 85.77 | 105.19 | 92.21 | 112.34 | 147.35 | 109.69 | 75.99 |
| 55.2 | 69.78 | 85.77 | 74.47 | 101.33 | 116.89 | 78.24 | 57.04 |
| 69 | 57.48 | 70.41 | 66.81 | 80.79 | 96.47 | 55.55 | 40.36 |
| 82.7 | 48.56 | 56.94 | 54.23 | 62.77 | 75.52 | 41.38 | 31.17 |

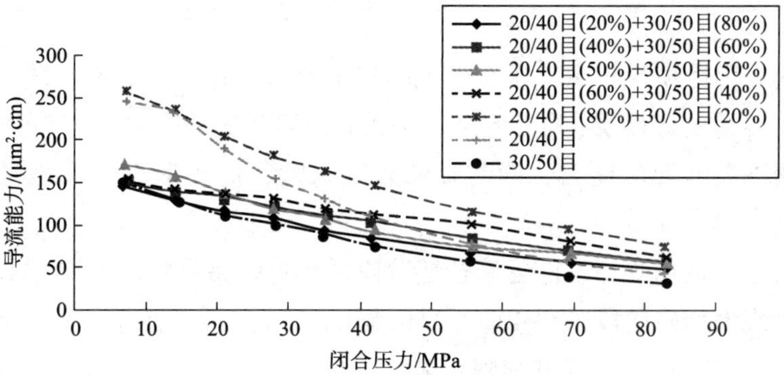


图7－4－4　20/40目、30/50目组合粒径导流能力测试曲线

从表7-4-5及图7-4-5看出，随着裂缝闭合压力的增大，导流能力呈明显的下降趋势，单一粒径的导流能力下降速度明显高于组合粒径，且20/40目、30/50目初始导流能力也小于组合粒径的支撑剂导流能力。在高闭合压力下，虽然组合粒径的导流能力与16/30目单一粒径的导流能力接近，但是单一粒径的破碎率大，对地层的伤害也大。

表7-4-5　16/30目+20/40目+30/50目组合粒径导流能力测试(铺砂浓度10kg/m³)

| 闭合压力/MPa | 导流能力/(μm²·cm) | | | | | |
|---|---|---|---|---|---|---|
| | 16/30目(40%)+20/40目(40%)+30/50目(20%) | 16/30目(20%)+20/40目(60%)+30/50目(20%) | 16/30目(60%)+20/40目(20%)+30/50目(20%) | 16/30目 | 20/40目 | 30/50目 |
| 6.9 | 211 | 268.76 | 349.27 | 512.07 | 245.9 | 149.98 |
| 13.8 | 187.02 | 235.9 | 331.01 | 469.4 | 234.24 | 131.47 |
| 20.7 | 174.29 | 221.16 | 321.14 | 469.86 | 192.04 | 112.12 |
| 27.6 | 169.38 | 204.11 | 298.22 | 410.28 | 156 | 101.85 |
| 34.8 | 168.38 | 182.42 | 281.67 | 348.3 | 133.21 | 90.51 |
| 41.4 | 154.92 | 164.36 | 256.29 | 322.81 | 109.69 | 75.99 |
| 55.2 | 131.15 | 141.1 | 201.01 | 238.86 | 78.24 | 57.04 |
| 69 | 101.18 | 118.97 | 165.34 | 179.15 | 55.55 | 40.36 |
| 82.7 | 81.04 | 90.77 | 132.83 | 129.15 | 41.38 | 31.17 |

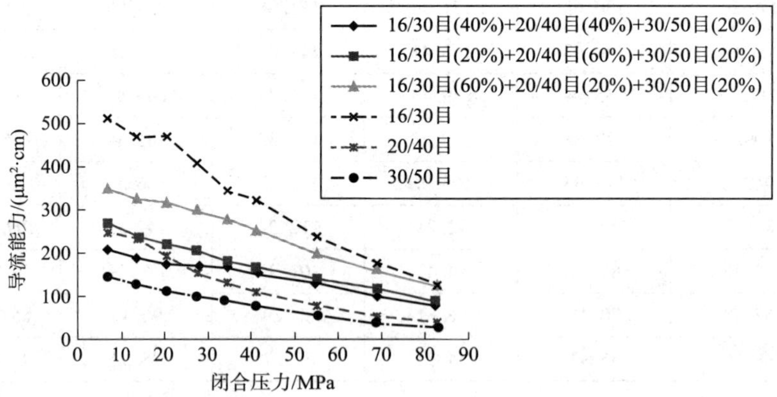


图7-4-5　不同组合粒径导流能力测试曲线

由于碳酸盐岩弹性模量较高，压裂施工起裂压力高，容易形成窄裂缝，加砂酸压施工风险相对较高；裂缝发育储层(马五5亚段)由于天然裂缝的存在，岩石弹性模量差别较大；为了提高酸蚀裂缝导流能力，同时降低施工风险，优化形成了组合粒径支撑剂加砂方式。

根据室内实验和现场施工，前置液造缝阶段采用100目陶粒(10%)，封堵微裂缝，打磨裂缝壁面；大规模加砂阶段采用40/70目陶粒(70%)支撑主裂缝，降低施工风险；最后尾追30/50目陶粒(20%)，支撑井筒附近裂缝，提供缝口高导流能力。

# 第八章　碳酸盐岩储层水平井酸压返排制度

水平井酸压施工结束后实现科学的返排是影响压后效果的重要环节，压后返排时，开井时间和返排速度十分关键，若开井时间和返排速度过慢，残酸滤失进地层伤害储层，若开井时间和返排速度过快，加砂酸压井，返排残酸冲刷易导致支撑剂回流，致使导流能力下降、冲蚀地面油嘴、阀门等，闭合酸酸压井，需考虑放喷时酸液是否彻底反应结束。同时，由于水平井酸压改造分段多、入地液量大、液体类型多，不同岩性酸岩反应速度存在差异，且酸岩反应速度受井筒和裂缝温度场、酸浓度场影响较大。因此，本章首先对水平井井筒及酸压裂缝温度场和浓度场进行了分析，在此基础上，针对不同酸压工艺制定科学合理的酸压返排制度。

## 第一节　水平井井筒温度场

酸压作业需要将地面温度条件下的液体(压裂液、酸液等)通过井筒泵入较高温度地层所形成的裂缝中，在这个过程中，存在着井筒传热问题。对于长期注入的井筒传热问题，在恒热线源解法的基础上，已有了各种比较精确地解析，但是这些适合长期注入或生产的解法，不适用于压裂这种短时间不稳定的过程。随着计算机技术的发展与应用，1970 年 Eickmeier J R 等人提出了计算井筒传热的数值计算方法，可以有效地模拟短时间注液的井筒温度变化。

### 一、物理模型

#### 1. 模型相关假设条件

(1)以油管中心为轴，各向同性均质。

(2)忽略井筒内与裂缝内纵向上的热交换。

(3)注液前，充满井筒的液体(积液)与地层达到了热平衡。

(4)地面泵排量与地面注液温度保持不变。

(5)油管与井径尺寸不随井深而改变。

(6)方程中所用的热力学参数不随温度变化。

(7)不考虑摩擦产生的热力学影响。

(8)设地表面以下 $z=b$ 深度处，其温度 $T_b$ 不随季节性变化，称为恒温点，在 $z=b$ 以下地层温度随深度呈线性变化，即：

$$T_z = T_b + d(z-b), z > b \tag{8-1-1}$$

式中，$d$ 为地温梯度,℃/m。

由于整个地层以油管为中心，各向同性、均质。故在任意一时刻，等温线都是以油管中心为圆心的同心圆。设计水平井井身结构如图 8－1－1，在地层取一微元控制体如图 8－1－2 所示，井眼距离 $r$ 处，取一个径向距离为 $dr$，厚度为 $dz$ 的微元体。

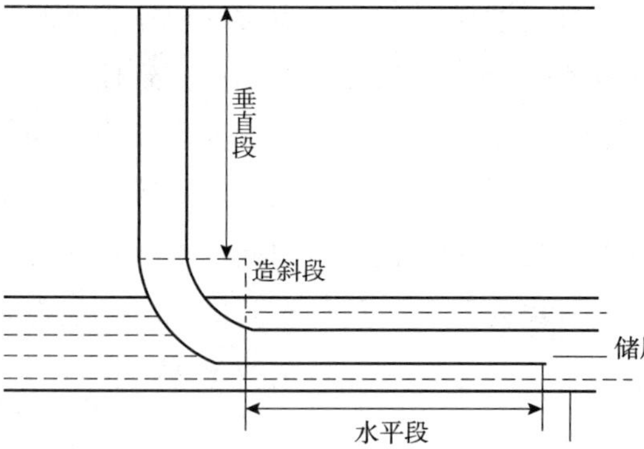


图 8－1－1　井身结构示意图

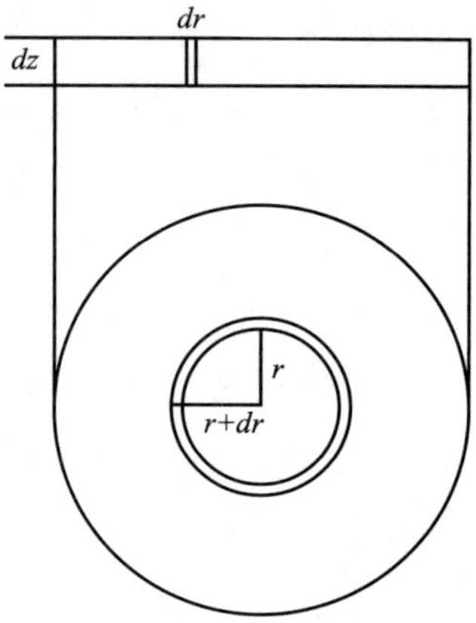


图 8－1－2　井筒周围地层微元体

## 2. 单元体的划分

1)径向单元体的划分

设套管内半径 $r_{ti}$，外半径为 $r_{to}$；以套管中心为轴，在径向单元体的划分如图 8－1－3 所示。在径向上划分 $n$ 个单元体，每个单元体的面积为 $\pi(r_i^2 - r_{i-1}^2), i = 1,2,\cdots,n$。其中，$r_0 = r_{ti}, r_1 = r_{to}, r_2 = r_w, r_i = \alpha r_{i-1}$，($i=3$，4，…，$n$)$\alpha$ 为等比因子，常数(现取为 1.6)。$r_n$ 的选择应满足$(r_n + r_{n+1})/2$ 处的温度 $T_n$ 始终等于该处的原始地层温度，即热量传递不会波及到此处。

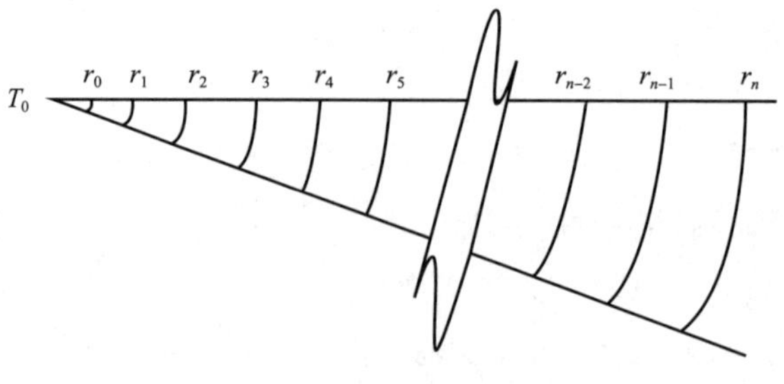


图 8－1－3　径向上单元体的划分

2)纵向单元体的划分

设目的层深度为 $H$，取单元深度为 $\Delta z$，则从井口至目的层的整个深度上可划分为 $m$ 个单元体段，如图 8－1－4 所示：

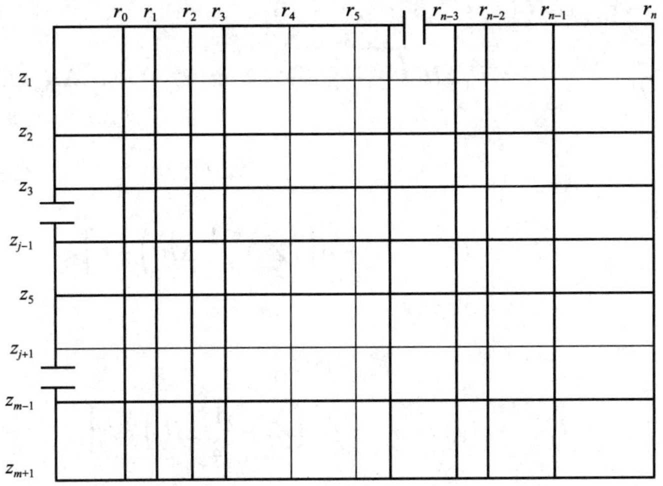


图 8－1－4　纵向上单元体的划分

令 $nn$ = 取整$(H/\Delta z)$，取

$$m = \begin{cases} nn\cdots(n\Delta z = H) \\ nn + 1\cdots(n\Delta z < H) \end{cases} \tag{8-1-2}$$

## 二、数学模型

考虑从套管注入液体，假设：

(1)径向上每个单元体参数为：密度 $\rho_i$、比热 $C_i$、热传导系数 $\lambda_i$。

(2)套管内充满静止液体。

(3)套管内积液与注入液体的温度为 $T_0$，密度 $\rho_0$、比热容 $C_0$。

热平衡方程式：单位时间流入单元体的热量－单位时间流出单元体的热量＝单位时间单元体内部热量变化，由此得出：

套管单元体 $\pi r_0^2 \Delta H_j$：

$$Q\rho_0 C_0 T_{0,j-1}^{n+1} + 2\pi r_0 \Delta H_j \frac{T_{1,j}^{n+1} - T_{0,j-\frac{1}{2}}^{n+1}}{R_1{}'} - Q\rho_0 C_0 T_{0,j}^{n+1} = \pi r_0^2 \Delta H_j \rho_0 C_0 \frac{T_{0,j-\frac{1}{2}}^{n+1} - T_{0,j-\frac{1}{2}}^{n}}{\Delta t_{n+1}} \tag{8-1-3}$$

$$T_{0,j}^{n+1} = 2T_{0,j-1/2}^{n+1} - T_{0,j-1}^{n+1} \tag{8-1-4}$$

油管壁单元体 $\pi(r_1^2 - r_0^2)\Delta H_j$：

$$2\pi r_1 \Delta H_j \frac{T_{2,j}^{n+1} - T_{1,j}^{n+1}}{R_1} - 2\pi r_0 \Delta H_j \frac{T_{1,j}^{n+1} - T_{0,j-\frac{1}{2}}^{n+1}}{R_1{}'} = \pi(r_1^2 - r_0^2)\Delta H_j \rho_1 C_1 \frac{T_{1,j}^{n+1} - T_{1,j}^{n}}{\Delta t_{n+1}} \tag{8-1-5}$$

单元体积 $\pi(r_i^2 - r_{i-1}^2)\Delta H_j (i = 2,3,\cdots,N-1)$：

$$2\pi r_i \Delta H_j \frac{T_{i+1,j}^{n+1} - T_{i,j}^{n+1}}{R_i} - 2\pi r_{i-1}\Delta H_j \frac{T_{i,j}^{n+1} - T_{i-1,j}^{n+1}}{R_{i-1}} = \pi(r_i^2 - r_{i-1}^2)\Delta H_j \rho_i C_i \frac{T_{i,j}^{n+1} - T_{i,j}^{n}}{\Delta t_{n+1}} \tag{8-1-6}$$

初始条件：

$$T_{0,j-1/2} = T_{i,j} = T_b + \mathrm{d}\left[\left(Z_j - \frac{1}{2}\Delta H_j\right) - b\right]$$

边界条件：

$$\begin{cases} T_{0,0}^{n+1} = T_{ini} \\ T_{n,j}^{n+1} = T_{n,j} = T_b + \mathrm{d}\left[\left(Z_j - \frac{1}{2}\Delta H_j\right) - b\right] \end{cases}$$

式中，$Z_j = \sum_{s=1}^{j} \Delta H_s (j = 1,2,\cdots,m)$

对式(8－1－3)、式(8－1－5)、式(8－1－6)进行变形，可得：

$$\begin{cases} T_{0,j-1/2}^{n+1} = 2DT_{0,j-1}^{n+1} + BDT_{0,j-1/2}^{n} + ADT_{1,j}^{n+1} \\ (\beta_0 + \beta_1 + \theta_1 - \beta_0 AD) T_{1,j}^{n+1} - \beta_1 T_{2,j}^{n+1} = \theta_1 T_{1,j}^{n} + \beta_0 2DT_{0,j-1}^{n+1} + \beta_0 BDT_{1,j-1/2}^{n} - \\ \beta_{i-1} T_{i-1,j}^{n+1} + (\beta_{i-1} + \beta_i + \theta_i) T_{i,j}^{n+1} - \beta_i T_{i+1,j}^{n+1} = \theta_i T_{i,j}^{n} - \\ \beta_{n-2} T_{n-2,j}^{n+1} + (\beta_{n-2} + \beta_{n-1} + \theta_{n-1}) T_{n-1,j}^{n+1} = \theta_{n-1} T_{n-1,j}^{n} + \beta_{n-1} T_{N,j}^{n+1} \end{cases} \tag{8-1-7}$$

采用“追赶法”对上述方程组求解，可解出 $T_{1,j}^{n+1}$，$T_{2,j}^{n+1}$，…，$T_{N-1}^{n+1}$然后利用上述方程组的第一个式子可求得 $T_{0,j-1/2}^{n+1}$，最后由式(8－1－4)求得 $t_{n+1}$ 时刻 $z_i$ 深度处油管内液体的温度 $T_{0,j}^{n+1}$。对不同井深处分别进行上述求解，可求得 $t_{n+1}$ 时刻整个油管内液体温度分布以及井筒与地层内径向温度分布。

## 三、井筒温度场计算分析

以大牛地气田马五 5 气藏为例(见表 8－1－1、表 8－1－2)，根据上述建立的数学模型和求解方法，对酸压过程中井筒温度进行计算，从计算结果可以看出(图 8－1－5、图 8－1－6)，井底液体温度随施工时间的增大而降低，且降低得越来越慢；套管中各点温度随井深增加而升高，且升高得越来越快。排量在施工中是变化的，从图 8－1－5 可以看出排量对井筒温度具有较大的影响。

**表 8－1－1　材料参数表**

| 材料 | 密度/(kg/m³) | 比热容/[kJ/(kg·℃)] | 热传导系数/[kJ/(m·min·℃)] |
|---|---|---|---|
| 油管 | 7800 | 0.11 | 0.64 |
| 岩石 | 2000 | 0.25 | 0.02 |
| 井筒液体 | 1000 | 1 | 0.008 |

表 8－1－2　输入参数表

| 井深/m | 排量/($m^3$/min) | 恒温点深度/m | 地温梯度/(℃/100m) | 恒温点温度/℃ |
|---|---|---|---|---|
| 3100 | 5～8 | 20 | 0.0283 | 20 |
| 垂直段/m | 造斜段/m | 水平段/m | 油管内积液与注入液温度/℃ | 注液时间/min |
| 2500 | 650 | 1200 | 20 | 50 |

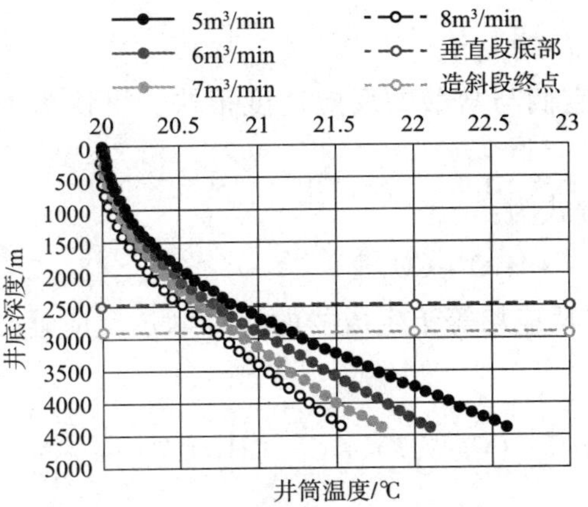


图 8－1－5　排量对井筒温度分布的影响

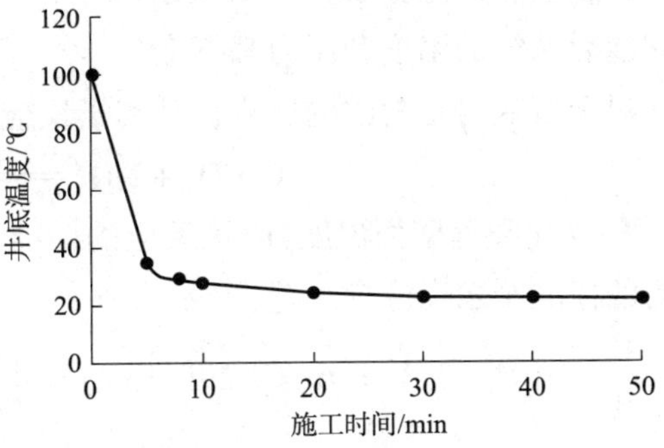


图 8－1－6　压裂过程中井底温度随时间的变化

# 第二节　酸压裂缝温度场及浓度场

在实际酸压的优化设计中，常规的模型和软件并不能适应所有的地层条件，如对于灰岩和白云岩组分地层，最终的计算的结果完全不同。对于外界环境的温度和酸液类型的不同，在同一地质条件下，模拟出的结果也有很大差别。因此，为了更准确的预测酸压结果，在原有酸压设计模型的基础上，考虑反应热的影响，将酸岩反应热计算模型与裂缝温度场模型以及裂缝有效几何尺寸计算模型进行耦合，考虑模型中各参数的变化对酸蚀距离的影响，指导碳酸盐岩酸压设计和酸压效果评价。

## 一、酸岩反应热的计算

主要考虑石灰岩($CaCO_3$)、白云岩[$CaMg(CO_3)_2$]两种矿物与盐酸反应生成的热量，以物质的标准摩尔生成焓为基础，计算高温高压条件下酸岩反应放热量。

### 1. 酸岩标准反应焓的计算

焓是表示物质系统能量的一个状态函数，数值上等于该系统内能加上其体积与外界作用于该系统的压力的乘积，即

$$H = U + pV$$

在等温等压条件下，反应热实际上是反应前后系统的焓变。定义标准状况下 1mol 反应发生时系统的焓变为标准反应焓，则任一化学反应的标准反应焓在数值上等于产物的标

准摩尔生成焓之和减去反应物的标准摩尔生成焓之和，即：

$$\Delta_r H_m^\theta(T) = \sum_B \nu_B \Delta_f H_m^\theta(C,T) \tag{8-2-1}$$

式中，$\nu_B$ 为参加化学反应物质的化学计量系数；$\Delta_r H_m^\theta(T)$ 为物质 B 在温度 $T$ 时的标准摩尔生成焓。

## 2. 地层条件下酸岩反应热的计算

1)酸岩反应焓与温度的关系

碳酸盐岩的主要成分为石灰岩和白云岩，它们与盐酸的反应速度很快，可认为 1mol 反应前后系统的温度和压力都不变。

对于石灰岩与盐酸的反应，其离子反应方程式为：

$$CaCO_3 + 2H^+ = Ca^{2+} + H_2O + CO_2\uparrow \tag{8-2-2}$$

$T=T_w$(裂缝壁面温度)时该反应的标准摩尔反应焓等于生成物的标准摩尔反应焓与反应物的标准摩尔反应焓之差：

$$\Delta_r H_m^\theta(T_w) = \Delta_r H_m^\theta(298.15K) + \int_{298.15}^{T_w}[C_{p,m}(Ca^{2+},T) + C_{p,m}(H_2O,T) + C_{p,m}(CO_2,T) - C_{p,m}(CaCO_3,T) - 2C_{p,m}(H^+,T)]dT \tag{8-2-3}$$

其中，$C_{p,m} = \left(\frac{\partial H_m}{\partial T}\right)_P$ 为定压摩尔热容，表示恒温状况下每摩尔物质的焓随温度的变化率。上式中各物质的标准摩尔生成焓值见下表 8-2-1。

表 8-2-1 相关物质的热力学参数值

| | 标准生成焓 $\Delta_f H_m^\theta$ / (kJ/mol) | 等压摩尔热容 $C_{p,m}(T)=A+BT+CT^{-2}$ | | |
|---|---|---|---|---|
| | | $A$/[J/(K·mol)] | $B$/[$10^{-3}$J/(K$^2$·mol)] | $C$/($10^5$J·K/mol) |
| $Ca^{2+}$(aq) | -542.83 | 0.97 | 0 | 0 |
| $Mg^{2+}$(aq) | -461.95 | 3.06 | 0 | 0 |
| $H_2O$(l) | -285.84 | 75.48 | 0 | 0 |
| $CO_2$(g) | -393.51 | 44.141 | 9.037 | -8.535 |
| $CaCO_3$(s) | -1206.87 | 104.516 | 21.924 | -25.941 |
| $CaMg(CO_3)_2$ | -2332.58 | 193.72 | 61.09 | -18.53 |

将反应物和生成物的等压摩尔热容值代入式得：

$$\Delta_r H_m^\theta(T_w) = -13.692 + \left(-\frac{6.443}{1000}T_w^{\ 2} + 16.075T_w - \frac{17.406\times10^5}{T_w}\right)/1000, (kJ/mol) \tag{8-2-4}$$

式中，$T_w$ 为裂缝壁面温度，K。

对于白云岩储层的酸压，裂缝内的主要化学反应为：

$$CaMg(CO_3)_2 + 4H^+ = Ca^{2+} + Mg^{2+} + 2H_2O + 2CO_2\uparrow \tag{8-2-5}$$

用同样的方法可求得盐酸与白云岩在 $T_w$ 温度下的标准摩尔反应焓：

$$\Delta_r H_m^\theta(T_w) = -43.272 + \left(-\frac{21.508}{1000}T_w^{\ 2} + 49.552T_w - \frac{1.46 \times 10^5}{T_w}\right), (\text{kJ/mol}) \quad (8-2-6)$$

2)酸岩反应焓与压力的关系

酸压过程中，裂缝内压力高达几十兆帕，酸岩摩尔反应焓与常压不同，需计算高压条件下的酸岩摩尔反应焓。

$$\Delta_r H_m(T_w, p) = \Delta_r H_m^\theta(T_w) + \int_{1\text{atm}}^{p} \sum_i \nu_i \left[V_i - T_w\left(\frac{\partial V_i}{\partial T}\right)_p\right]_{T_w} dp \quad (8-2-7)$$

对于盐酸与碳酸盐岩的反应，除了生成的 $CO_2$ 部分为游离态，其他都是凝聚态。凝聚态物质的体积膨胀系数较小，可认为 $V_C - T_w\left(\frac{\partial V_C}{\partial T}\right)_p \approx V_C$ 。由于酸岩反应是在溶液中进行的，反应前后凝聚态物质的体积变化不大，因而可以认为 $\sum_C \nu_C(V_C)T_{w,p} \approx 0$ 。因而对于石灰岩酸岩反应热有：

$$\Delta_r H_m(T_w, p) = \Delta_r H_m^\theta(T_w) + f_g \int_{1\text{atm}}^{p} \left[V_{CO_2} - T_w\left(\frac{\partial V_{CO_2}}{\partial T}\right)_p\right]_{T_w} dp \quad (8-2-8)$$

对于白云岩酸岩反应热有

$$\Delta_r H_m(T_w, p) = \Delta_r H_m^\theta(T_w) + 2f_g \int_{1\text{atm}}^{p} \left[V_{CO_2} - T_w\left(\frac{\partial V_{CO_2}}{\partial T}\right)_p\right]_{T_w} dp \quad (8-2-9)$$

上式中 $f_g$ 为游离态 $CO_2$ 的摩尔分数，定义为1mol 反应发生时成游离态的那部分 $CO_2$ 的物质的量与生成的 $CO_2$ 总物质的量之比，可通过下式计算：

$$f_g = 1 - \frac{V_{acid} S_{CO_2}}{22.4} \quad (8-2-10)$$

式中，$V_{acid}$ 为1mol$CO_2$ 生成时产生的残酸体积，L；$S_{CO_2}$ 为相应温度和压力下 $CO_2$ 在残酸中的溶解度，$m^3/m^3$。

3)酸岩反应热与体积功的关系

碳酸盐岩与盐酸的反应会生成气态 $CO_2$。计算表明，通常情况下这些 $CO_2$ 不能全部溶解在残酸中，会有一部分游离在裂缝中。这说明酸岩反应过程中反应体系对环境做了体积功。$CO_2$ 体积功影响酸岩反应热的计算式为：

$$\Delta_r Q_m(T_w, p) = \Delta_r H_m(T_w, p) + V_{CO_2} p(f_g \cdot V_{CO_2}) \quad (8-2-11)$$

式中，$V_{CO_2}$ 为 $CO_2$ 的化学计量系数(石灰岩取1，白云岩取2)。

综合考虑温度、压力、$CO_2$ 体积功的影响，温度 $T_w$ 、压力 $p$ 时的酸岩摩尔反应热的计算公式为：

石灰岩：

$$\Delta_r Q_m(T_w, p) = 13.692 + \frac{\left(-\frac{6.443}{1000}T_w^{\ 2} + 16.075T_w - \frac{17.406 \times 10^5}{T_w}\right)}{1000} + \frac{1}{1000} f_g \int_{1\text{atm}}^{p} \left[V_{CO_2} - T_w\left(\frac{\partial V_{CO_2}}{\partial T}\right)_p\right]_{T_w} dp + \frac{1}{1000} p f_g V_{CO_2} \quad (8-2-12)$$

白云岩：

$$\Delta_r Q_m(T_w,p) = 43.272 + \frac{\left(-\frac{21.508}{1000}T_w^{\ 2} + 49.522\,T_w - \frac{1.46\times10^5}{T_w}\right)}{1000} +$$

$$\frac{1}{1000}2f_g\int_{1atm}^{p}\left[V_{CO_2} - T_w\left(\frac{\partial V_{CO_2}}{\partial T}\right)_p\right]_{T_w}dp + \frac{1}{1000}2p f_g V_{CO_2} \quad (8-2-13)$$

### 3. $CO_2$摩尔体积的计算

$CO_2$的临界压力为7.4MPa，临界温度为31℃。一般碳酸盐岩储层的埋深都大于1000m，其地层温度和压力都高于$CO_2$的临界值，因而认为游离态$CO_2$在地层中处于超临界状态。处于超临界状态的流体具有特殊的性质：黏度接近气体，密度接近液体。选用半经验的BWR状态方程对其进行描述：

$$p = \frac{RT}{V} + \left(B_0RT - A_0 - \frac{C_0}{T^2}\right)\frac{1}{V^2} + (bRT - a)\frac{1}{V^3} + \frac{\alpha a}{V^6} + \frac{c\left(1+\frac{\gamma}{V^2}\right)}{T^2V^3}e^{-\frac{\gamma}{V^2}} \quad (8-2-14)$$

式中，$p$为裂缝绝对压力，bar；$T$为裂缝温度，K；$V$为物质的量体积，$cm^3/mol$；$R$为气体常数，$bar\cdot cm^3/K\cdot mol$（1bar=100kPa）。

其余8个参数$A_0$、$B_0$、$C_0$、$a$、$b$、$c$、$\alpha$、$\gamma$为采用非线性最小二乘法拟合的超临界$CO_2$状态方程经验参数，相关取值如下：

$$\begin{cases} A_0 = 2.52730\times10^6(cm^3\cdot g/mol)^2bar \\ B_0 = 4.32945\times10^1(cm^3\cdot g/mol) \\ C_0 = 1.43215\times10^{11}(cm^3\cdot g/mol)^2K^2bar \\ \alpha = 1.30765\times10^8(cm^3\cdot g/mol)^3bar \\ b = 4.18926\times10^3(cm^3\cdot g/mol)^2 \\ c = 1.33125\times10^{13}(cm^3\cdot g/mol)^2K^2bar \\ a = 6.47800\times10^4(cm^3\cdot g/mol)^3 \\ \gamma = 4.48266\times10^3(cm^3\cdot g/mol)^2 \end{cases}$$

在已知温度、压力的前提下，仍然无法用式（8－2－14）直接求得$CO_2$的物质的量体积。因此构造非线性函数式(8－2－15)，采用牛顿迭代法进行求解：

$$f(V) = -p + \frac{RT}{V} + \left(B_0RT - A_0 - \frac{C_0}{T^2}\right)\frac{1}{V^2} +$$

$$(bRT - a)\frac{1}{V^3} + \frac{\alpha a}{V^6} + \frac{c\left(1+\frac{\gamma}{V^2}\right)}{T^2V^3}e^{-\frac{\gamma}{V^2}} \quad (8-2-15)$$

$$V^{k+1} = V^k - \frac{f(V^k)}{f'(V^k)}$$

式中，$k$为迭代次数。

### 4. $CO_2$在残酸中溶解度的计算

酸岩反应生成的$CO_2$部分溶解在余酸溶液中，部分游离在裂缝内。由于缺少$CO_2$在残酸溶液中溶解度的实验数据，1997 年 Gu Fagan 等人提出采用高温高压下$CO_2$在不同$CaCl_2$溶液中的溶解度代替其在残酸中的溶解度，并对 C. F. Prutton 与 R. L. Savage 实验成果进行了线性回归，相关成果如下：

0% 的氯化钙溶液：

$$S=\begin{cases}28.75+0.1617p\cdots(35℃)\\23.59+0.1918p\cdots(75℃)\\23.26+1.2120p\cdots(120℃)\end{cases}\tag{8-2-16}$$

20% 的氯化钙溶液：

$$S=\begin{cases}11.93+0.0862p\cdots(35℃)\\9.369+0.1049p\cdots(75℃)\\9.764+0.1070p\cdots(120℃)\end{cases}\tag{8-2-17}$$

35% 的氯化钙溶液：

$$S=\begin{cases}5.126+0.3064p\cdots(35℃)\\4.203+0.03683p\cdots(75℃)\\3.433+0.05777p\cdots(120℃)\end{cases}\tag{8-2-18}$$

43% 的氯化钙溶液：

$$S=\begin{cases}1.799+0.01939p\cdots(35℃)\\1.570+0.01821p\cdots(75℃)\\1.401+0.02453p\cdots(120℃)\end{cases}\tag{8-2-19}$$

式中，$S$ 为$CO_2$在$CaCl_2$溶液中的溶解度，$m^3/m^3$；$P$ 为裂缝中绝对压力，MPa。

以上各式是在特定温度下，$CO_2$在不同浓度$CaCl_2$溶液中溶解度随压力的变化，采用拉格朗日二次插值可获得不同温度$CO_2$在不同浓度$CaCl_2$溶液中溶解度随压力的变化，进而计算酸化压裂过程中$CO_2$溶解在残酸溶液中的物质的量。

### 5. 残酸体积的计算

假定酸岩反应前后溶液体积不发生变化，即认为残酸的体积约等于鲜酸的体积。则 1mol$CO_2$生成时产生的残酸体积可表示为：

$$V(残酸)\approx V(HCl,aq)=\frac{m(HCl,aq)}{\rho(HCl,aq)}=\frac{(36.5\times 2)/C_0}{1+C_0/2}\tag{8-2-20}$$

## 二、裂缝中温度场、浓度场的计算

### 1. 裂缝中酸浓度、温度分布模型

假设如下：

(1)缝内液体的温度只沿缝长方向发生变化。

(2)只考虑垂直方向上地层与流体之间的热交换，忽略缝长和缝高方向的热交换。

(3)地层和流体两种介质的物理性质不随温度和时间发生变化，酸液为不可压缩液体。

(4)酸液在缝高方向上发生强迫对流，不产生浓度差。

(5)在岩石壁面酸岩反应放出的热量立即作用于液体，改变了液体的温度。

(6)地层向裂缝传热遵循 Whitsitt－Dysart(W－D)传热规律。

将整个施工时间划分成多个时间微元，则在每个时间微元内，裂缝温度场可以看作是稳定的。对应于每一个时间微元，延缝长方向将裂缝划分为许多微元，只要长度微元取得足够小，该段裂缝的缝宽可看作是恒定的。在每个裂缝微元内，由能量守恒原理可得：

$$\frac{\partial(v_x T)}{\partial(x)}+\frac{\partial(v_y T)}{\partial(y)}=\frac{K_{\mathrm{hf}}}{\rho_{\mathrm{f}} C_{\mathrm{f}}}\frac{\partial^2 T}{\partial y^2} \tag{8-2-21}$$

边界条件：$x=0$，$T=T_0$；$y=0$，$\frac{\partial T}{\partial y}=0$；$y=\pm\frac{w}{2}$，$K_{\mathrm{hf}}\frac{\partial T}{\partial y}=k_{\mathrm{R}}C^{\mathrm{m}}[-\Delta_{\mathrm{r}}Q_{\mathrm{m}}(T_{\mathrm{w}},\ p)]+q_{\mathrm{h}}(t)$。

式中，$v_x$、$v_y$ 为缝长、缝宽方向的酸液流速，m/s；$K_{\mathrm{hf}}$ 为裂缝流体的导热系数，W/(m·℃)；$\rho_{\mathrm{f}}$ 为裂缝流体密度，g/cm$^3$；$q_{\mathrm{h}}(t)$ 为地层岩石和裂缝流体之间热传递的热流量；$C_{\mathrm{f}}$ 为裂缝流体比热，J/(kg·℃)；$C$ 为酸液浓度；$\Delta_{\mathrm{r}}Q_{\mathrm{m}}(T_{\mathrm{w}},p)$ 为对应温度、压力下的酸岩摩尔反应热。

由 Whitsitt 和 Dysart 推导的地层向裂缝热传递的热流量可得：

$$q_{\mathrm{h}}(t)=\sqrt{\frac{M_{\mathrm{ma}}K_{\mathrm{hr}}}{\pi t}}(T_i-T_{\mathrm{w}})[\mathrm{e}^{-\varepsilon^2}-\sqrt{\pi}\varepsilon erfc(\varepsilon)] \tag{8-2-22}$$

$$\varepsilon=\frac{v_1 C_{\mathrm{f}}\rho_{\mathrm{f}}}{2(1-\phi)}\sqrt{\frac{t}{M_{\mathrm{ma}}K_{\mathrm{hr}}}}$$

式中，$M_{\mathrm{ma}}$为地层岩石的体积热容，$M_{\mathrm{ma}}=\rho_{\mathrm{r}}C_{\mathrm{r}}$；$K_{\mathrm{hr}}$为地层岩石导热系数，W/(m·℃)。

地层岩石到反应壁面的热流密度函数，加上壁面产生的酸岩反应热等于从壁面到裂缝中的传递热量。连续性方程为：

$$\frac{\partial v_x}{\partial x}+\frac{\partial v_y}{\partial y}=0 \tag{8-2-23}$$

边界条件：$x=0$，$v_x=v_0$；$y=\pm\frac{w}{2}$，$v_y=v_1$

式中，$v_1$ 为酸液滤失速度，m/s。

## 2. 酸岩反应模型

裂缝中的温度分布对酸液的反应速度具有较大的影响，因而需要建立裂缝内温度场模型，对裂缝中酸液流动模型作进一步的推导，见图 8－2－1。

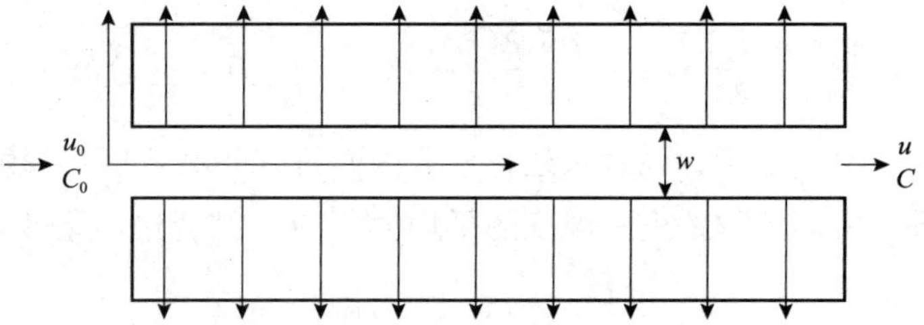


图 8－2－1　酸液在裂缝中的流动示意图

假设如下：

(1) 酸液的密度均匀，不考虑自然对流对传质系数的影响。

(2) 酸岩反应所溶蚀的岩石体积不产生对模型的影响。

(3) 只考虑酸液在宽度方向对流扩散，不考虑裂缝高度方向上的对流扩散。

在每个裂缝微元内，酸液浓度的分布满足下面的物质平衡方程：

$$\frac{\partial(v_x C)}{\partial(x)} + \frac{\partial(v_y C)}{\partial(y)} = \frac{\partial}{\partial y}\left(D_e \frac{\partial C}{\partial y}\right) \tag{8-2-24}$$

边界条件：$x = 0, C = C_0; y = 0, \frac{\partial C}{\partial y} = 0; y = \pm \frac{w}{2}, -D_e \frac{\partial C}{\partial y} = k_R C^m$

式中，$k_R$为酸岩反应速度常数；$m$ 为反应级数；$D_e$ 为氢离子有效传质系数，$m^2/s$。

## 3. 停泵后裂缝及近缝带温度场模型

K－D－R 建立的岩石能量方程，地层岩石传热到滤失带外缘是直接与地层岩石内部热传递相关的，因而在分析酸液的温度剖面时，应当考虑地层岩石的温度梯度：

$$\frac{\partial T_r}{\partial t} = \frac{K_{ef}}{(\rho C)_{ef}} \frac{\partial^2 T_r}{\partial y^2} - \frac{\rho_f C_f}{(\rho C)_{ef}} vl \frac{\partial T_r}{\partial y} \tag{8-2-25}$$

停泵后近缝地带的温度会逐渐恢复，其变化规律：

$$\frac{\partial T_r}{\partial t} = \frac{K_{ef}}{(\rho C)_{ef}} \frac{\partial^2 T_r}{\partial y^2} (0 \leqslant y \leqslant l') \tag{8-2-26}$$

式中，$T_r$ 为岩石温度，℃；$y$ 为垂向于裂缝的距离，m；$K_{ef}$ 为多孔介质的有效导热系数，W/(m·K)，$K_{ef} = \phi K_f + (1-\phi)K_{hr}$；$(\rho C)_{ef}$ 为充满液体的岩石密度和比热容有效乘积，$(\rho C)_{ef} = \phi \rho_f C_f + (1-\phi)\rho_r C_r$；$l'$ 为裂缝周围地层受冷却温度影响的最远边界，m。

## 5. 裂缝中酸浓度、温度分布模型的求解

1) 酸液浓度分布求解

首先确定一个时间点，由上一章的方法计算该时间点对应的缝长及缝宽。然后，以单

个裂缝微元为研究对象，分别求解其酸液浓度。采用 lumping 方法，将酸液浓度沿缝宽方向取平均值，从而将式(8－2－24)化为常微分方程。具体过程如下：

式中各项同时乘以 d$y$，并在 0 到 $\frac{w}{2}$ 上积分，即有：

$$\int_0^{\frac{w}{2}} \frac{\partial(v_x C)}{\partial x} \mathrm{d}y + \int_0^{\frac{w}{2}} \frac{\partial(v_y C)}{\partial y} \mathrm{d}y = \int_0^{\frac{w}{2}} D_{\mathrm{e}} \left(\frac{\partial^2 C}{\partial y^2}\right) \mathrm{d}y \tag{8-2-27}$$

由于酸压缝宽只有几毫米，而缝长达百米。因而研究酸液浓度、温度在缝长的变化比较有实际意义，在 $y$ 方向上取浓度和温度的平均值$\overline{C}$，$\overline{T}$。结合边界条件可得：

$$w\, v_x \frac{\mathrm{d}\,\overline{C}}{\mathrm{d}x} = 2(vl - k_{\mathrm{g}})(\overline{C} - C_{\mathrm{w}}) \tag{8-2-28}$$

$$k_{\mathrm{g}}(\overline{C} - C_{\mathrm{w}}) = k_{\mathrm{R}}\, C^m \tag{8-2-29}$$

2)温度分布的求解

缝长和缝宽决定了裂缝的边界，首先确定各时刻对应的缝长与缝宽分布。然后以单个裂缝微元为研究对象，分别计算其温度。

这里仍采用 lumping 方法，将式(8－2－30)的各项在 0 到 $\frac{w}{2}$ 上积分，即有：

$$\int_0^{\frac{w}{2}} \frac{\partial(v_x T)}{\partial x} \mathrm{d}y + \int_0^{\frac{w}{2}} \frac{\partial(v_y T)}{\partial y} \mathrm{d}y = \int_0^{\frac{w}{2}} \frac{K_{\mathrm{hf}}}{\rho_{\mathrm{f}}\, C_{\mathrm{f}}} \left(\frac{\partial^2 T}{\partial y^2}\right) \mathrm{d}y \tag{8-2-30}$$

采取与前面计算浓度场一样的方法化简可得：

$$w\, v_x \frac{\mathrm{d}\,\overline{T}}{\mathrm{d}x} = 2\left(vl - \frac{h_{\mathrm{T}}}{\rho_{\mathrm{f}}\, C_{\mathrm{f}}}\right)(\overline{T} - T_{\mathrm{w}}) \tag{8-2-31}$$

$$h_{\mathrm{T}}(T_{\mathrm{w}} - \overline{T}) = k_{\mathrm{R}} C_{\mathrm{w}}^{\mathrm{m}} [\Delta_{\mathrm{r}} H_{\mathrm{m}}(T_{\mathrm{w}}, p)] + q_{\mathrm{h}}(t) \tag{8-2-32}$$

3)酸岩反应中各系数的求解

由于裂缝壁面边界温度 $T_{\mathrm{w}}$、酸液浓度 $C_{\mathrm{w}}$ 与主流区平均温度 $\overline{T}$、浓度 $\overline{C}$ 存在差别，从而产生传质、传热现象，传质速度与传质、传热系数密切相关。

(1)传质系数 $k_{\mathrm{g}}$：

对流传质系数：在单位时间内通过单位面积，在单位浓度差下的对流传质量，数值上等于传质流量与浓度差的比值。

由：

$$D_{\mathrm{e}} \frac{\partial C}{\partial y} = k_{\mathrm{g}}(\overline{C} - C_{\mathrm{w}}), \quad y = \frac{w}{2} \tag{8-2-33}$$

可得：

$$k_{\mathrm{g}} = D_{\mathrm{e}} \frac{\partial C}{\partial y} / (\overline{C} - C_{\mathrm{w}}), \quad y = \frac{w}{2} \tag{8-2-34}$$

(2)传热系数 $h_{\mathrm{T}}$：

对流换热是指流体与固体壁面直接接触时所发生的热传递过程。对流换热与对流传质类似，热量的传递既靠流体中分子间的微观导热作用，又靠流体微团不断运动和相互混合时的热对流作用。其在数值上等于流体与固体壁面之间温差为1℃时，单位时间内单位面积上的对流换热量。则

$$h_T = K_{hf}\frac{dT}{dy}/(T_w - T_{pj}),\ y = \frac{w}{2} \tag{8-2-35}$$

传质系数与传热系数与舍伍德数、努谢尔数等有如下关系，

$$k_g = \frac{N_{sh}D_e}{2W} \tag{8-2-36}$$

$$h_T = \frac{N_{Nu}K_{hf}}{2W} \tag{8-2-37}$$

式中，$N_{sh}$为舍伍德数，$N_{Nu}$为努谢尔数。

当雷诺数 $N_{Re} > 7000$ 时，

$$N_{sh} = 0.026(N_{Re})^{0.8}(N_{sc})^{1/3} \tag{8-2-38}$$

$$N_{Nu} = 0.026(N_{Re})^{0.8}(N_{pr})^{1/3} \tag{8-2-39}$$

当 $1800 < N_{Re} < 7000$ 时，

$$N_{sh} = 0.0011038(N_{Re})^{1.1532}(N_{sc})^{1/3} \tag{8-2-40}$$

$$N_{Nu} = 0.0011038(N_{Re})^{1.1532}(N_{pr})^{1/3} \tag{8-2-41}$$

当 $N_{Re} < 1800$ 时，

$$N_{sh} = 0.332(N_{Re})^{0.5}(N_{sc})^{1/3} \tag{8-2-42}$$

$$N_{Nu} = 0.332(N_{Re})^{0.5}(N_{pr})^{1/3} \tag{8-2-43}$$

式中，$N_{Re} = \frac{2Wv_x}{v}$，$N_{sc} = \frac{v}{D_e}$，$N_{pr} = \frac{\mu C_f}{K_{hf}}$；$v$ 为酸液运动黏度，$m^2/s$；$C_f$ 为酸液比热，J/(kg·K)；$\mu$ 为酸液动力黏度，N·s/m。

(3)氢离子有效扩散系数 $D_e$ 的求法

氢离子有效扩散系数是温度的函数，由 Arrielius 方程表示为：

$$D_e = D_{e0}\exp\left[\frac{E_a(T - T_0)}{RT\,T_0}\right] \tag{8-2-44}$$

式中，$R$ 为气体普适常数，8.314J/(mol·K)；$E_a$ 为反应活化能，J/mol；$D_{e0}$ 为特定温度 $T_0$ 下的氢离子有效传质系数，由实验测得；$\bar{T}$ 为缝中流体平均温度，K。

反应速度常数受温度的影响很大，由 Arrielius 理论可表示为

$$k_R = k_0\exp\left(-\frac{E_a}{R\bar{T}}\right) \tag{8-2-45}$$

式中，$k_0$ 为频率因子。

## 三、实例计算

### 1. 程序设计框图(图8－2－2)

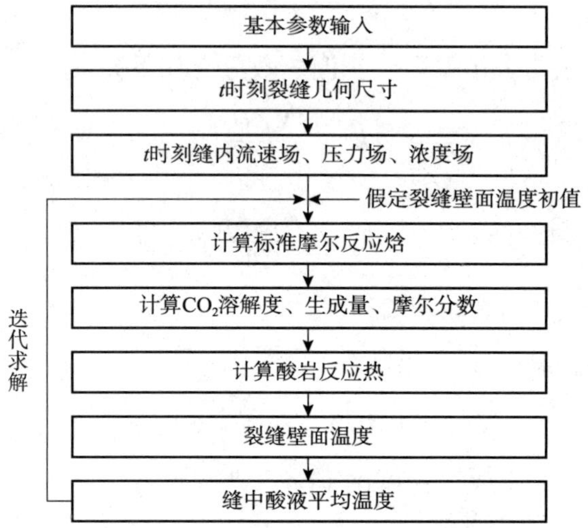


图8－2－2　考虑酸岩反应热的裂缝温度场计算流程图

### 2. 酸压裂缝温度场/浓度场计算

根据建立的酸压全过程(包括停泵后)裂缝温度场、浓度场模型，开发考虑酸岩反应热的温度场及酸液浓度场计算程序，输入基本参数见表8－2－2，分析排量、注入酸液浓度等对酸压效果的影响，根据计算的停泵后裂缝中酸液浓度变化优化设计合理的返排时机。

**表8－2－2　基本参数输入表**

| 参　数 | 数　据 | | 参　数 | 数　据 |
|---|---|---|---|---|
| 储层厚度/m | 6 | | 泊松比 | 0.25 |
| 储层孔隙度/% | 马五1+2亚段 | 5.43 | 地层岩石比热/(J/kg·℃) | 880 |
| | 马五5亚段 | 5.65 | | |
| 储层渗透率/$10^{-3}\mu m^2$ | 马五1+2亚段 | 1.58 | 地层岩石导热系数/(W/m·℃) | 0.57 |
| | 马五5亚段 | 0.41 | | |
| 地层温度/℃ | 100 | | 流体比热/(J/kg·℃) | 4180 |
| 储层最小水平主应力/MPa | 55 | | 流体导热系数/(W/m·℃) | 0.55 |
| 储层埋深/m | 2900 | | 酸液黏度/(mPa·s) | 20 |
| 杨氏模量/MPa | 35000 | | 地层压力/MPa | 24.5 |

1)不同排量下的裂缝温度场及浓度场

设计单段施工时间40min，改变施工排量，分析不同施工排量对裂缝中温度场、浓度场的影响。

(1)白云岩(马五 1 +2 亚段):

模拟计算结果表明，排量越大酸液的有效作用距离越大，增加施工排量有助于提高酸蚀裂缝半长；停泵后酸液与岩石继续反应，停泵后 10min 酸液才变为残酸，因而酸压后需关井一段时间后返排，见图 8 -2 -3 ~ 图 8 -2 -6。

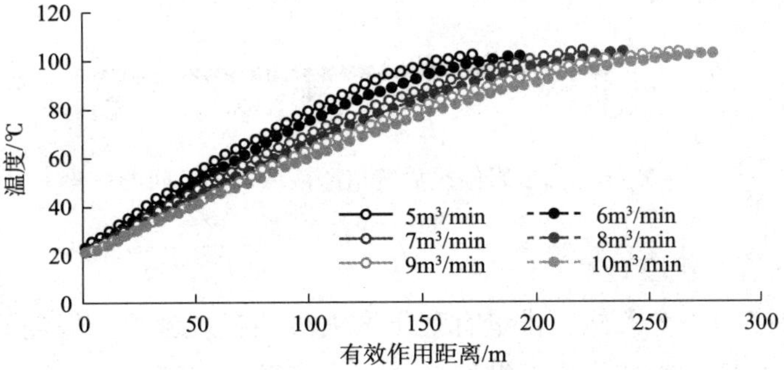


图 8 -2 -3　白云岩不同排量下缝中酸液温度

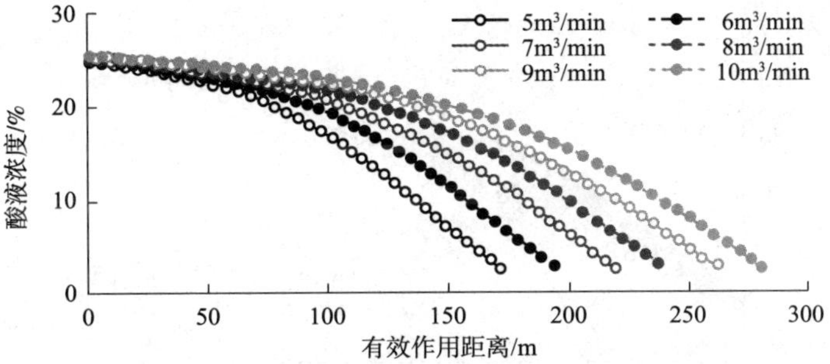


图 8 -2 -4　白云岩不同排量下缝中酸液浓度

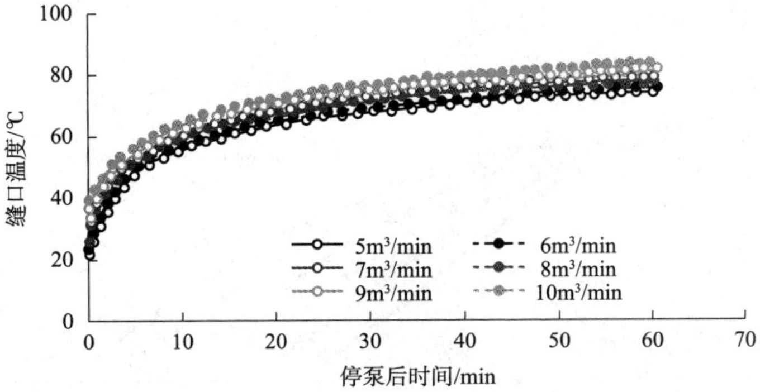


图 8 -2 -5　白云岩停泵后井底温度随时间的恢复

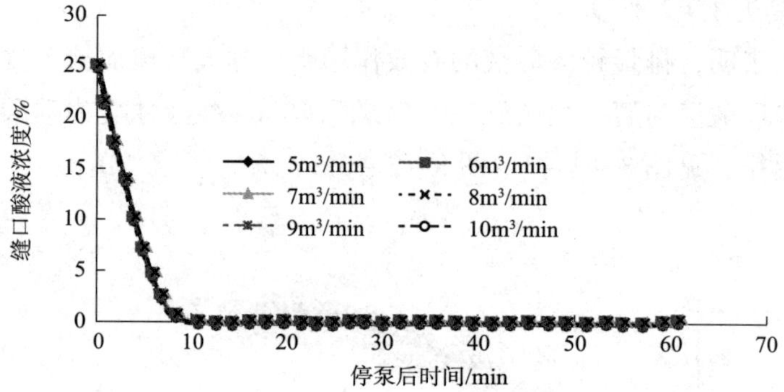


图 8-2-6　白云岩停泵后缝口酸液浓度随时间的变化

(2)石灰岩(马五 5 亚段):

模拟计算结果表明:增大施工排量有利于增大酸蚀有效缝长,但随着排量的增大,增幅会逐渐减小;停泵后,酸液与岩石继续反应,由于酸液与石灰岩的反应速度快于与白云岩的反应速度,对于石灰岩而言,停泵后缝口酸液浓度很快变为残酸(约 3min),因而酸压后即可返排。

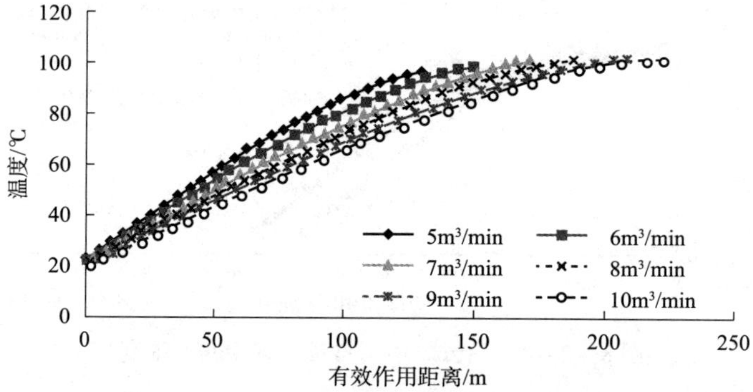


图 8-2-7　石灰岩不同排量下缝中酸液温度

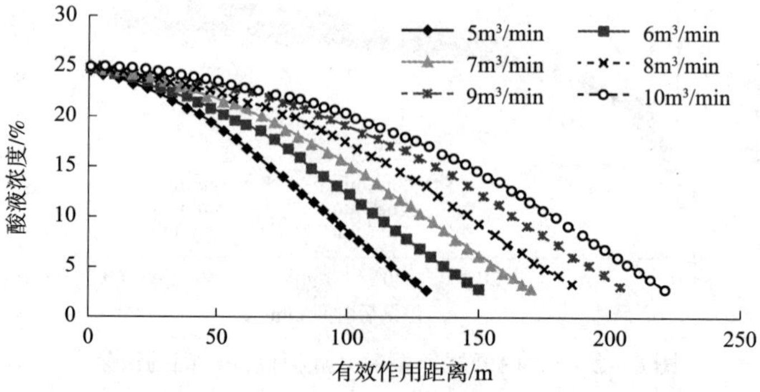


图 8-2-8　石灰岩不同排量下缝中酸液浓度

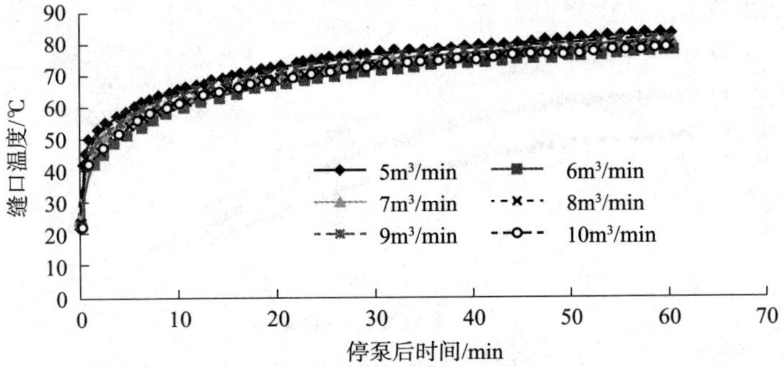


图 8-2-9 石灰岩停泵后井底温度随时间的恢复

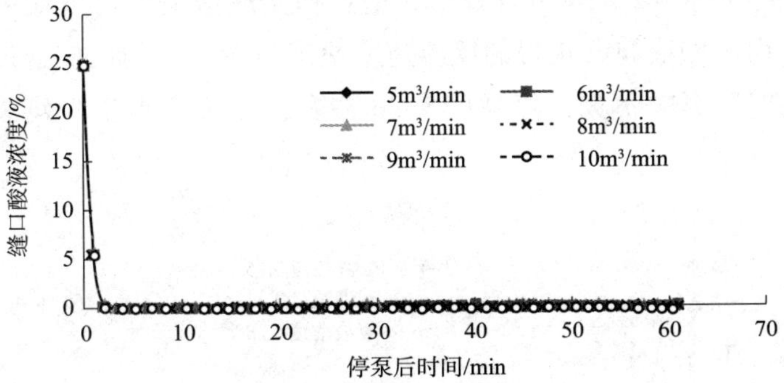


图 8-2-10 石灰岩停泵后缝口酸液浓度随时间的变化

### 2. 不同注酸浓度下的裂缝温度场及浓度场

1)白云岩

由图 8-2-11、图 8-2-12 可以看出，增加初始酸液浓度可以在一定程度上提高酸液有效作用距离，酸液浓度越高，停泵后缝口酸液反应为残酸的时间越长，但停泵后 10min 左右均变为残酸，因而酸压后需关井一段时间后返排。

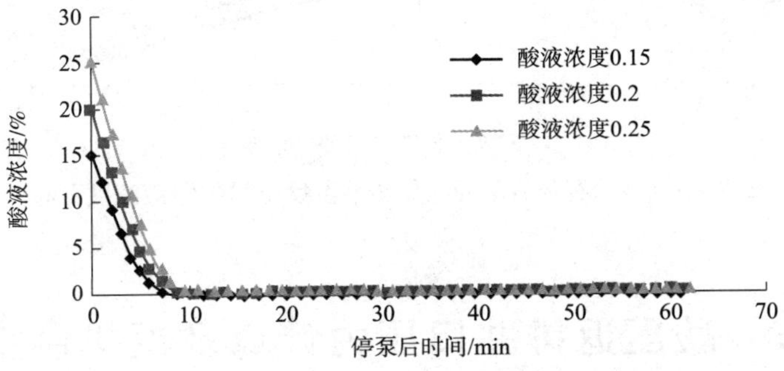


图 8-2-11 停泵后缝口酸液浓度随时间的变化

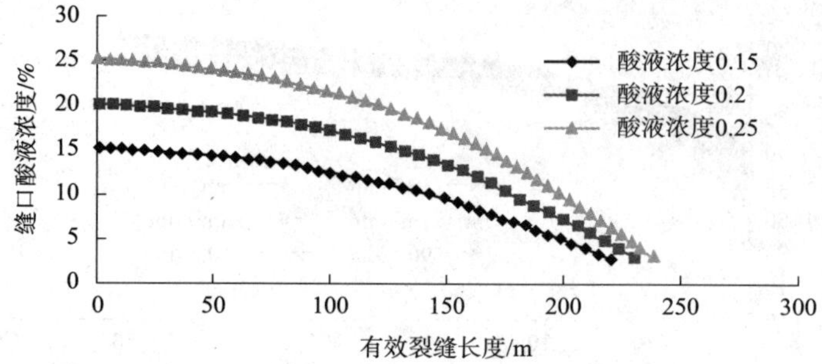


图 8－2－12　不同初始酸液浓度下缝中酸液浓度分布

2）石灰岩

由图 8－2－13、图 8－2－14 可以看出，增加初始酸液浓度可以在一定程度上提高酸液有效作用距离，由于酸液与石灰岩的反应速度快于与白云岩的反应速度，酸液浓度对停泵后反应为残酸的时间影响不大，停泵后 3min 左右，酸液几乎变为残酸，因此压后即可放喷。

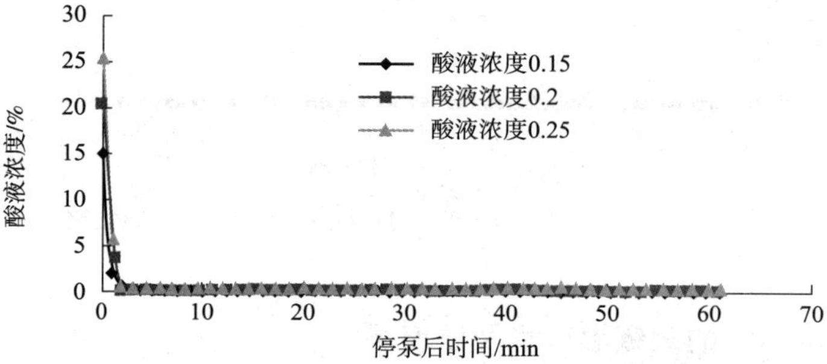


图 8－2－13　石灰岩停泵后缝口酸液浓度随时间的变化

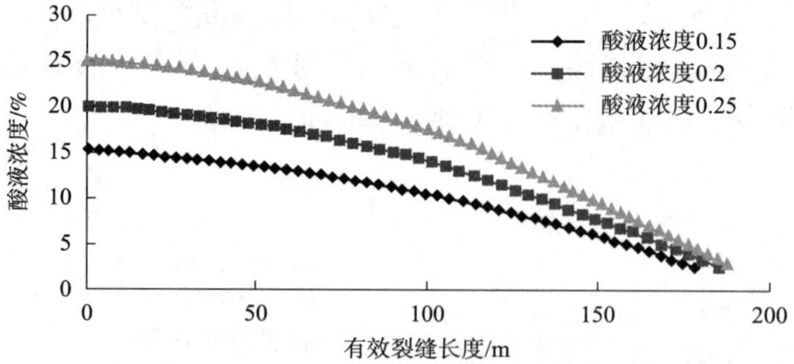


图 8－2－14　石灰岩不同初始酸液浓度下缝中酸液浓度分布

## 第三节　酸压返排井口压力计算及返排制度优化

水平井酸压返排制度的优化主要考虑降低残酸对储层伤害、加砂酸压井支撑剂回流和裂缝闭合对导流能力的影响，酸压后返排速度越快残酸对储层伤害越低，但容易造成支撑剂回流和裂缝闭合对导流能力的影响。因此，需要建立合理的返排制度，实现单井产能最大化释放。

## 一、返排井口压力模型

### 1. 模型假设条件

(1)泵时，压裂输砂剖面为全悬浮式。

(2)裂缝闭合后缝中支撑剂停止沉降。

(3)考虑流体压缩性。

(4)忽略有关壁厚占据的截面积。

(5)返排油嘴的进口压力等于对应时间的井口压力(0.1MPa)。

### 2. 数学建立

由物质平衡原理，返排期间裂缝体积的变化量等于停泵后的滤失量与返排量之和：

$$\Delta V_{\mathrm{f}} = V_{\mathrm{f}}(t) - V_{\mathrm{f}}(t_{\mathrm{p}}) = \Delta V_{1}(t) + \Delta V_{\mathrm{fc}} \tag{8-3-1}$$

$$\frac{\pi}{4}H_{\mathrm{f}}L_{\mathrm{p}}(W_{\mathrm{p}} - W) - \frac{\pi}{4}WH_{\mathrm{f}}\Delta L = \int_{t_{\mathrm{p}}}^{t+t_{\mathrm{p}}}\int_{0}^{L_{\mathrm{p}}+\Delta L}\frac{2C_{\mathrm{L}}H_{\mathrm{L}}}{\sqrt{t-\tau(x)}}\mathrm{d}x\mathrm{d}t + 2H_{\mathrm{L}}\Delta L S_{\mathrm{p}} + \frac{1}{2}c'V_{\mathrm{out}} \tag{8-3-2}$$

式中，$c' = 1 - c_{\mathrm{f}}\beta_{\mathrm{s}}(p'_{\mathrm{isip}} + p_{\mathrm{h}})$；$\Delta V_{\mathrm{f}}$ 为返排 $t$ 时间内裂缝体积的变化量，$\mathrm{m}^3$；$\Delta V_{1}(t)$ 为返排 $t$ 时间内压裂液的滤失量，$\mathrm{m}^3$；$\Delta V_{\mathrm{fc}}$ 为停泵后 $t$ 时间内井口返排的压裂液量，$\mathrm{m}^3$；$t_{\mathrm{p}}$ 为酸压施工时间，min；$t$ 为停泵后返排时间，min；$W_{\mathrm{p}}$ 为停泵时平均缝宽，m；$W$ 为返排 $t$ 时刻的平均缝宽，m；$H_{\mathrm{L}}$ 为裂缝高度，m；$L_{\mathrm{p}}$ 为停泵时裂缝半长，m；$\Delta L$ 为停泵后延伸的缝长，m；$C_{\mathrm{L}}$ 为酸液滤失系数，$\mathrm{m/min^{0.5}}$；$S_{\mathrm{p}}$ 为初滤失系数，$\mathrm{m^3/m^2}$；$\beta_{\mathrm{s}}$ 为停泵后缝内平均压力与井底压力之比；$p'_{\mathrm{isip}}$ 为停泵后瞬时关井井口压力，MPa；$p_{\mathrm{h}}$ 为静压柱压力，MPa；$c'$ 为酸液有效压缩系数；$V_{\mathrm{out}}$ 为不考虑流体压缩性时，$t$ 时间内井口返排的压裂液量；$c_{\mathrm{f}}$ 为酸液压缩系数，$\mathrm{MPa^{-1}}$。

1)返排期间裂缝闭合过程中体积变化量

$$\Delta V_{\mathrm{f}} = \frac{\pi}{8}\frac{\beta_{\mathrm{s}}}{E'}H_{\mathrm{f}}L_{\mathrm{p}}b\left[p'_{\mathrm{isip}} + p_{\mathrm{h}} - p_{\mathrm{c}} - (p + p_{\mathrm{h}} - p_{\mathrm{c}})\left(\frac{t_{\mathrm{p}}+\Delta t}{t_{\mathrm{p}}}\right)^{e}\right] \tag{8-3-3}$$

2)返排期间裂缝闭合过程中酸液滤失量

$$\Delta V_{1}(t) = \frac{2\sqrt{\pi}\Gamma(e)C_{\mathrm{L}}H_{\mathrm{L}}L_{\mathrm{p}}\left(\frac{t_{\mathrm{p}}+\Delta t}{t_{\mathrm{p}}}\right)^{e}(\sqrt{t+t_{\mathrm{p}}} - \sqrt{t_{\mathrm{p}}})}{(e+0.5)\Gamma(e+0.5)} + 2H_{\mathrm{L}}L_{\mathrm{p}}\left[\left(\frac{t_{\mathrm{p}}+\Delta t}{t_{\mathrm{p}}}\right)^{e} - 1\right]S_{\mathrm{p}} \tag{8-3-4}$$

3)不同时刻的返排流量

返排过程中，返排液在返排管柱和井口的油嘴中作的流动都是一维流动，且在持续返排的过程中这种一维流动是相对稳定的，由 Bernoulli 方程可以得到在不同时刻放喷油嘴中压裂液的流量：

$$q(t) = 7.44 \times 10^4 \frac{\pi}{4} r^2 \rho^{-\frac{1}{2}} \left[1 + 0.5\left(1 - \frac{r^2}{R^2}\right) + \varepsilon\right]^{-\frac{1}{2}} [p(t) - 0.1]^{\frac{1}{2}} \quad (8-3-5)$$

累计返排量：

$$V_{out} = \int_0^t 1.86 \times 10^4 \pi r^2 \rho^{-\frac{1}{2}} \left[1 + 0.5\left(1 - \frac{r^2}{R^2}\right) + \varepsilon\right]^{-\frac{1}{2}} [p(t) - 0.1]^{\frac{1}{2}} dt \quad (8-3-6)$$

$$p_w(t) = p(t) + \rho g H \quad (8-3-7)$$

式中，$\rho$ 为返排酸液密度，$kg/m^3$；$\varepsilon$ 为嘴损系数；$r$ 为油嘴半径，m；$R$ 为井筒半径，m；$p(t)$ 为排液过程中 $t$ 时刻井口压力，MPa；$H$ 为井深，m。

对于石灰岩储层，酸压后立即返排，因此考虑裂缝强制闭合模型，即上述模型；而对于白云岩储层，由于酸压后需要关井一段时间，因此在开井返排前为裂缝自然闭合过程，此时仅考虑酸液向地层的滤失；开井后，在考虑滤失的情况下，加上井口返排量。

(1)裂缝闭合时间：

现场认为裂缝闭合与否的判断条件为裂缝内的压力是否已经达到闭合压力。当裂缝的缝内压力达到了闭合压力则说明裂缝已经闭合，由此可以由裂缝闭合时裂缝内压力与井底的关系式(8-3-8)：

$$P_f(t_c) \cdot \beta_s = P_c \quad (8-3-8)$$

得到裂缝闭合时的井底压力，将井底压力与前面得到的井底压力随时间的变化规律相对照，便得到裂缝的闭合时间。

(2)返排临界排量：

酸压结束之后支撑剂在近井筒带堆起量最大，在返排过程中近井筒带的支撑剂也是最容易回流的。如果在近井筒带的支撑剂都没有随压裂液排出，那么远离井筒的支撑剂也不会被返排液携带排出裂缝。所以在计算酸液的临界返排流量时，以近井筒带的支撑剂为研究对象。

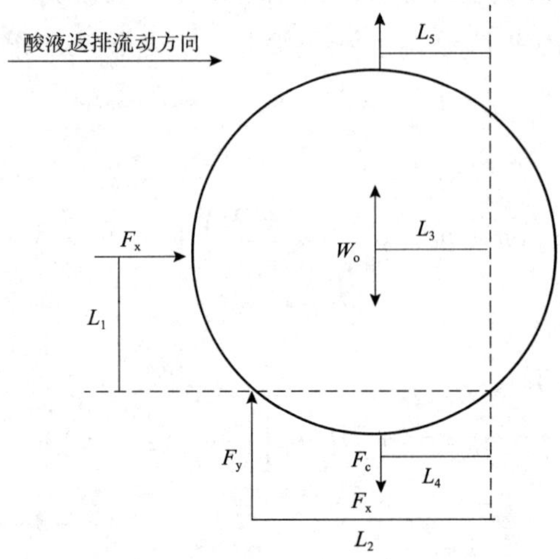

图 8-3-1　支撑剂运动受力示意图

①模型的建立：

支撑剂在压裂液返排时的受力情况如图 8-3-1 所示，下面对支撑剂所受每个力的计算进行分析。由于支撑剂颗粒非常小，浮力相对于其他力来说可以忽略，在此不对支撑剂的浮力进行考虑。

图 8－3－1 中支撑剂颗粒受力分析：

$W_o$ 为颗粒在液体中的重力，N；$F_x$ 为返排液对支撑剂颗粒向前的携带力，N；$F_y$ 为返排液对支撑剂颗粒向上的携带力，N；$F_c$ 为支撑剂颗粒间的相互作用力，N；$F_p$ 为压裂液对支撑剂的下压力，N；$L_1$、$L_2$、$L_3$、$L_4$、$L_5$ 为 $F_x$、$F_y$、$W_o$、$F_c$、$F_p$ 作用力臂长度，m。

$$F_x = \frac{\pi}{4} C_d \frac{\rho d_s^2 v^2}{2} \tag{8-3-9}$$

假设返排液对支撑剂向上的携带力等于返排液对支撑剂向前的携带力，则

$$F_y = \frac{\pi}{4} C_d \frac{\rho d_s^2 v^2}{2} \tag{8-3-10}$$

假设形状为球形，颗粒在液体中的质量 $W_o$

$$W_o = \frac{\pi}{6} d_s^3 g(\rho_s - \rho) \tag{8-3-11}$$

$$F_c = \frac{\pi}{32} d_s \varepsilon \tag{8-3-12}$$

$$F_p = \frac{\pi}{32} \gamma h d_s \delta \tag{8-3-13}$$

式中，$C_d$ 为酸液对支撑剂颗粒的阻力系数；$d_s$ 为支撑剂颗粒粒径，m；$v$ 为返排液流速，m/s；$\varepsilon$ 为支撑剂颗粒间作用力系数，Pa · m；$\gamma$ 为返排液重度，N/m$^3$；$\delta$ 为返排液薄膜参数，m。

②模型的求解：

在裂缝闭合前支撑剂颗粒受力有：返排液对支撑剂颗粒向前、向上的携带力及支撑剂所受的重力，由力矩平衡方程得出：

$$F_x L_1 + F_y L_2 = W_o L_3 \tag{8-3-14}$$

不同雷诺数下的酸液返排临界流速不同：

当 $Re \leqslant 2$ 时，

$$v_c = \frac{1}{36} \frac{d_s^2 g(\rho_s - \rho)}{\mu} \tag{8-3-15}$$

当 $2 < Re \leqslant 500$ 时，

$$v_c = \left( \frac{2}{55.5} d_s^{1.6} g \frac{\rho_s - \rho}{\rho^{0.4} \mu^{0.6}} \right)^{\frac{5}{7}} \tag{8-3-16}$$

当 $Re > 500$ 时，

$$v_c = \frac{1}{6} \sqrt{d_s g \frac{\rho_s - \rho}{\rho}} \tag{8-3-17}$$

裂缝闭合后支撑剂受力主要有：颗粒在液体中的重力，返排液对支撑剂颗粒向前、向上的携带力，支撑剂颗粒间的相互作用力和压裂液对支撑剂的下压力，由力矩平衡方程得出：

$$F_x L_1 + F_y L_2 = W_o L_3 + F_c L_4 + F_p L_5 \tag{8-3-18}$$

同雷诺数下的压裂液返排临界流速不同：

当 $Re \leqslant 2$ 时，

$$v_c = \frac{1}{36} \frac{d_s^2 g(\rho_s - \rho)}{\mu} + \frac{1}{192} \frac{\varepsilon}{\mu} + \frac{1}{192} \frac{\rho g h \delta}{\mu} \tag{8-3-19}$$

当 $2 < Re \leqslant 500$ 时，

$$v_c = \left( \frac{2}{55.5} d_s^{1.6} g \frac{\rho_s - \rho}{\rho^{0.4} \mu^{0.6}} + \frac{\varepsilon}{148\, d_s^{0.4} \rho^{0.4} \mu^{0.6}} + \frac{g h \delta \rho^{0.6}}{148\, d_s^{0.4} \mu^{0.6}} \right)^{\frac{5}{7}} \tag{8-3-20}$$

当 $Re > 500$ 时，

$$v_c = \left( 1.515 d_s g \frac{\rho_s - \rho}{\rho} + 0.284 \frac{\varepsilon}{\rho\, d_s} + 0.284 \frac{g h \delta}{d_s} \right)^{0.5} \tag{8-3-21}$$

当从井筒返排出的酸液的流量大于支撑剂回流的临界流速时，裂缝中支撑剂会被携带出裂缝，进而造成支撑剂的回流。

## 二、酸压返排制度优化

根据上述模型编制相应的程序，计算返排时不同直径油嘴下井口压力随时间的变化，预测裂缝闭合时间及支撑剂回流临界排量。针对不加砂酸压井返排制度优化，以降低残酸酸化、加快裂缝闭合为主要目的；针对加砂酸压井返排制度优化，在保证裂缝尽快闭合的前提下，需要考虑尽可能减少支撑剂的回流量，从而提高裂缝的导流能力。结合大牛地马五层段地质及施工特征，模拟数据如表 8－3－1。

**表 8－3－1　模拟基本参数输入**

| | | | | |
|---|---|---|---|---|
| 闭合压力/MPa | 35 | | 酸液压缩系数/$MPa^{-1}$ | 0.0000435 |
| 支撑剂视密度/($kg/m^3$) | 2650 | | 瞬时关井口压力/MPa | 22 |
| 支撑剂平均粒径/mm | 40/70 目 | 0.00034 | 停泵后裂缝延伸时间/min | 0 |
| | 30/50 目 | 0.00045 | | |
| | 20/40 目 | 0.000635 | | |
| 油嘴直径/mm | 8 | | 返排时间/min | 120 |
| 支撑剂用量/$m^3$ | 30 | | 支撑剂体积密度/($kg/m^3$) | 1600 |

### 1. 不考虑支撑剂回流影响的酸压返排制度优化

1）不同直径油嘴下的井口压力变化

由图 8－3－2 可知，随着油嘴直径的增大，井口压力下降越快，返排时油嘴直径过大，会导致地层压力快速下降，不利于后期生产，需要控压排液。

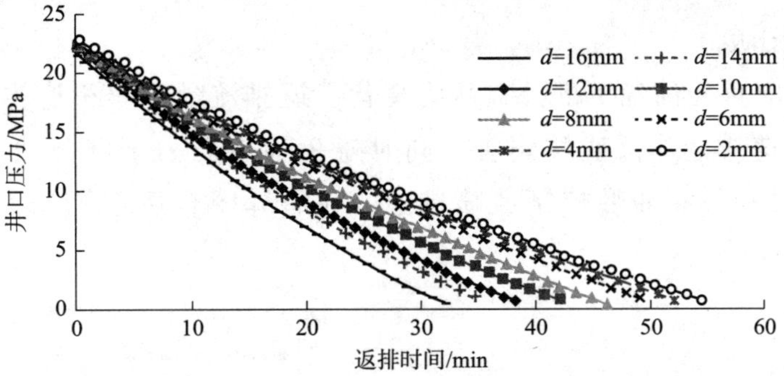


图 8－3－2　井口压力随时间变化曲线

2) 不同直径油嘴下的返排流量及累积返排量

由图 8－3－3 和图 8－3－4 可以看出，随着放喷油嘴嘴径的增大返排速度增大，累积返排量增大，因此在地层压力降低到相同值时，大油嘴返排过程压裂液滤失量小，累积返排量大，对残酸储层伤害小。

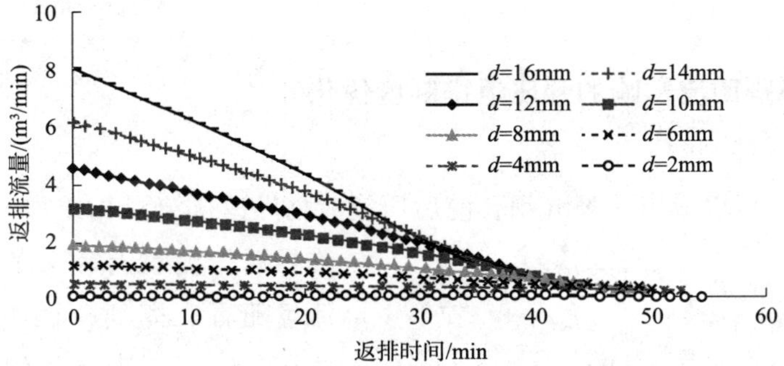


图 8－3－3　不同放喷油嘴直径下返排流量随时间变化曲线

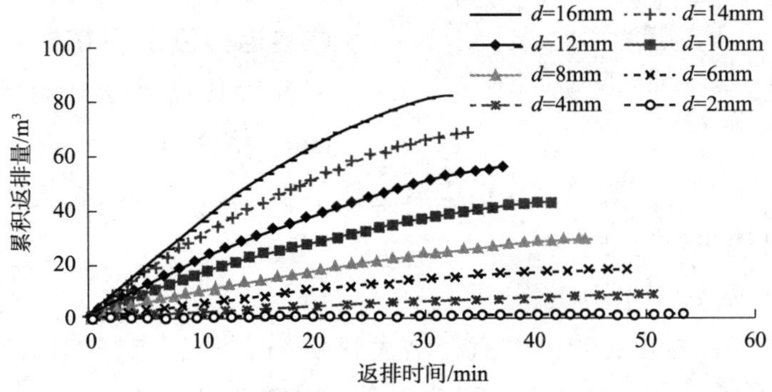


图 8－3－4　不同放喷油嘴直径下累积返排量随时间变化曲线

3) 不同直径油嘴下的裂缝闭合时间

由图 8－3－5 可以看出，放喷油嘴嘴径的选择在加速裂缝闭合，减少滤失方面可以起到一定的作用。

4)放喷排液图版

根据上述不同直径油嘴下的井口压力变化、返排流量及累积返排量、裂缝闭合时间分析，考虑快速排液降低残酸伤害，同时避免地层压力下降过快对后期生产的影响，优化初期采用6mm 油嘴控制放喷排液，在裂缝闭合后逐渐增大油嘴放喷排液，如图 8 -3 -6 所示。

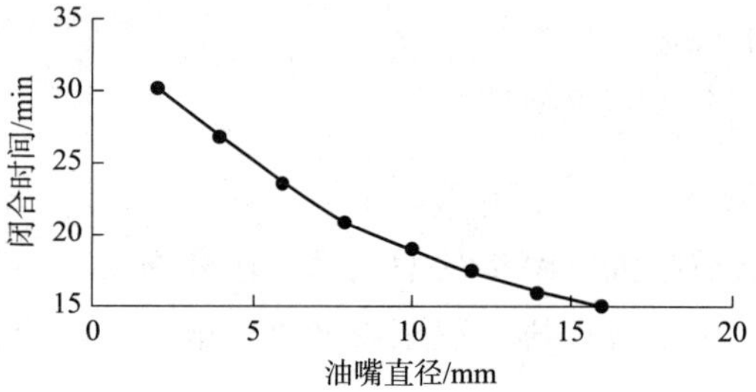


图 8 -3 -5　不同嘴径油嘴放喷时裂缝闭合时间(马五 5 亚段)

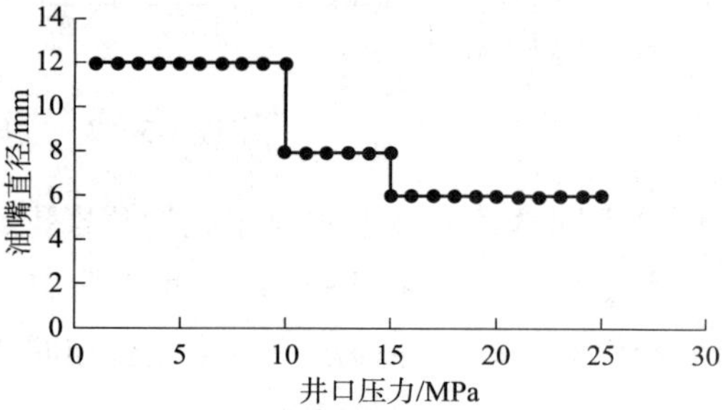


图 8 -3 -6　不加砂酸压返排不同井口压力对应的油嘴尺寸

## 2. 考虑支撑剂回流影响的酸压返排制度优化

1)不同类型支撑剂临界返排流量

由图 8 -3 -7 可以看出，裂缝闭合前后压裂液临界返排流量相差很大，支撑剂粒径对临界返排流量有较大的影响。临界返排流量随着支撑剂粒径的增大而增大，因此在酸压施工中选择较大粒径的支撑剂可以有效减少支撑剂的回流。

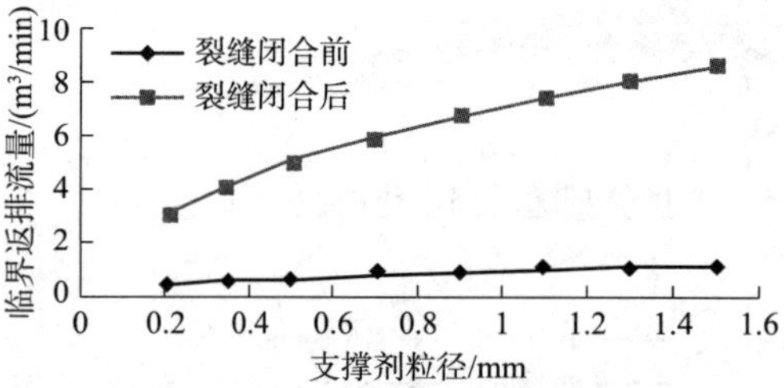


图 8 -3 -7　不同支撑剂粒径时临界返排流量

针对40/70 目支撑剂，裂缝闭合前其临界返排流量为 0. 5 ~ 0. 6$m^3$/min，裂缝闭合后其临界返排流量为 3. 1 ~ 4. 1$m^3$/min。结合图 8 -3 -3 可知，为了保证在返排过程中支撑剂不回流，裂缝闭合前应该选择小于 4mm 油嘴进行返排，裂缝闭合后应选择小于 10mm 油嘴进行返排。

2)不同直径油嘴支撑剂回流量分析

由图 8 -3 -8 可以看出，当油嘴直径增大到 8mm 以上，支撑剂回流量随返排时间增幅较大，使用直径为 6mm 油嘴放喷至裂缝闭合，支撑剂回流量 0. 8$m^3$，相对 8mm 或更大直径油嘴的支撑剂回流量较小。综合临界返排流量考虑，优化在裂缝闭合前选用直径为 4 ~6mm 油嘴进行放喷。

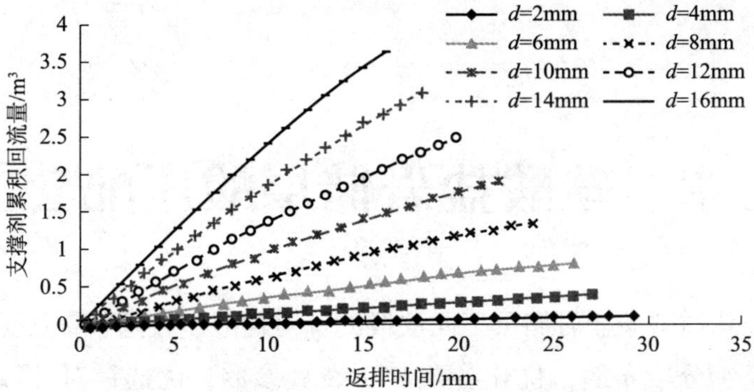


图 8－3－8　不同直径油嘴下支撑剂回流量随时间的变化

3)放喷排液图版

由图 8－3－9 可以看出，对于加砂酸压井，为了避免支撑剂回流，在返排初期，井口压力大于 20MPa 时，采用 4mm 油嘴返排，之后采用 6mm 尺寸返排至井口压力降为 12MPa 左右，进一步增大油嘴尺寸，当井口压力下降到 10MPa 后，建议采用 12mm 油嘴尺寸进行返排。

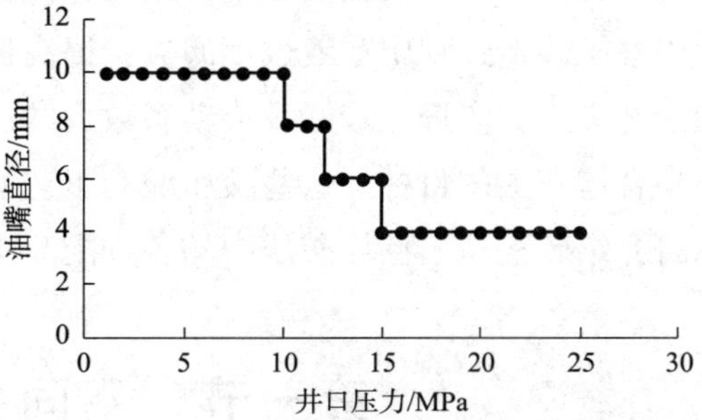


图 8－3－9　加砂酸压返排不同井口压力对应的油嘴尺寸

# 第九章　碳酸盐岩储层酸压配套工艺

为了实现强非均质碳酸盐岩储层不同层段的针对性酸压改造，需要采取合理的分段方式对各层段进行精细分段布缝，优化各段酸压裂缝参数，优选针对性改造工艺及施工参数，才能最大化动用各层段天然气储量，提高单井产量。同时，酸压过程中采用液氮助排工艺，可以加快压后酸液的返排速度，减少残酸对地层的伤害。采用纤维降滤措施，可以解决酸压改造过程中酸液过度滤失，提高压开储层的几率和能力。投入暂堵转向剂，依靠酸液携带进入渗透性较好及流动系数大的层段，堆积实现暂堵转向，从而达到强非均质储层中合理布酸的目标。这些酸压配套工艺对于提升储层改造效果均具有一定意义，因此本章将介绍碳酸盐岩储层酸压中的各种配套工艺的原理及应用。

## 第一节　不同井型分段酸压工艺

碳酸盐岩储层非均质性强，不同类型储层从储集空间类型、储层成因、储层特征等方面存在较大差异，常规笼统酸压无法实现强非均质储层的均匀布酸，并且容易造成酸液在高渗层指进，进一步增大层间渗流差异(周福建，2021)，导致低渗层段得不到酸压改造，影响储层整体改造效果。分段酸压有利于实现“一段一策”的差异化酸压设计思路，针对性提高各层段酸压改造。

### 一、直井分层酸压工艺

直井酸压改造过程中存在纵向非均质强、薄互层发育射孔井段多等难题，为了对直井进行均匀酸压，可以采用机械封隔器分层或桥塞分层的方式将各段封隔，针对性优化施工参数。

#### 1. 机械封隔器分层酸压工艺

机械封隔器分层酸压工艺是指利用油管+封隔器组合将酸压目的层与其上下层段分隔开来成为一个独立压裂单元的分层酸压方法。该工艺管柱主要由K344水力扩张式封隔器、水力锚、滑套式喷砂器、安全接头、球座等部份组成，见图9－1－1。

酸压施工主要流程为：一次射开两段或三段气层之后，下入分压管柱，利用封隔器将井筒内各储层的射孔段分开，再利用滑套式喷砂器封住除最底部的射孔段。压裂时，首先依靠球座喷砂器节流，使封隔器坐封，通过滑套式喷砂器将上部射孔段堵住，压裂下部气

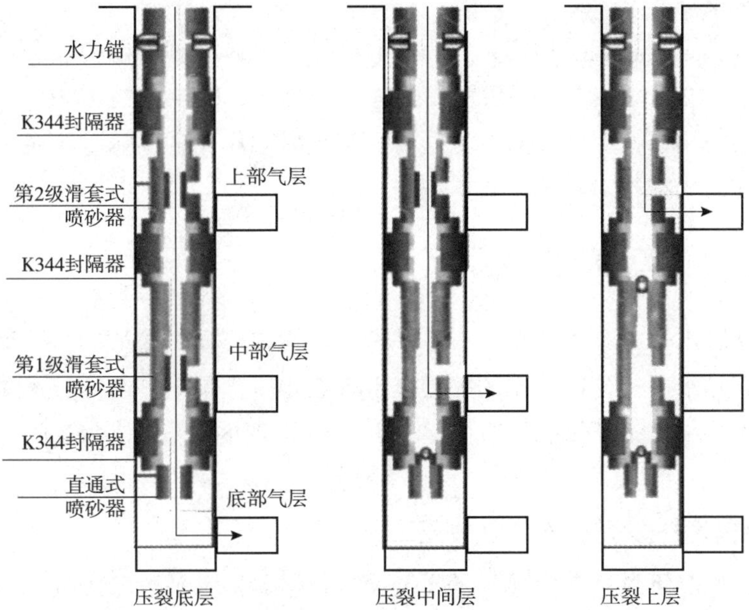


图 9-1-1　K344 封隔器不动管柱分压合采管柱示意图

层；然后投球打开第一级滑套，使中间气层连通，并封隔底部改造层，对中间气层进行压裂，再依次投球打开第二级滑套，使上部气层连通，并封隔中间改造层，对上部气层进行压裂。该工艺是通过封隔器的封隔及井下喷砂器滑套的开启来实现由下而上逐层改造，最终实现不动管柱一次压裂两层或三层，分层改造完成后一次合层排液求产。

K344 型封隔器分层压裂工艺可实现不动管柱，连续分层压裂，并进行压裂后合层开采。这不仅减少了作业工序，降低了生产成本，缩短了施工周期，而且安全可靠、施工简单、排液速度快，对储层伤害低，改造层系施工的针对性强，可以实现对各目的层段的有效改造。但是该工艺也存在不足之处，即管柱通径小，节流多，使得施工压力高。

### 2. 桥塞分层酸压工艺

由于压裂管柱及井下工具内通径小，机械封隔器分层酸压工艺施工排量受到限制，无法实现大排量体积酸压。桥塞分层酸压工艺是指采用油管、连续油管或者爬行器拖动射孔枪实施第一层射孔，取出射孔枪后，进行第一层压裂作业(图 9-1-2)。然后，通过电缆作业下入桥塞坐封、射孔联作工具串，通过工具串上的磁定位工具校深，在预定位置通过点火实现桥塞坐封和丢手，对桥塞试压，接着上提射孔枪至设计位置，完成射孔。最后，起出工具串，进行压裂施工。其他各层用同样的方式，依次下入桥塞、射孔、压裂。分段压裂完成后，采用油管或者连续油管，配合不压井作业装置，钻除桥塞，桥塞完全钻磨掉

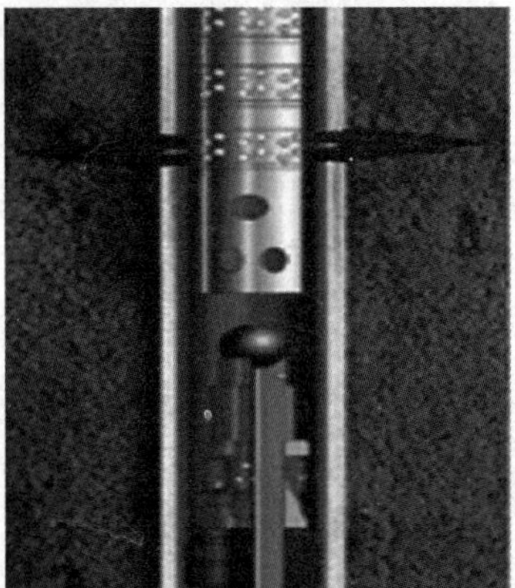

图 9-1-2　桥塞分层酸压工艺示意图

后，即可排液求产。

桥塞分层酸压工艺直接采用套管作为压裂管柱，液体沿程摩阻更小，施规模和排量更大，可以达到 6 ~ 10m³/min，压裂后形成的缝网较复杂，储层改造体积较大，增产效果较好。压裂后可迅速钻磨、保证井筒的全通径，利于后期作业的实施。不足之处在于不能连续压裂作业，施工周期相对较长，成本偏高。

## 二、水平井分段酸压工艺

碳酸盐岩储层水平井与直井相比，水平长井段均匀、高效布酸困难，酸压裂缝在长井段上的合理分布是水平井分段酸压的关键技术难点之一，是立体酸压技术重要内涵。长井段的布缝位置及数量对酸压后的产能影响大，不合理的分段难以实现全井段储层立体动用。

### 1. 裸眼预置管柱多级滑套分段酸压工艺

裸眼预置管柱多级滑套分段酸压是通过裸眼封隔器将水平段分隔成需要的段数，通过滑套建立管内管外的过流通道，控制酸液进入油气层进行酸压，可以实现一趟管柱酸压多段的快速酸压目的，且酸压管柱不用提出，可以直接转换为生产管柱，有利于缩短作业周期，降低储层伤害。完井管柱由顶部悬挂封隔器、裸眼封隔器、投球式滑套、压差滑套、井筒隔离阀、底部循环阀等组成(图 9 - 1 - 3)。

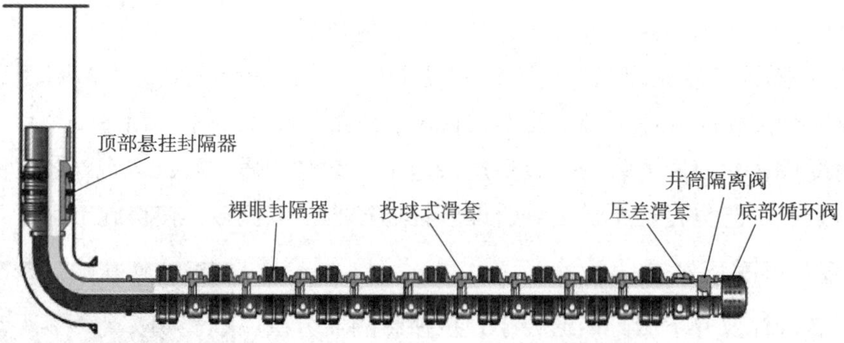


图 9 - 1 - 3　裸眼预置管柱多级滑套分段酸压管柱示意图

裸眼预置管柱多级滑套分段酸压技术原理为：采用尾管悬挂器 + 裸眼封隔器 + 投球滑套系统实现水平井选择性分段和隔离，利用液压坐封裸眼封隔器隔离每段需要改造的储层，在酸压管柱中投入不同规格低密度压裂球，泵送到配合的相对应滑套球座上，加压开启滑套进行相应的储层酸压改造。在具体施工过程中，从小到大依次逐级投入低密度球或可溶球，并开始逐层酸压施工，压裂球会在酸压施工完毕后放喷排出，通过捕球器捕取所有堵球或自行溶解，使管柱生产时内通道畅通，实现快速排液，合层求产。同时由于水平段采用裸眼完井，酸压裂缝一般会在各段中物性最好、最容易破裂的位置起裂，因此具有“甜点”自选、可以形成多裂缝、泄气面积大等优点。缺点在于多级投球式滑套内径逐级递减，不能实现压后井筒全通径，影响后期二次作业。

### 2. 可溶桥塞分段酸压工艺

随着油气井水平段长度的增加，传统可钻式桥塞的钻塞难度增大，而可溶桥塞在压裂施工结束后可在返排液中自行溶解，更符合油气井的生产需求。可溶桥塞作为一种分段压裂工具，与常见可钻复合桥塞结构相似，常采用通用投送工具进行投送，当泵送可溶桥塞到达预定层位后，通过火工品爆炸产生的推力推动推环，挤压胶筒，带动锥体挤压卡瓦，当达到卡瓦的破裂压力时，卡瓦向外移动，咬合套管，锥体与卡瓦形成自锁，胶筒鼓胀与套管内壁贴合，完成桥塞的丢手坐封(图 9－1－4)。当需要对桥塞上部产层酸压时，投球泵送到球座处密封后进行酸压施工。

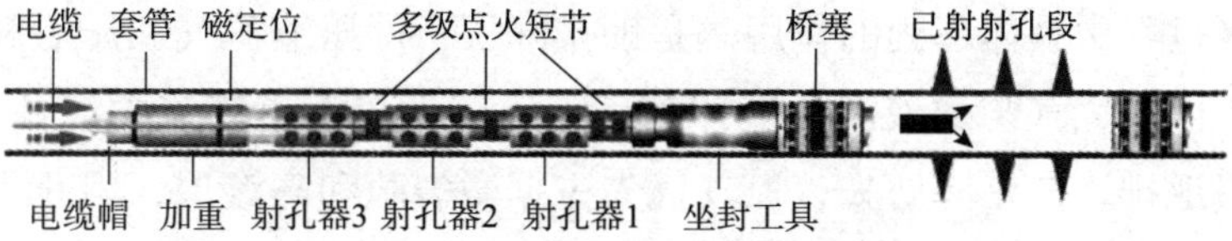


图 9－1－4　可溶桥塞分段酸压管串示意图

可溶桥塞本体采用镁基合金等材质，一般以镁和铝为主，并含有不同程度的锌或其他材质。镁和铝都是第三周期的金属元素，镁或铝原子的最外层分别有 2 个或 3 个电子，它们都容易失去最外层电子成为阳离子。可溶桥塞其溶解原理主要为镁铝合金在高矿化度液体环境中发生电化学腐蚀，以析氢腐蚀为主，金属本体作为阳极，失去电子，变成金属阳离子，如 $Mg^{2+}$、$Al^{3+}$，呈溶解状态(图 9－1－5)。胶筒溶解主要原理是木纤维素的加入使得水分借助木纤维的组织结构，进入氟橡胶内部，使得聚乙醇酸和可溶金属粉末充分吸水产生化学反应形成水垢类物质，从而溶解进水中，最终成块的可溶橡胶以木纤维为裂缝快速分解为以氟橡胶为主的颗粒或者无强度泥状。

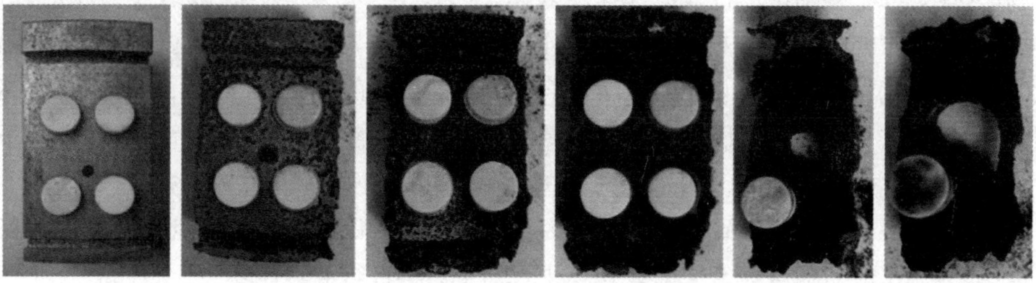

图 9－1－5　可溶材料在模拟井下溶液中的溶解形貌

可溶桥塞分段酸压工艺在常规可钻桥塞工艺一趟管柱可以完成桥塞下入、坐封、丢手和多级射孔、分段级数不受限制等基础上，又增加了无需钻塞这一优点，大大节省了作业周期和成本，避免了套管变形后无法进行钻塞投产的风险。同时，通过套管泵注液体，流动通道大，摩阻小，可以实现大排量、大规模体积酸压，改造后井筒全通径，便于后期各种作业。

## 第二节 液氮助排工艺

酸压过程中液氮随同酸压液体一起泵入井筒内，被液体沿裂缝推入地层中较远的地方。当压后放喷时，由于井底压力下降，受压缩的氮气迅速膨胀，推动返排液进入井筒，气液两相混合，降低了井筒液柱压力，使返排液连同氮气一起喷出井口，达到助排的目的。

### 一、液氮伴注酸压的原理

氮气在酸压过程中具体起到的作用一是助排降压，即压缩氮气卸压后膨胀助推能量有利于液体返排，同时氮气与酸液混合流体密度低，降低了垂直管流中液柱对地层的回压，有利于液体自喷返排。二是降滤失，氮气优先占据微裂隙和高渗层，阻止了后续酸液沿高渗地带滤失；散于酸液中的气泡、泡沫，能有效地封堵住地层孔隙，叠加的气阻效应使酸液滤失降低；气体做降滤失剂，在返排时能顺利返出，避免了用粉陶降滤失对地层和裂缝造成的渗透率伤害。

### 二、液氮伴注时机

液氮伴注压裂有两种形式：一种是在注入前置液之前先将液氮用泵车泵入井筒内；另一种是液氮随同液体一起泵入井筒内(张波，2012)。第一种方式一般不在地层破裂压力相对较高的致密气藏使用，因为氮气产生的静液柱压力相对较小，井底压力要达到地层破裂压力需要相当高的井口施工压力，可能导致井口压力超限。

在大庆、吐哈等油田进行液氮伴注压裂施工时，由于地层疏松，破裂压力相对较低，因此地层破裂瞬间井口压力要求不高。为了使压后返排效果更加快速彻底，大庆、吐哈等油田进行液氮伴注压裂施工时都会在注入前置液之前挤注前置氮气(张斌，1997)。其施工流程一般为：井口及管汇试压→挤注前置氮气→按设计注前置流体(前置液+氮气)→按设计注酸液(酸液+氮气)→注顶替液→关井测压降→开井放喷返排。

而大牛地区块由于岩性致密、破裂压力梯度较高，为保证施工的顺利进行，在进行液氮伴注压裂施工时，通常在地层破裂并且排量稳定后再进行液氮伴注。

### 三、液氮伴注用量

对于地层能量较低的储层，干度小，起不到助排的效果，干度越大虽然返排能力越强，但这种增大不是线性的，液氮用量过大超过线性助排阶段时，过度提高干度，十分不经济，增加施工成本。因此，不能片面追求液氮消耗量，在优化设计中，优化氮气干度成为必须考虑的重要问题之一。

液氮的返排能力与氮气的干度有密切关系，设计时一般通过假设和简化来确定最小液氮用量。假定整个系统处于完全封闭的活塞式推进的理想状态，并忽略气体的滑脱、生产压差及返排摩阻，在此条件下，混合流体要达到自喷返排的条件是静液柱压力低于地层压力，由此确定出施工所需的最小氮气干度和用量。

**1. 氮气干度计算**

氮气干度是指一定的压力、温度下，氮气所占体积与液体和气体总体积的比值，即：

$$S = V_g/(V_g + V_f) \qquad (9-2-1)$$

由此可得出用密度表达的方程为：

$$S = (\rho_f - \rho)/(\rho_f - \rho_g - \rho_g) \qquad (9-2-2)$$

式中，$S$ 为氮气干度,%；$V_g$为氮气体积，$m^3$；$V_f$为液体体积，$m^3$；$\rho_f$为液体密度，$g/cm^3$；$\rho_g$为气体密度，$g/cm^3$；$\rho$ 为混合流体密度，$g/cm^3$；$g$ 为重力加速度，$m/s^2$。

**2. 井筒液柱压力和自喷返排最小干度**

$$P_H = \int_0^H \rho g h \times 10^{-3} \qquad (9-2-3)$$

$$S_{min} = (\rho_f - \rho_{max})/(\rho_f - \rho_{gm}) = (\rho_f - \rho_e) \times 10^3/[gh(\rho_f - \rho_{gm})] \qquad (9-2-4)$$

式中，$P_H$为混合流体的液柱压力，MPa；$H$ 为井深，m；$\rho_{gm}$为在 $P$、$T$ 条件下氮气的密度，$g/cm^3$；$\rho_e$ 为地层压力，MPa；$h$ 为混合流体液柱高度，m。

**3. 自喷返排时，最小干度计算**

因酸液基本上是不可压缩的，既$\rho_f$、$V_f$为常数，则在$P_m$、$T_m$条件下，气体的最小用量为：

$$V_{g\,min} = (V_f \cdot S_{min})/(1 - S_{min}) \qquad (9-2-5)$$

氮气的最小质量用量为：

$$M_{g\,min} = V_{g\,min} \cdot \rho g m \times 10 \qquad (9-2-6)$$

氮气体积用量为：

$$V_{N_2} = (M_{g\,min}/\rho_{N_2}) \times 10^{-3} \qquad (9-2-7)$$

式中，$V_{g\,min}$为气体最小体积，$m^3$；$M_{g\,min}$为氮气最小质量用量，kg；$\rho_{N_2}$为液氮密度，$g/cm^3$，$\rho_{N_2} = 0.808g/cm^3$。

根据液氮助排酸液的基本配方泡沫质量(氮气干度)在 25% ~50% 较为合适，实际条件下，为充分发挥泡沫压裂液特性，液氮用量公式为：

$$V = K \cdot V_{N_2} \qquad (9-2-8)$$

式中，$K$ 为经验系数，与地层压力系数、储层物性参数、预计产量等有关，一般取 1.5 ~3，视具体的施工规模而定，一般压裂规模越大、数值越大。

在确定了氮气最小用量后，根据施工泵注程序采取不同规模的混气比，以达到最佳的助排效果。

由于大牛地气田碳酸盐储层具有致密的特性，要求酸压以造长逢为主。从液氮伴注过程看，前置液及先期泵注的酸液在裂缝中的滞留时间长，滤失量大，距离井筒远，在设计伴注氮气时，应将这一部分液体的注气量增大，充分利用氮气的降滤失和助排作用；因此，混注氮气量应线性递减或阶梯式递减，至闭合酸结束时降为零，在注顶替液时必须停止注氮气。这样既保证返排时氮气的连续性助排作用，又保证缝口酸蚀裂缝效果。在确定了氮气的分配原则后，按照压裂设计提供的泵注时间进行混注部分的设计，制定出各阶段的氮气排量和递减率。使用 1～2 台液氮泵车可满足泵注氮气要求，阶段氮气排量设计一般为：300m³/min↓250m³/min↓150m³/min↓100m³/min↓0，液氮施工总的比例应保持在 7%左右(图 9－2－1)，能起到较好的降滤助排效果。

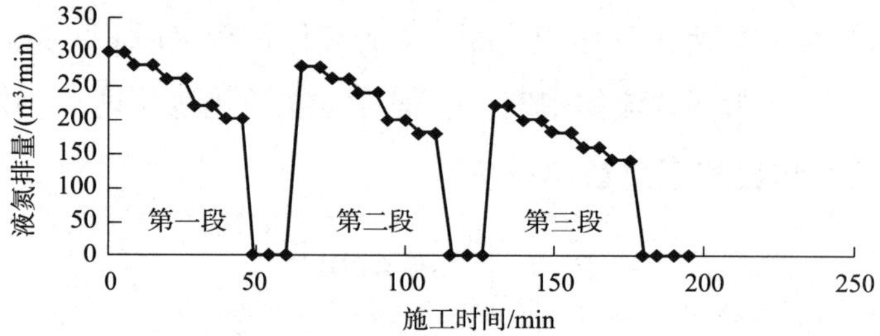


图 9－2－1　大牛地气田水平井酸压全程液氮伴注排量设计

# 第三节　纤维降滤工艺

对于裂缝较为发育的碳酸盐岩储层，调整酸液体系，如选用转向酸、冻胶酸等，都难以有效控制酸液在裂缝区域过度溶蚀反应形成主要流动通道，而其他基质孔隙储层得不到均衡改造。为解决酸压改造过程中酸液过度滤失，提高压开储层的几率和能力。同时，考虑到碳酸盐岩储层较为致密，长水平段内压开一条酸蚀裂缝可能难以获得长期的稳产，因此，为了实现长改造层段内的多缝酸压，有必要采用纤维降滤工艺。

## 一、降滤效果影响因素

在酸压改造过程中，使用纤维降滤体系的主要目的是对酸溶蚀后形成的高导流通道实施暂堵来降低酸液的滤失(王坤杰，2018)。酸蚀后裂缝的开度分布以及裂缝壁面的刻蚀形态决定了纤维对裂缝的封堵能力。

大量的酸液滤失实验结果表明(表 9－3－1)，微细开度裂缝刻蚀后的最终开度在 0.5mm 左右，窄开度裂缝刻蚀后最终开度在 1mm 左右，而中等开度裂缝刻蚀后的开度达到 2mm，但不同裂缝开度下的裂缝面刻蚀形态总体上差异较小。因此，纤维降滤实验的裂缝开度设置 0.25mm、0.5mm、1mm、2mm 四个开度，当要求的裂缝开度较小时可以通过人工垫片获得所需裂缝开度(图 9－3－1)。而当裂缝开度超过 1mm，考虑到围压作用下裂缝可能被破坏，选用不锈钢铸模制成开度 1mm 以及 2mm 的光滑、粗糙裂缝(图 9－3－2)，来模拟酸蚀裂缝。

表 9－3－1　不同初始裂缝开度下刻蚀裂缝的特征

| 裂缝特征 | 微细裂缝开度 | | 窄裂缝开度 | | 中等裂缝开度 | |
|---|---|---|---|---|---|---|
| | 光滑 | 粗糙 | 光滑 | 粗糙 | 光滑 | 粗糙 |
| 平均裂缝开度/mm | 0.5～0.8 | 0.4～0.7 | 0.8～1.2 | 1～1.2 | 1.5～1.8 | 2～2.5 |
| 裂缝刻蚀特征 | 前端溶蚀 | 裂缝面凹凸 | 局部沟槽 | 局部均匀溶蚀 | 均匀刻蚀 | 深度均匀溶蚀 |

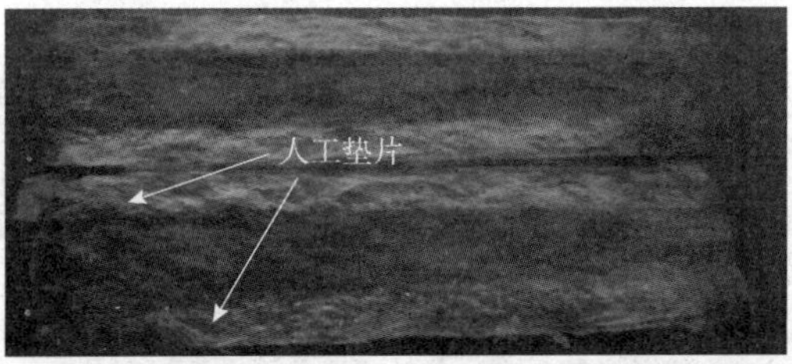


图 9－3－1　小开度裂缝模拟

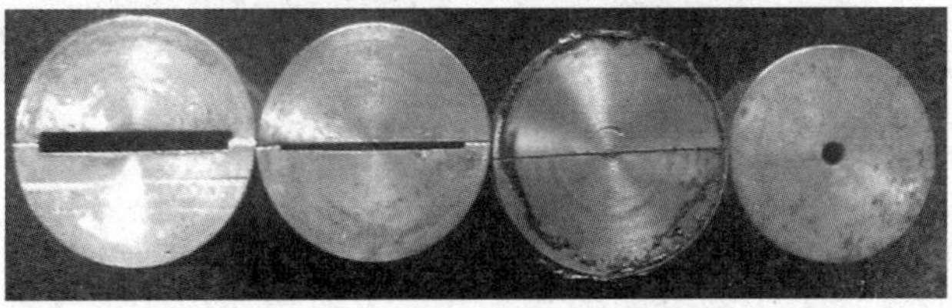

图 9－3－2　人造不同开度裂缝面及蚓孔模拟

除裂缝开度外，纤维流体沿滤失方向的流动速率同样对纤维体系的暂堵效果有较大的影响，而对于滤失问题的研究，滤失速率主要通过注入压差体现，考虑到裂缝开度较大，因此设置0.5MPa，1MPa、2MPa以及5MPa四个注入压差进行测试，同时根据具体实验情况适当调整。

纤维浓度和尺寸也是影响纤维降滤效果的关键因素之一，选择0.3%、0.5%、0.8%、1%、1.5%五个浓度进行测试，根据具体实验情况适当调整；纤维尺寸较小可能会深入裂缝深部，难以及时建立起有效的封堵，而纤维尺寸较大可能难以进入裂缝，形成封堵的稳定性较差，因此纤维尺寸考虑6mm、3mm以及1mm。

纤维携带液选择上既要考虑1.5%浓度纤维的均匀分散，又要考虑到携带液黏度过高驱替困难，推荐携带液选择稠化剂浓度为3.5%的VES酸液体系。针对纤维降滤能力的实验测试共设置了88组实验(表9－3－2)，为了保证实验的数据的真实性，部分实验进行了平行实验，以准确认识纤维增强VES体系的降滤能力。

表 9－3－2　纤维降滤实验条件

| 携带液类型 | 裂缝开度/mm | 注入压差/MPa | 纤维浓度/% | 纤维尺寸/mm |
|---|---|---|---|---|
| 3.5% VES 携带液 | 0.25 | 1、2、5 | 0.2、0.3、0.5 | 1、3、6 |
| | 0.5 | 1、2、5 | 0.3、0.5、0.8、1 | 1、3、6 |
| | 1 | 1、2、5 | 0.5、0.8、1、1.5 | 1、3、6 |
| | 2 | 0.5、1、2 | 0.8、1、1.5 | 3、6 |

## 二、实验设备与方法

纤维降滤实验测试装由西南石油大学自行设计组装(图 9 – 3 – 3)，将纤维增强流体装入储液罐中，在搅拌器的作用下纤维流体处于均匀分散状态，避免纤维团聚堵塞造成的实验假像。

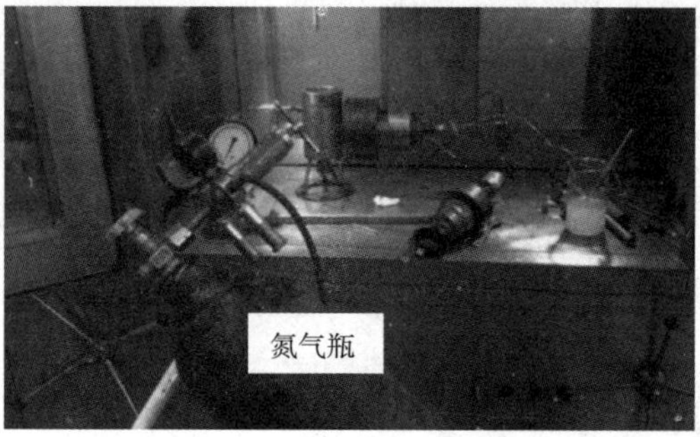


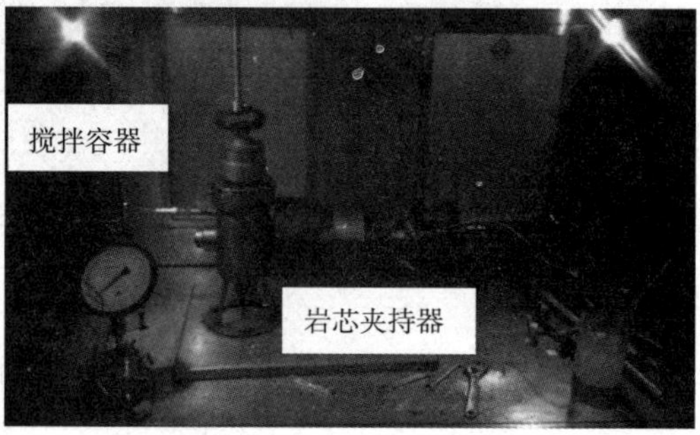


图 9 – 3 – 3　纤维降滤实验测试装置

实验流程如下：

(1)用巴西实验制备含人工裂缝的岩心，并加入垫片获得所需宽度裂缝。

(2)配制实验用携带液 2L，放置 10h 以上保证流体充分溶胀，黏度均匀。

(3)纤维用手工方式完全分散，然后在高速剪切的条件下将纤维分散到携带液中，并放置 1h。

(4)实验岩心装入岩心夹持器中，并开启岩心流动实验装置电源。

(5)均匀分散的 1L 加纤维携带液倒入搅拌容器中，打开搅拌器并施加围压以避免携带液沿岩心的侧向流出。

(6)氮气瓶在压差 1 ~ 5MPa 下让搅拌容器内的纤维酸体系在压差作用下流过设定宽度的人工剖缝岩心。

(7)记录实验过程的压力变化以及出口端液体流量，待系统压力稳定不变或储液罐流体注完后，停止实验测试。

(8)卸管线并处理实验数据。

## 三、实验测试结果

### 1. 天然裂缝封堵效率

纤维的暂堵效率表征了纤维对天然裂缝及高导流能力通道的封堵能力，好的暂堵效率是实现酸压过程中降滤的关键，对于不同的裂缝开度实现暂堵所需的纤维尺寸、纤维浓度都有所差异。不同的裂缝开度对应不同的裂缝类型包括酸蚀天然裂缝以及水力裂缝。在酸液改造过程中为了实现降滤失的功能，要求纤维增强体系一方面能够对酸蚀后的天然裂缝实现较好的封堵，同时避免对水力裂缝产生堵塞。

通过对不同裂缝开度、纤维尺寸、纤维浓度以及注入压差下纤维封堵能力的测试，得到了纤维裂缝完全封堵的临界参数(图 9－3－4)。对于一定开度的裂缝需要有与之相匹配的纤维尺寸、纤维浓度才能实现有效的封堵，对于微细开度裂缝应该选择小尺寸纤维并结合低纤维浓度以更好的封堵裂缝；而随着裂缝开度的增加，要有效封堵裂缝所需的纤维尺寸以及纤维浓度都大幅度增加，同时实验测试表明要实现高效的封堵，要求注纤维段塞过程的注入压差应该适当减小，这样纤维的封堵效率更好。

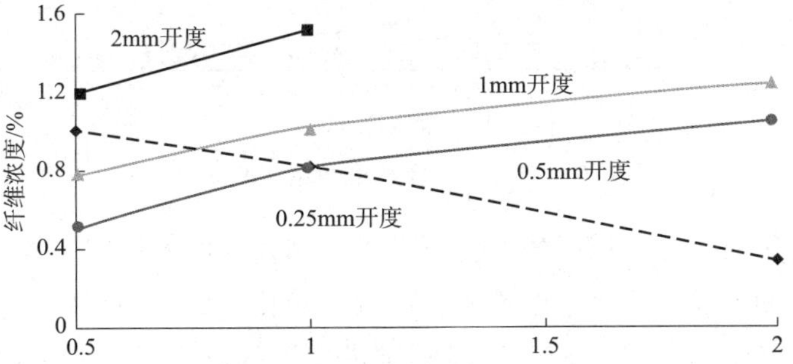


图 9－3－4　不同裂缝开度临界封堵曲线

纤维体系实现对裂缝的完全封堵或大幅度降低流动速率后，其承压强度决定了该体系对裂缝的封堵能力，为此测试了不同注入压差下的纤维体系封堵强度(表 9－3－3)。在较小裂缝开度下纤维均具有较好的封堵能力，但由于平流泵的最大注入流量仅为 10mL/min，随着注入压差的增加出口流量逐渐增加，达到极限注入流量后，注入压力难以继续增加。而对于 1mm 及 2mm 开度的裂缝，在较小的注入压差下纤维体系出口流量就已经超过了设备最大流量，因此选择氮气加压的方式测试。对于 1mm 开度裂缝，在测试压差下纤维暂堵能力依然较好，出口流量并未大幅度增加，但对于 2mm 开度的裂缝，在 5MPa 左右的注入压差下纤维堵塞就已经表现出失稳的迹象，说明对于开度较大的裂缝，纤维封堵能力有限。该注入压差能够较好的实现酸压过程的滤失控制，但若想实现对水力裂缝封堵转向，就要求暂堵体系具有更高的强度，可以考虑借鉴屏蔽暂堵技术的方法，在纤维体系中引入固相颗粒，以提高纤维体系的封堵强度，更好的实现裂缝转向能力。

**表 9－3－3　不同裂缝宽度暂堵体系的承压能力**

| 裂缝宽度/mm | 承压能力/MPa |
|---|---|
| 0.25 | 12(平流泵测试) |
| 0.5 | 10(平流泵测试) |
| 1 | 7(氮气瓶测试) |
| 2 | 5(氮气瓶测试) |

### 2. 酸蚀蚓孔封堵效率

在酸压过程中，除裂缝之外酸液沿酸蚀蚓孔的滤失同样非常严重，纤维浓度 1% 的情况下不同纤维尺寸对酸蚀蚓孔的封堵效果测试(图9-3-5)结果表明，较大尺寸的纤维对蚓孔的封堵能力更强，其中3mm尺寸的纤维对蚓孔封堵效果最好，而1mm尺寸的纤维对蚓孔封堵效果较差，但即使是封堵最好的3mm纤维，最终也很难将蚓孔完全封堵，但纤维滤饼的存在使得流体沿蚓孔的流动能力大幅降低。

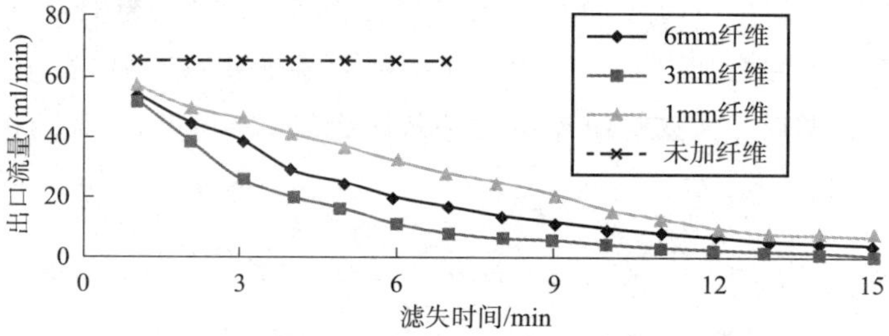


图9-3-5 蚓孔纤维暂堵实验研究

不同尺寸的纤维对蚓孔封堵层的厚度以及进入蚓孔内部的深度存在一定差异，较大的纤维尺寸在蚓孔壁面形成的滤饼厚度较薄，而进入蚓孔内部的深度较浅(图9-3-6)；而3mm纤维在蚓孔壁面封堵厚度更厚，同时纤维进入深度更大(图9-3-7)，这是3mm纤维对蚓孔封堵能力更强的主要原因。

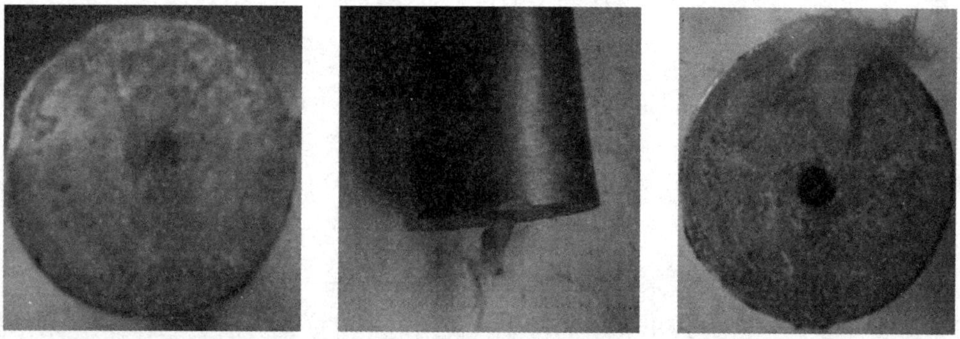

图9-3-6 6mm纤维对蚓孔暂堵图片

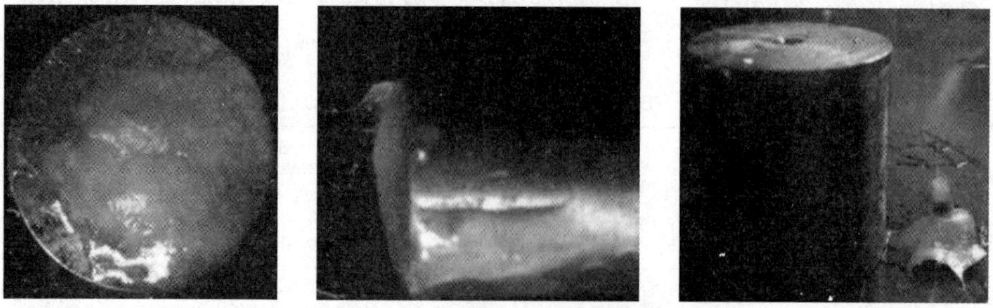

图9-3-7 3mm纤维对蚓孔暂堵图片

不同浓度纤维对蚓孔封堵效率实验结果(图9-3-8)表明，随着纤维浓度增加，封堵效率有所提升，但当纤维浓度达到1%后，继续增加纤维浓度并未使纤维的封堵效果大幅度提高，说明对于大尺寸酸蚀蚓孔的滤失控制，纤维体系难以对孔洞完全封堵，需要通过大幅度降低孔洞流动能力的方式实现降滤目的。

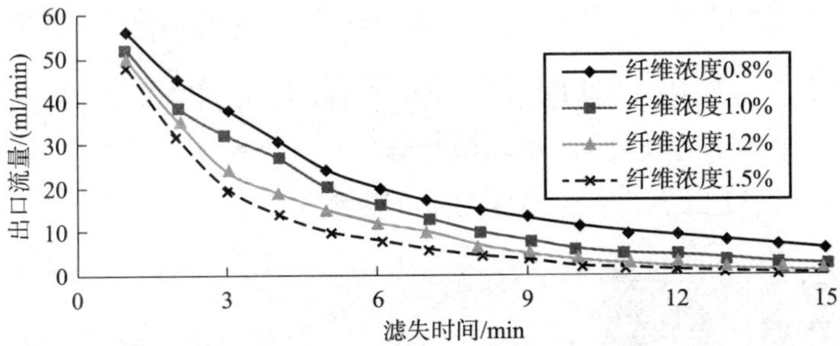


图 9-3-8 不同纤维浓度对裂缝暂堵效率的影响

# 第四节 暂堵酸压工艺

针对裂缝型储层，由于天然裂缝及溶蚀孔洞发育，酸压过程中液体滤失大，导致形成的酸蚀缝长短，而暂堵酸压是利用液体优先进入最小阻力的相对高渗层（窦雪颖，2018），在液体中加入暂堵剂，随着泵注的进行，高渗区吸液多，暂堵剂进入量也多，对高渗层的堵塞也较大，从而逐步改变缝内的液量分布，最后达到形成较长且复杂的酸蚀裂缝的目的。

## 一、不同工艺下的暂堵对象

目前大牛地下古生界埋深较深，一般在2800m以下，全部采用三级井身结构，现有的完井技术有4in半套管+裸眼封隔器完井以及4in半套管固井完井。

1. 4in半套管+裸眼封隔器完井：缝内暂堵对象为堵裂缝端部，裂缝中部；段内暂堵对象为裂缝缝口。

2. 4in半固井完井条件下：需要电缆传输射孔，增加了封堵炮眼的要求。

根据酸压模拟结果（图9-4-1），缝口部位对应缝宽4~6mm；裂缝中部对应缝宽2~4mm；裂缝端部对应缝宽1~2mm。

图 9-4-1 天然裂缝开启方式复合图版

## 二、暂堵剂优选

### 1. 实验条件

将整块岩层劈裂开成两块，模拟实际岩层中裂缝的形成方式。选取长度15cm的岩板沿液体过流方向劈裂，在岩板中心处钻取深度为5cm、直径为1cm的射孔孔眼(图9－4－2)。放入岩心导流室内，用橡胶垫入，缝宽为2mm(图9－4－3)。

图9－4－2　射孔深度5cm

图9－4－3　岩板(缝宽2mm)

### 2. 实验步骤

(1)先连接管线及各个部件，然后试压，确定工作系统正常。

(2)夹持器尾部出液管线引出至天平上的量筒或烧杯中。

(3)连接好夹持器后，对夹持器加温至地层温度，开启氮气瓶，由氮气将携带暂堵球的压裂液泵入夹持器中，测得其平稳注入压力，并记录出口的流量。

(4)用0.2MPa的压力，用气瓶驱替含有纤维粉的压裂液，平稳注入压力，并记录出口的流量。

(5)用平流泵中的液体驱动补液中间容器中的工作液注入到夹持器中，调节平流泵流量的流速对夹持器中的工作液产生一定的压力，测得其平稳注入压力，并记录出口的流量。

(6)用夹持器尾部的天平，称量出口端液体，滤液开始流出，同时记录时间、滤液的累积量，精确到0.1mL，测定时间为60min，测定过程中，温度允许波动为±5℃。

(7)测试完毕后，关闭电机停止搅拌和加热，关闭气瓶开关，打开放空阀，泄压至1～2MPa时打开夹持器的排液阀门，等夹持器内液体完全流出时，打开手压泵的放空阀，使夹持器泄压。

(8)清洗夹持器、管线、顶盖及中间容器，实验完成。

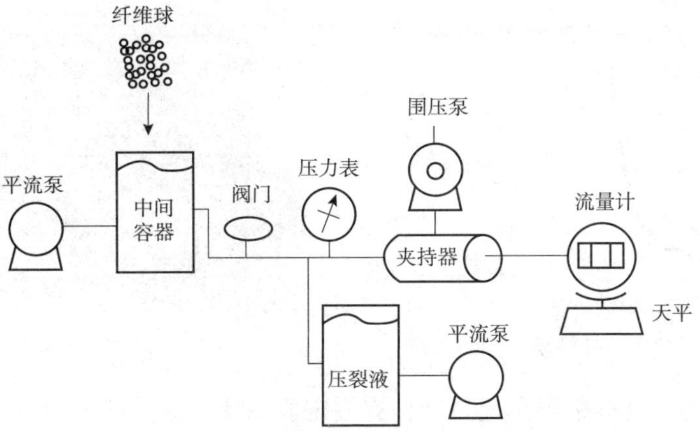


图 9-4-4 暂堵转向实验流程图

### 3. 实验结果

暂堵剂按照尺寸分为暂堵纤维、暂堵颗粒和暂堵球(图 9-4-5)，其中暂堵球主要用于封堵炮眼或缝口，暂堵纤维封堵能力有限，虽然提高纤维浓度可以提高封堵效果(图 9-4-6 至图 9-4-8)，但从岩板实验中可以看出：纤维基本上将射孔孔眼堵住，纤维在进口端形成了一定的滤饼，但由于纤维浓度较高，管线中形成了比较大的纤维滤饼，进入岩板的纤维数量较少，部分裂缝没有完全封堵住(图 9-4-9)。

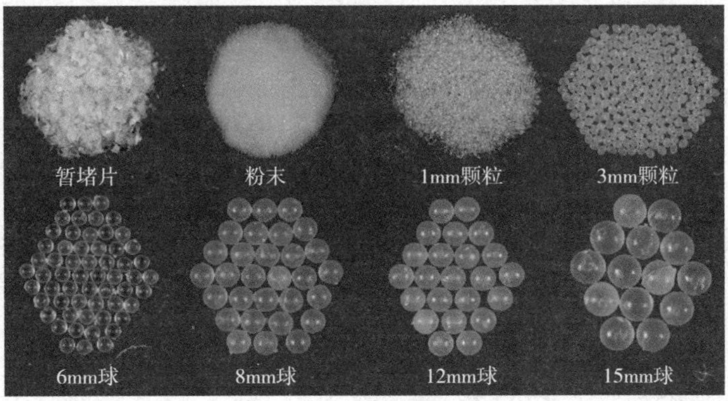


图 9-4-5 暂堵剂类型

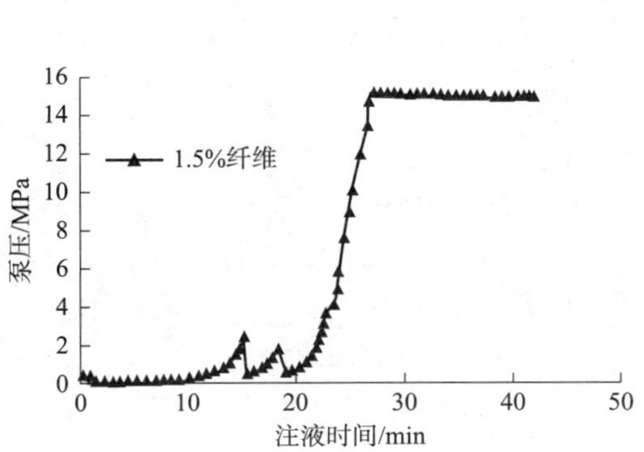


图 9-4-6 1.5% 纤维承压能力

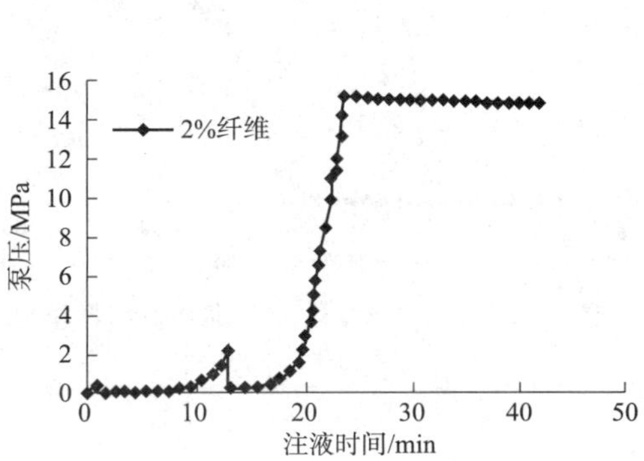


图 9-4-7 2% 纤维承压能力

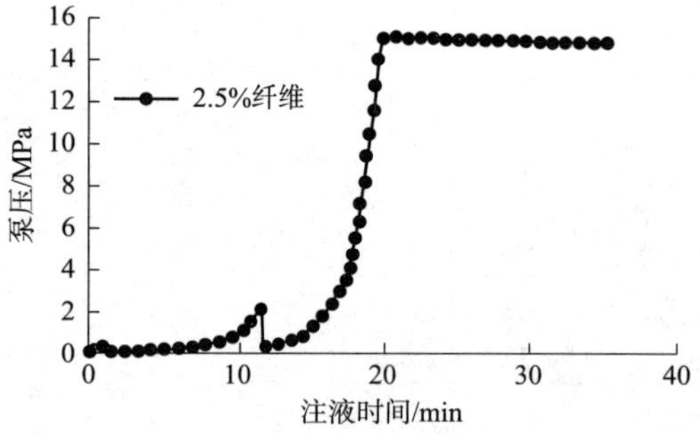


图 9－4－8　2.5%纤维承压能力

图 9－4－9　岩板暂堵示意图

对于2mm缝宽，纯纤维可实现封堵且有一定成功率，提高纤维浓度利于封堵；在纤维中掺入颗粒暂堵剂(0.4mm/1mm、1.0%～1.5%)后会明显提高封堵机率(图 9－4－10)。

对于4mm缝宽，纯纤维可实现封堵，但成功率较低(图 9－4－11)；在纤维中掺入颗粒暂堵剂(0.4mm/1mm)可提高封堵机率。复合材料对形成封堵贡献从大到小排序为：纤维、0.4mm 球、1mm 球、3～4mm 球(图 9－4－12 至图 9－4－13)；现场应用时建议组合使用2%纤维和0.4mm 球。

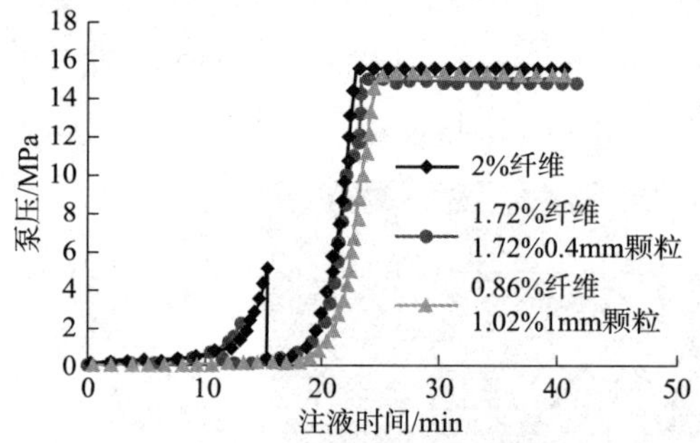


图 9－4－10　复合暂堵剂承压能力

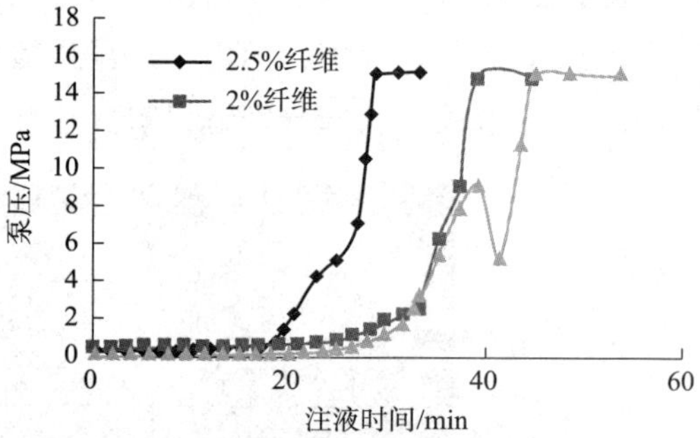


图 9－4－11　不同浓度纤维承压能力

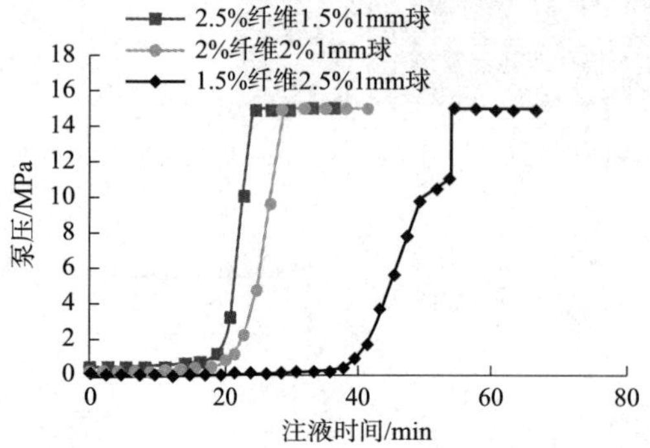


图 9－4－12　2.5%浓度纤维和暂堵颗粒复合承压能力

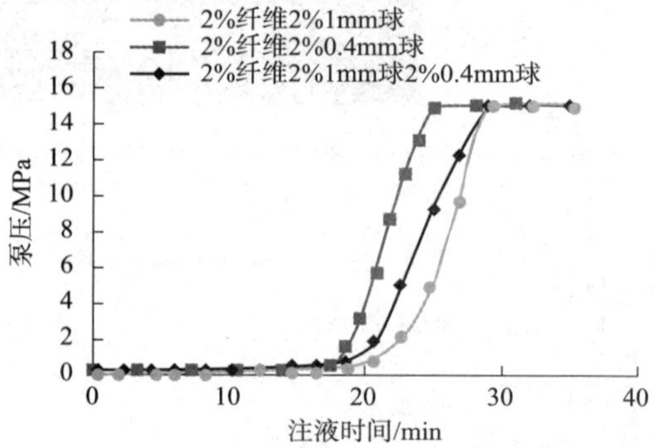


图 9－4－13　2%浓度纤维和暂堵颗粒复合承压能力

# 第十章　矿场试验

鄂尔多斯盆地碳酸盐岩储层品位低、溶洞裂缝发育，需要采取酸压沟通储层发育甜点区。以往的酸压技术采用全井段笼统性一次酸压，易造成储层发育段过度改造，差储层得不到酸压改造，不能形成高导流酸蚀裂缝。为实现不同类型碳酸盐岩储层的高效改造，差异化酸压技术在大牛地气田进行了规模化应用，压后测试产量相比前期获得大幅提升，取得了较好的增产效果。本章主要介绍多级注入闭合酸压、变黏度酸多级注入酸压、多级注入加砂酸压等技术在现场应用的典型井。

## 第一节　直井酸压测试效果

### 一、变黏度酸多级注入酸压现场应用效果

#### 1. 典型井 Da－edd 井储层概况

Da－edd 井为部署在鄂尔多斯盆地伊盟北部隆起的一口开发定向井，完钻井深3271m，完钻层位奥陶系马家沟组，采用二级井身结构 $\Phi$114.3mm 套管固井完井。目的层位在马五5 亚段、马五 6 亚段、马五 7 亚段气层，其中马五 5 亚段解释为气层、差气层，气厚9.3m，气层段孔隙度 3.0%，渗透率 $0.06\times10^{-3}\mu m^2$，含气饱和度 52.1%；马五 6 亚段解释为差气层，气厚 9.9m，气层段孔隙度 2.6%，渗透率 $0.05\times10^{-3}\mu m^2$，含气饱和度 38.4%；马五 7 亚段解释为气层、差气层，气厚 7.4m，气层段孔隙度 5.1%，渗透率 $0.15\times10^{-3}\mu m^2$，含气饱和度 64.3%（图 10－1－1）。

#### 2. 设计思路

(1)储层岩性为灰色灰云岩、灰色含泥含灰云岩，具有低孔低渗特征，针对该类储层采用不同黏度酸液交替注入酸压改造工艺。首先采用交联液造主缝，然后采用高黏酸与低黏酸交替多级注入，利用两种酸液的黏度差形成黏性指进，增加酸蚀裂缝的非均匀刻蚀程度，提高裂缝导流能力。采用闭合酸工艺，保证缝口的导流能力。

(2)设计采用耐酸 K344－96 封隔器，要求封隔器耐压差不低于 70MPa，耐温不低于130℃。

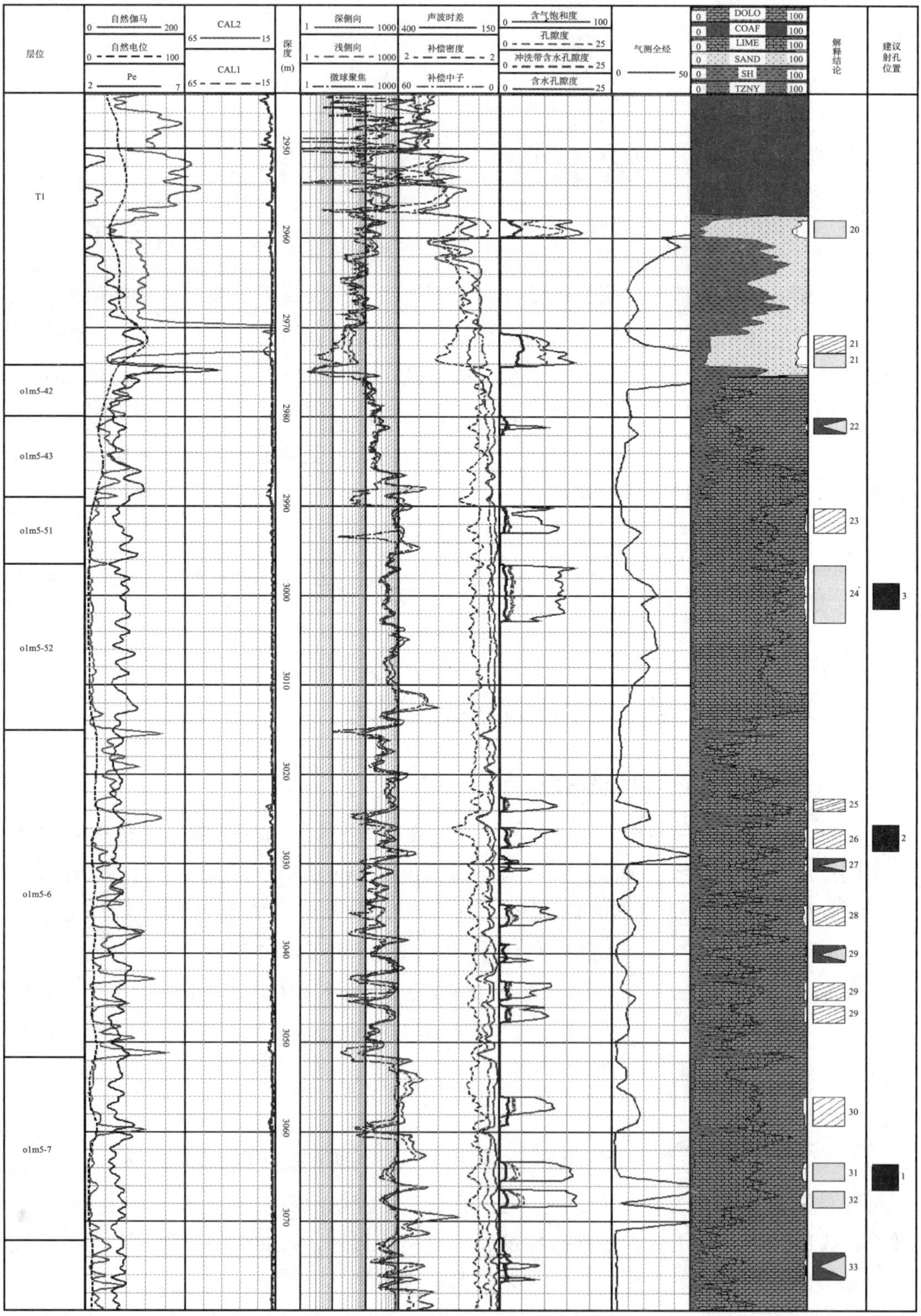

图 10-1-1 Da-edd 井马五 5 亚段、马五 6 亚段、马五 7 亚段测井成果图

(3)施工结束30min后开始放喷，尽量缩短关井时间，以充分利用酸岩反应形成$CO_2$的自身能量，利于返排。

(4)要求采用一级瓜胶，降低残渣伤害和提高液体性能。

### 3. 施工液体

高黏胶凝酸配方：20% HCl + 1.0% 缓蚀剂 + 0.2% 铁离子稳定剂 + 0.2% 助排剂 + 0.45% 增稠剂。

低黏胶凝酸配方：20% HCl + 1.0% 缓蚀剂 + 0.2% 铁离子稳定剂 + 0.2% 助排剂 + 0.15% 增稠剂。

常规酸配方：20% HCl + 1.0% 缓蚀剂 + 0.2% 铁离子稳定剂。

基液配方：0.35% HPG(一级) + 1.0% KCl + 0.0.5% 杀菌剂 + 0.2% 助排剂 + 0.2% $Na_2CO_3$ + 清水。

### 4. 参数优化

设计所选参数见表10－1－1，模拟结果见表10－1－2。

表10－1－1　Da－edd井马五5亚段、马五6亚段、马五7亚段酸压设计参数

| 名称 | 选值 | 名称 | 选值 |
|---|---|---|---|
| 裂缝闭合应力/MPa | 49.00 | 泵注排量/($m^3$/min) | 5－6 |
| 杨氏模量/MPa | 38726.6 | 压裂液流态指数 | 0.52 |
| 泊松比 | 0.247 | 压裂液稠度系数/($Pa \cdot s^n$) | 1.47 |

表10－1－2　Da－edd井马五5亚段、马五6亚段、马五7亚段酸压设计结果

| 裂缝参数 | 马五5亚段 | 马五6亚段 | 马五7亚段 |
|---|---|---|---|
| 射孔井段/m | 2998.5～3001.5 | 3025.5～3028.5 | 3063.5～3066.5 |
| 水力缝半长/m | 164.6 | 178.2 | 150.6 |
| 裂缝高度/m | 21.3 | 40.2 | 20.4 |
| 平均缝宽/cm | 0.392 | 0.444 | 0.214 |
| 无因次导流能力 | 10.47 | 8.92 | 11.26 |

### 5. 现场施工

该井于2020年5月1日完成酸压施工(图10－1－2)，第一层(泵注酸液339$m^3$，压裂液80$m^3$，返排液9.4$m^3$。施工压力27.8～58.4MPa)，第二层(泵注酸液555$m^3$，压裂液90$m^3$，返排液9.2$m^3$。施工压力37.1～62.3MPa)，第三层(泵注酸液375$m^3$，压裂液80$m^3$，返排液9.1$m^3$)。共入井液量：1567.7$m^3$(胍胶液250$m^3$＋酸1290$m^3$＋返排液27.7$m^3$)。

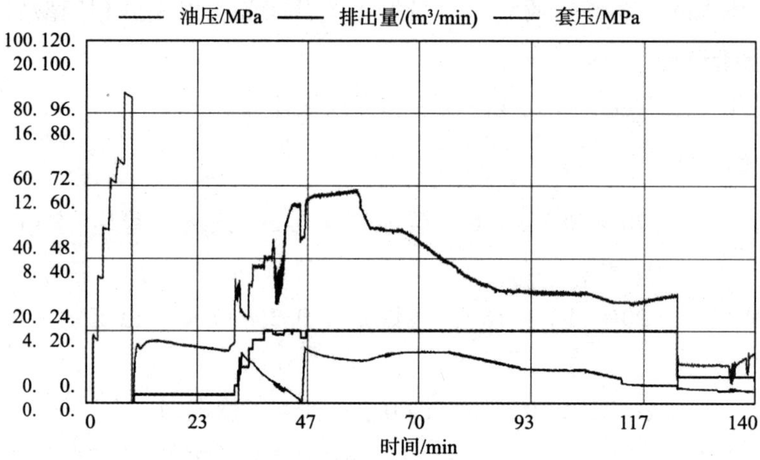

马五7亚段酸压施工曲线图

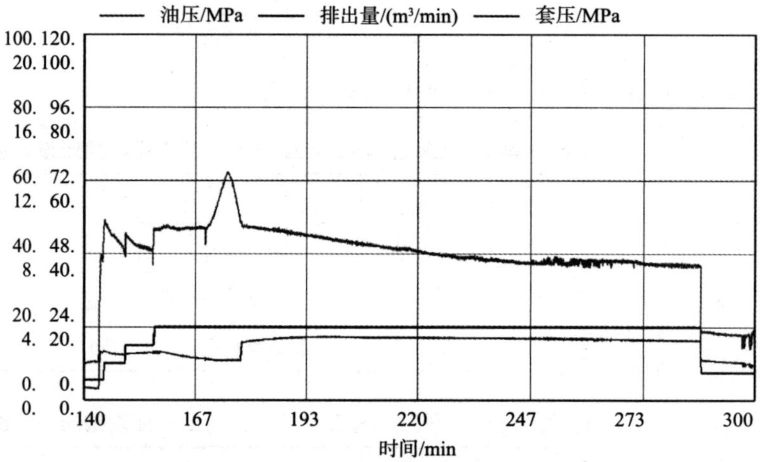

马五6亚段酸压施工曲线图

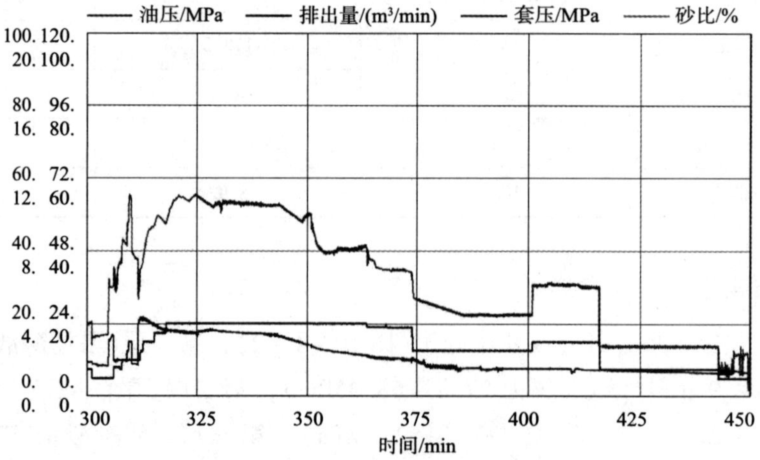

马五5亚段酸压施工曲线图

图 10－1－2　Da－edd 井酸压施工曲线

### 6. 压后效果

Da－edd 井压后第二天见气，5 月 22 日油压 20.6MPa，套压 20.0MPa，折算产气量 $21128m^3/d$，估算无阻流量 32.65 万 $m^3/d$。通过压后拟合分析，马五 7 亚段(图 10－1－3)裂缝延伸至 30m 左右，滤失大幅提高，压力下降 16MPa，拟合裂缝尺寸：缝长 78m，缝高 38m，刻蚀缝长 78m，加酸阶段压力持续缓慢下降，停泵压力 13MPa，远低于平均 22MPa，有沟通裂缝的迹象；马五 5 亚段(图 10－1－4)拟合裂缝尺寸：缝长 90m，缝高 35m，刻蚀缝长 89m，施工过程中压力多次陡降，停泵压力 9.5MPa，远低于平均 23MPa，有沟通缝洞的迹象。

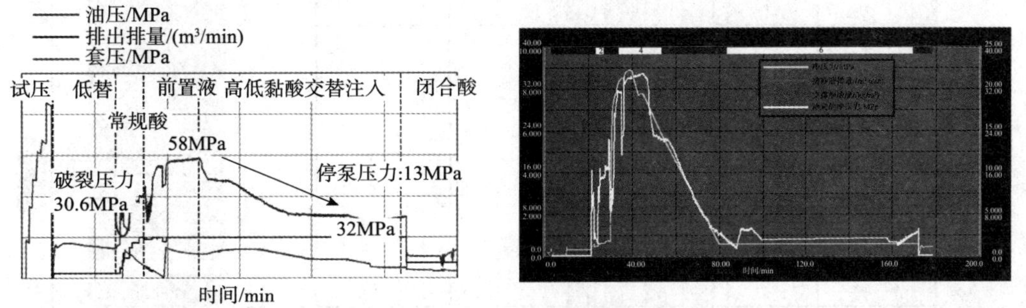


图 10－1－3　马五 7 亚段压后拟合曲线

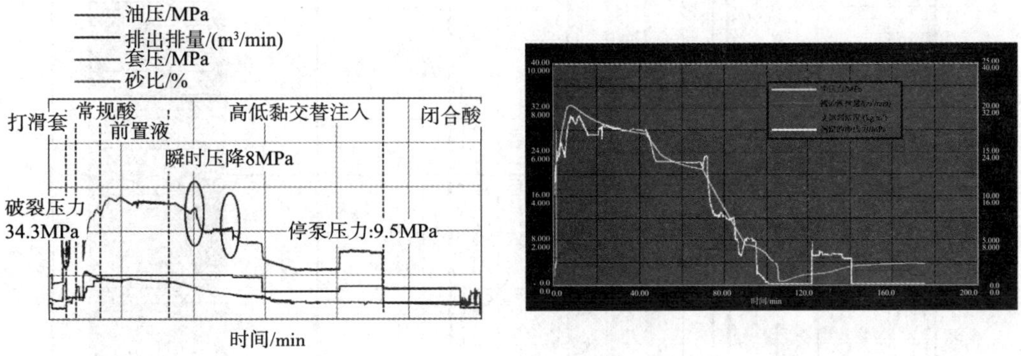


图 10－1－4　马五 5 亚段压后拟合曲线

## 二、多级注入加砂酸压

### 1. 典型井 Da－eak 井储层概况

Da－eak 井为部署在鄂尔多斯盆地伊盟北部隆起的一口开发定向井，完钻井深 3270m，完钻层位奥陶系马家沟组，采用二级井身结构 $\Phi$139.7mm 套管固井完井。目的层位马五 6 亚段气层，该层有效视厚度 2.5m，孔隙度为 3.4%，渗透率 $0.06\times10^{-3}\mu m^2$，含气饱和度 19.4%，解释为含气层(图 10－1－5)。

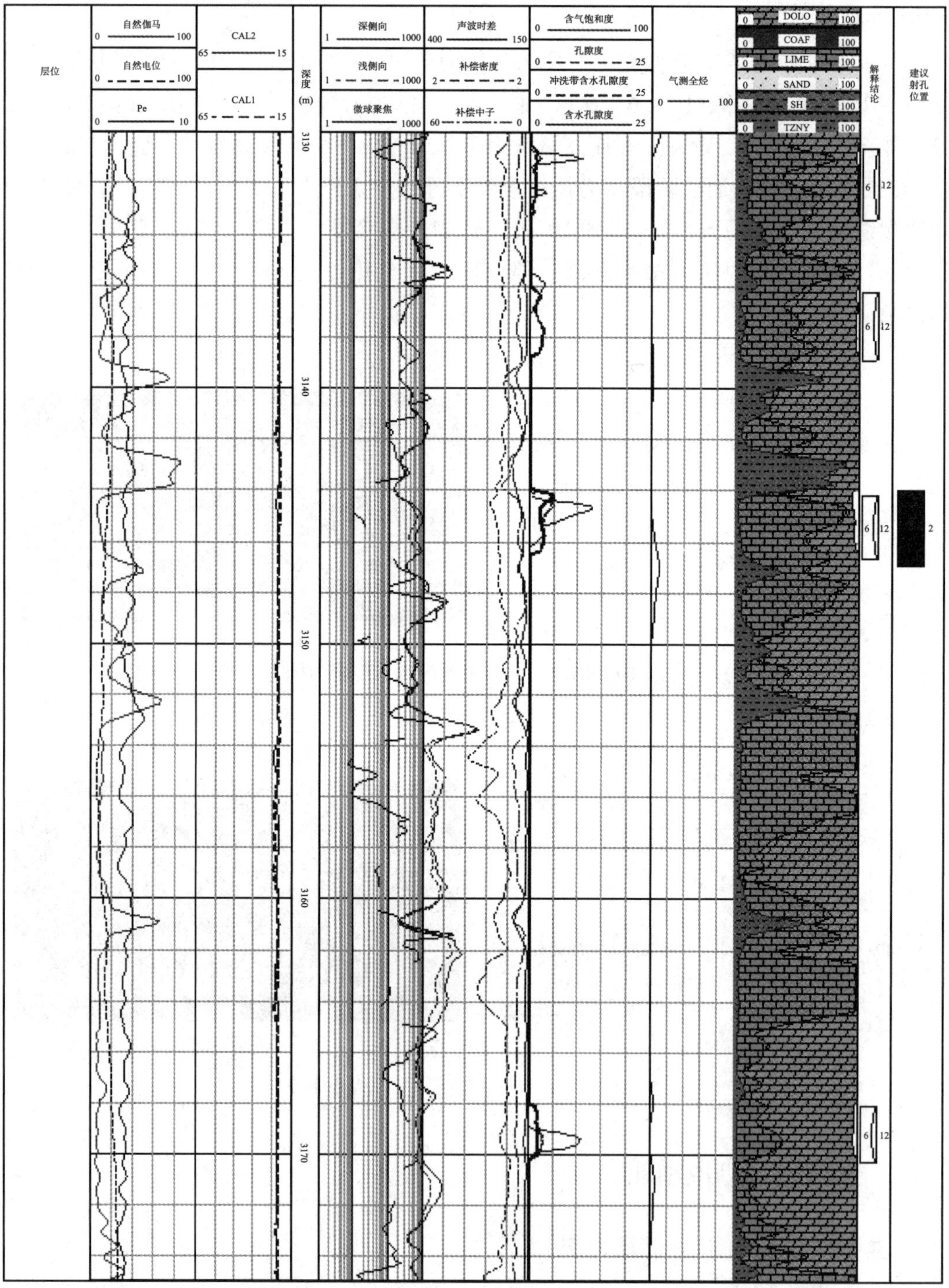


图 10－1－5　Da－eak 井马五 6 亚段测井成果图

## 2. 设计思路

(1)储层岩性为灰色灰云岩，测井解释该井表现出低孔超低渗的特点，针对该类储层采用多级注入加砂酸压工艺。一方面多级注入，降低酸岩反应速度，促进裂缝向前延伸，增加改造体积。另一方面为了确保酸压后裂缝导流能力，后期进行加砂。优化前置液及加酸阶段施工排量 6m³/min，加砂阶段施工排量 8m³/min，在保证施工限压条件下尽量提高排量。

(2)实验所测岩样抗压强度 278.717 ~ 329.78MPa、弹性模量 42.1 ~ 48.5GPa，均处于较高水平，在酸压时破裂压力和加砂施工压力可能较高，设计采用 KQ78/65 - 105 井口，同时在酸压前使用常规酸对地层进行预处理，降低施工难度。

(3)采用耐酸 K344 - 114 封隔器，要求封隔器耐压差不低于 50MPa，耐温不低于 130℃。

(4)为了提高增产效果，减小酸压后附着在岩石表面的物质影响导流能力，施工过程中伴注液氮提高返排压力并快速返排。

(5)酸压后关井 30min，保证形成较高的酸蚀裂缝导流能力，施工结束 30min 后开始放喷，尽量缩短关井时间，以充分利用酸岩反应形成 $CO_2$ 的自身能量，利于返排。

(6)要求采用一级瓜胶，降低残渣伤害和提高液体性能。

### 3. 施工液体

胶凝酸配方：25% HCl + 1.5% 缓蚀剂 + 0.15% 铁离子稳定剂 + 1.0% 助排剂 + 0.5% 起泡剂 + 0.55% 增稠剂。

常规酸配方：25% HCl + 1.5% 缓蚀剂 + 0.15% 铁离子稳定剂 + 1.0% 助排剂 + 0.5% 起泡剂。

基液配方：0.35% HPG(一级) + 1.0% KCl + 0.05% 杀菌剂 + 1.0% 助排剂 + 0.5% 起泡剂 + 0.2% $Na_2CO_3$ + 清水。

### 4. 参数优化

采用 3½″油管作为压裂管柱，根据常用压裂液摩阻系数(表 10 - 1 - 3)以及区块裂缝延伸压力梯度 0.018 ~ 0.02MPa/m，若考虑液氮附加摩阻 5.0MPa，孔眼摩阻 5MPa，计算在不同排量下，不同延伸压力梯度的地面施工压力如下(以射孔段斜深 3145m 计算)：

**表 10 - 1 - 3　Da - eak 井不同排量下压裂液摩阻**

| 施工排量/(m³/min) | 5 | 6 | 7 | 8 |
|---|---|---|---|---|
| 压裂液沿程摩阻/MPa | 26.08 | 34.6 | 40.1 | 45.3 |

**表 10 - 1 - 4　不同施工排量下井口施工压力预测结果**

| 延伸压力梯度/(MPa/m) | 不同排量(m³/min)下的井口压力/MPa 预测 | | | |
|---|---|---|---|---|
| | 5 | 6 | 7 | 8 |
| 0.018 | 42.08 | 50.8 | 56.1 | 62.8 |
| 0.019 | 45.08 | 53.8 | 59.1 | 65.9 |
| 0.020 | 48.08 | 56.8 | 62.1 | 69.2 |

根据计算结果(表 10 - 1 - 4)，在 8m³/min 排量下，施工压力最大为 69.2MPa。设计采用 KQ78/65 - 105 型压裂井口，压裂管柱采用 N80S 的 3½in 油管(内径 76mm)。

### 5. 现场施工

该井于2018年4月26日完成酸压施工(图10-1-6)，11：02开始试压，试压85MPa，试压合格，水泥车试压合格。11：45开始低替，低替$14m^3$常规酸后，开始提排量座封，座封压力66.5MPa，座封排量$0.9m^3/min$。12：21开始注入交联液，排量$5.9\sim6.0m^3/min$，注入液量$150m^3$；12：56开始注入胶凝酸，排量$5.9\sim6.0m^3/min$，注入液量$200m^3$；13：30注入交联液，排量$5.9\sim6.0m^3/min$，注入液量$150m^3$；13：55开始注入胶凝酸，排量$5.9\sim6.0m^3/min$，注入液量$205m^3$；14：30注入前置液，排量$7.9\sim8.0m^3/min$，注入液量$24m^3$；14：33开始注入携砂液，排量$7.9\sim8.0m^3/min$，加砂$18.2m^3$，注入液量$132m^3$；14：50开始顶替，顶替$14.3m^3$，结束本次压裂施工。累计入井液量$889.3m^3$，其中酸液$419m^3$，压裂液$470.3m^3$，加入40/70目陶粒$18.2m^3$，平均砂比13.8%，注入液氮量$61.8m^3$。

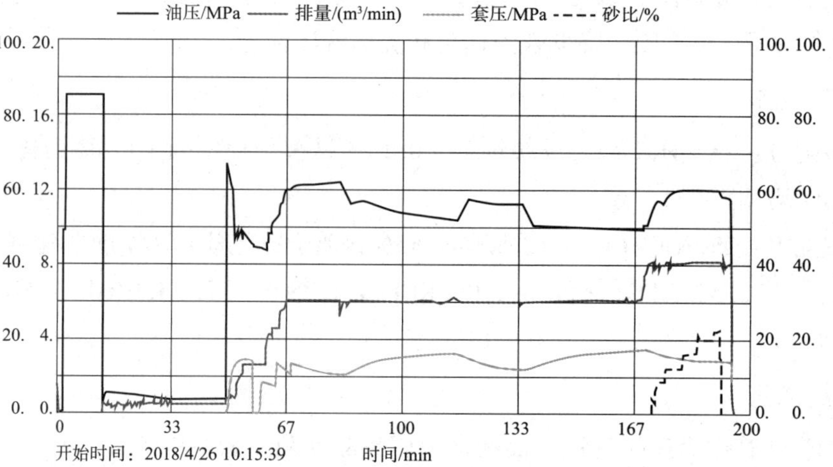


图10-1-6 Da-eak井酸压施工曲线

### 6. 压后效果

Da-eak井压后采用6mm油嘴放喷，经12mm孔板临界速度流量计(内径50mm)求产，油压10.8MPa，套压13.5MPa，平均气产量$25579m^3$，排液$12m^3$，返排率88.1%。通过压后拟合分析，马五6亚段(图10-1-7)拟合裂缝缝长146.1m，邻井采用常规酸压工艺(不加砂)拟合缝长108m，表明加砂酸压可以显著提高酸蚀裂缝长度。

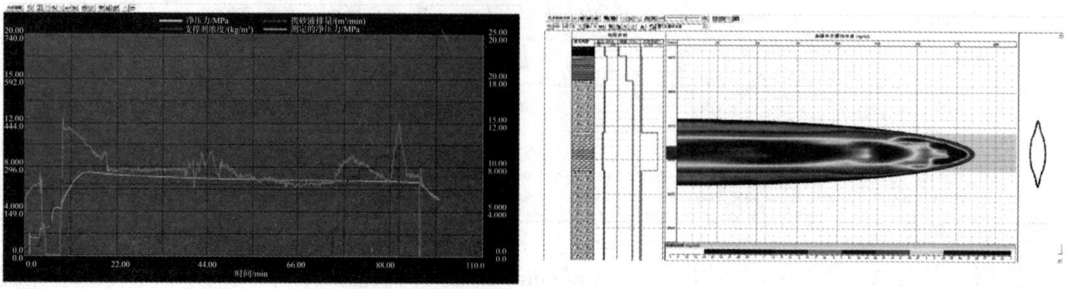

图10-1-7 马五6亚段压后拟合曲线

# 第二节　水平井酸压测试效果

水平井差异化分段酸压技术在大牛地气田下古碳酸盐岩气藏得到广泛应用，通过加强地质工程一体化研究，采取合理的分段方式对各层段进行精细分段布缝，优化针对性酸压改造工艺及施工参数，最大化动用各储层段天然气储量，单井产量得到大幅提升。

## 1. 典型井 DKac－FPae 井储层概况

DKac－FPae 井为部署在鄂尔多斯盆地伊盟北部隆起的一口开发水平井，完钻井深 4270m，水平段长度 1000m，钻遇储层段长度为 1000m，钻遇显示段总长度为 938m，占水平段总长度的 93.8%。完钻层位奥陶系马家沟组马五 5 亚段，采用三级井身结构悬挂 4½in（1in＝0.254m）裸眼预置管柱完井（表 10－2－1）。目的层马五 5 亚段解释为差气层、含气层，储层厚度 27.5m，气厚 9.0m，孔隙度 3.4%，含气饱和度 56.9%。水平段非均质性较强，发育洞穴型、裂缝－孔洞型、孔隙型等 3 种储层以及它们的复合类型（图 10－2－1）。

表 10－2－1　AP1 井基础数据

| | | | | | | | |
|---|---|---|---|---|---|---|---|
| 井　别 | 开发井（水平井） | 构造位置 | 鄂尔多斯盆地伊陕斜坡东北部 | | | | |
| 横坐标（$Y$） | 19372034.30 | 地面海拔/m | 1308.10 | 设计井深/m | 垂深：2993.00<br>斜深：4270.00 | | |
| 纵坐标（$X$） | 4308751.90 | 联入/m | | 完钻井深/m | 斜深：4270.00<br>垂深：2993.32 | | |
| 开钻日期 | 2020/2/23 | 完钻日期 | 2020/3/24 | 人工井底/m | 4253.57（隔绝阀） | | |
| 完钻层位 | 马五 5 亚段 | 固井质量 | 合格 | | | | |
| 造斜点数据 | 深度/m | 2465 | 最大井斜数据 | 深度/m | 3419.31 | | |
| | 方位/（°） | 10.88 | | 方位/（°） | 328.2 | | |
| | 造斜率/（°/10m） | 0.74 | | 斜度/（°） | 91.18 | | |
| 井　身<br>结　构 | 钻头 311.15mm×443m＋套管 244.50mm×442.97m<br>钻头 222.25mm×3270.00m＋套管 177.80mm×3269.32m<br>钻头 152.40mm×4270.00m | | | | | | |
| 套　管<br>程　序 | 尺寸/mm | 钢级 | 壁厚/mm | 下入深度/m | 抗内压/MPa | 水泥返高/m | 出地高/m |
| 表　套 | 244.50 | J55 | 8.94 | 442.97 | | 地面 | 0.62 |
| 油　套 | 177.80 | P110S | 9.19 | 3269.32 | | 地面 | 0.00 |
| 悬挂器位置 | 2812.62m | | | | | | |
| 套管头 | 95/8in×7in×35MPa（EE－NL） | | | | | | |

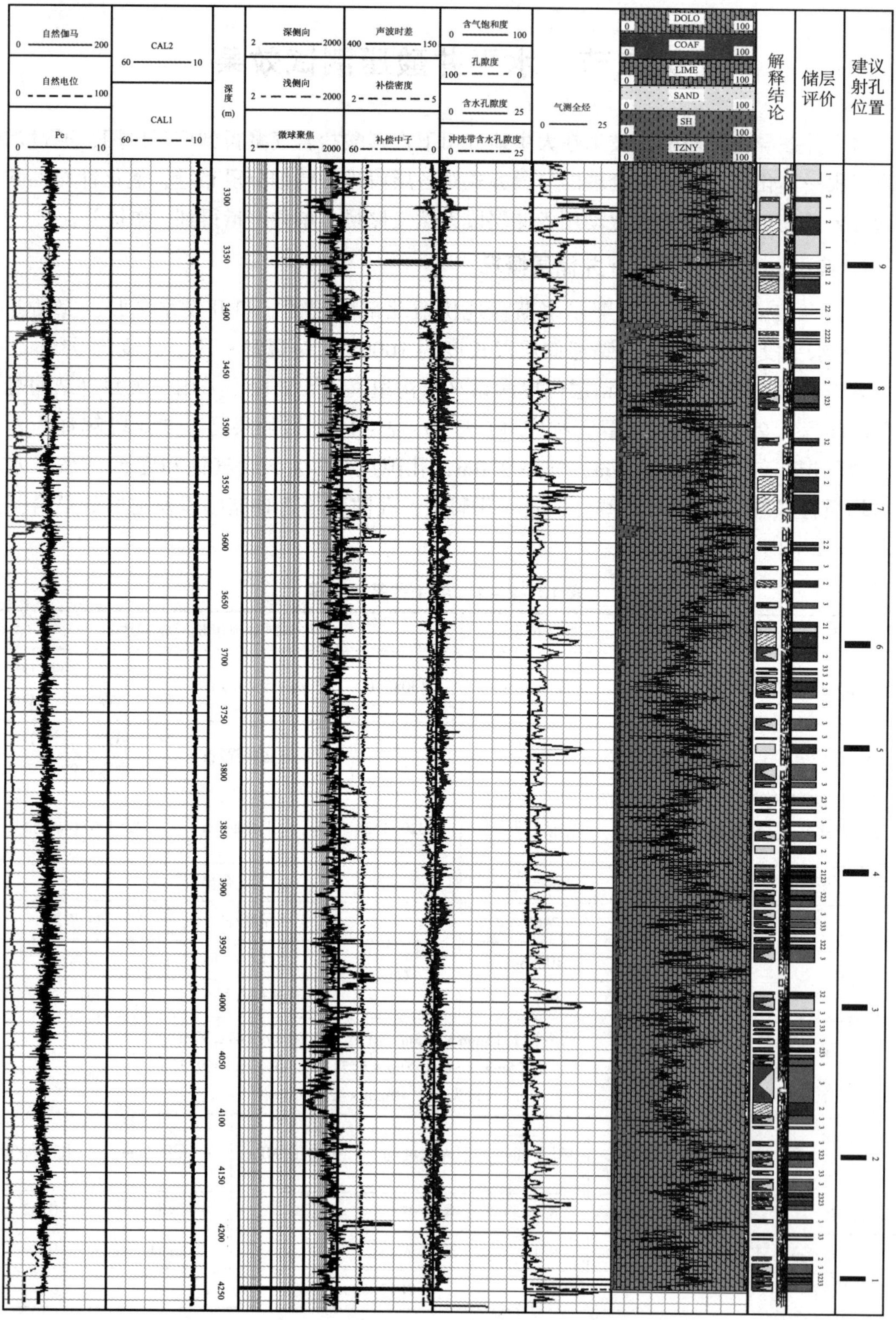


图 10-2-1 DKac-FPae 井水平段测井解释成果图

### 2. 设计思路

为实现不同类型碳酸盐岩储层"一段一策"的精准改造，结合地震、岩性、气测、电性等参数，基于地质工程一体化优选水平段分9段进行分段酸压，并进行差异化酸压参数设计。其中第1～5段为孔隙型储层，采用多级注入加砂酸压技术，力求提高酸蚀裂缝长度和导流能力；第6～8段主要为裂缝－孔洞型储层，采用变黏度酸多级注入酸压技术，以提高裂缝非均匀刻蚀程度和改造体积；第9段发育裂缝－洞穴型储层，采用多级注入闭合酸压技术，实现深度酸压沟通远端储集体。

### 3. 施工液体

压裂液：0.4% HPG(一级)＋1.0% KCl＋0.05%杀菌剂＋0.2%助排剂。

高黏胶凝酸：20% HCl＋1.8%缓蚀剂＋0.3%铁离子稳定剂＋0.3%助排剂＋0.45%增稠剂。

低黏胶凝酸：20% HCl＋1.8%缓蚀剂＋0.3%铁离子稳定剂＋0.3%助排剂＋0.15%增稠剂。

常规酸配方：20% HCl＋1.8%缓蚀剂＋0.3%铁离子稳定剂＋0.3%助排剂。

### 4. 现场施工

该井于2020年11月2日～3日完成9段酸压施工(图10－2－2)，施工成功率100%，累计入地液量4334m$^3$，入地酸量1770m$^3$，加砂量149.5m$^3$(表10－2－2)。从施工参数可以看出，不同类型储层在相同施工排量下的泵注压力和停泵压力对应性明显，说明本井非均质储层分段较为合理。孔隙型储层泵注压力和停泵压力相对较高，反映地层致密物性较差，而裂缝－孔洞型及洞穴型储层施工压力和停泵压力相对偏低，则反映出地层裂缝和溶蚀孔洞发育较好。

表10－2－2 DKac－FPae井，马五5段酸压施工参数

| 级数 | 酸压段/m | 滑套位置/m | 储层类型 | 酸压工艺 | 施工排量/(m$^3$/min) | 压力/MPa | 入地酸量/m$^3$ | 入地总液量/m$^3$ | 加砂量/m$^3$ | 停泵压力/m$^3$ |
|---|---|---|---|---|---|---|---|---|---|---|
| 1 | 4191.62～4270.00 | 4239.50 | 孔隙型 | 多级注入加砂酸压 | 3～8 | 45～57 | 120 | 472.0 | 29.1 | 36.6 |
| 2 | 4062.24～4191.62 | 4132.31 | 孔隙型 | 多级注入加砂酸压 | 3～8 | 40～48 | 120 | 476.5 | 29.4 | 27.2 |
| 3 | 3933.04～4062.24 | 4003.29 | 孔隙型 | 多级注入加砂酸压 | 3～8 | 30～54 | 130 | 532.5 | 30.0 | 27.4 |
| 4 | 3826.94～3933.04 | 3885.49 | 孔隙型 | 多级注入加砂酸压 | 3～8 | 30～44 | 130 | 487.5 | 30.2 | 25.5 |
| 5 | 3740.89～3826.94 | 3778.80 | 孔隙型 | 多级注入加砂酸压 | 3～8 | 35～43 | 140 | 511.6 | 30.8 | 26.9 |
| 6 | 3617.98～3740.89 | 3688.02 | 裂缝－孔洞型 | 变黏度酸多级注入酸压 | 2～8 | 28～35 | 240 | 350.0 | 0 | 20.3 |
| 7 | 3534.03～3617.98 | 3569.93 | 裂缝－孔洞型 | 变黏度酸多级注入酸压 | 2～8 | 30～36 | 270 | 389.0 | 0 | 21.0 |

续表

| 级数 | 酸压段/m | 滑套位置/m | 储层类型 | 酸压工艺 | 施工排量/($m^3$/min) | 压力/MPa | 入地酸量/$m^3$ | 入地总液量/$m^3$ | 加砂量/$m^3$ | 停泵压力/$m^3$ |
|---|---|---|---|---|---|---|---|---|---|---|
| 8 | 3404.36 ~ 3534.03 | 3463.07 | 裂缝 - 孔洞型 | 变黏度酸多级注入酸压 | 2 ~ 8 | 16 ~ 27 | 120 | 347.5 | 0 | 9.0 |
| 9 | 3297.59 ~ 3404.36 | 3356.23 | 裂缝 - 洞穴型 | 多级注入闭合酸压 | 3 ~ 8 | 15 ~ 24 | 500 | 767.5 | 0 | 10.3 |

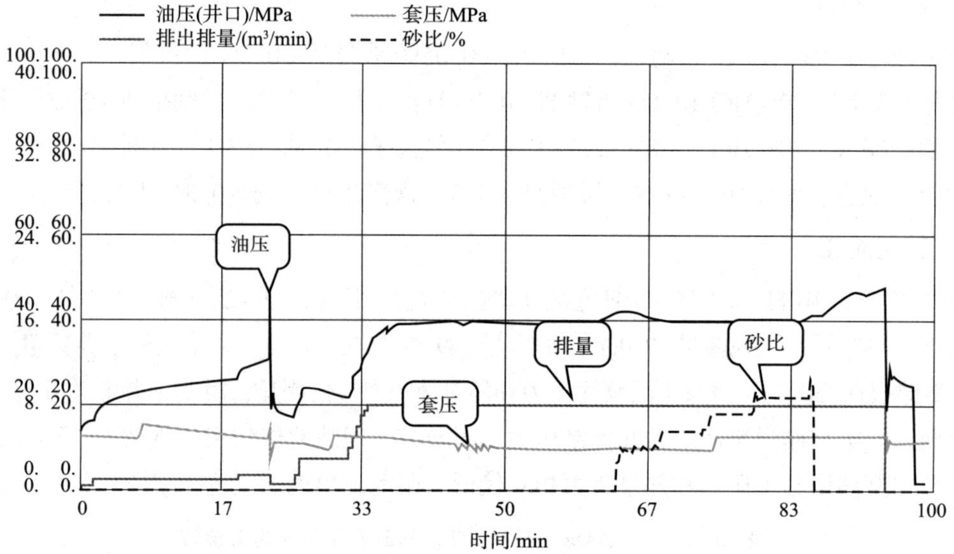


(a)多级注入加砂酸压施工曲线

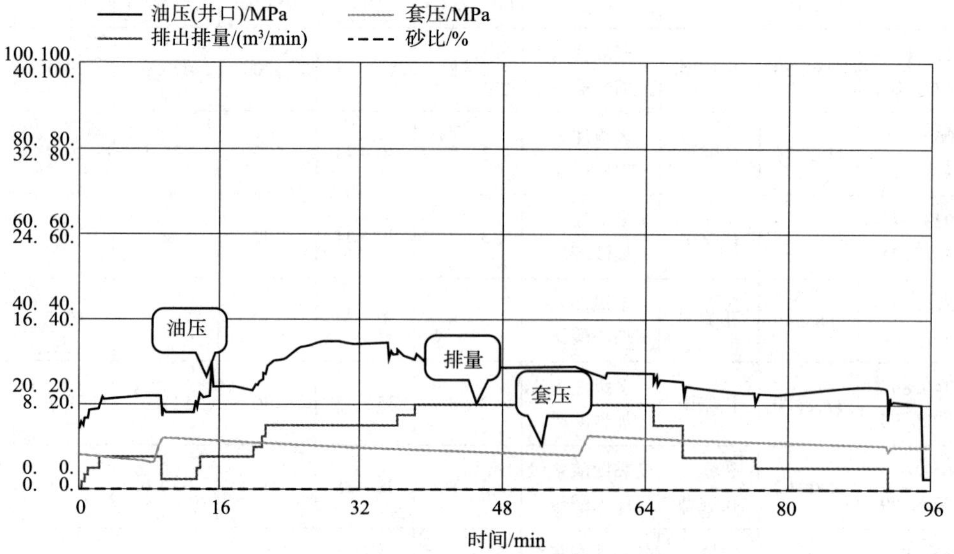


(b)变黏度酸多级注入酸压施工曲线

图 10 - 2 - 2　DKac - FPae 井酸压施工曲线

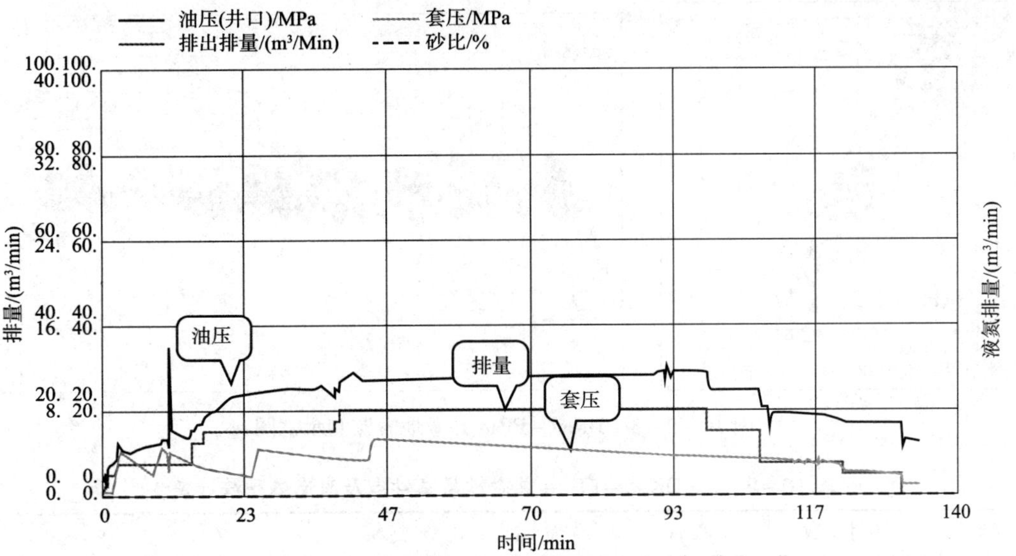


(c)多级注入闭合酸压施工曲线

图 10-2-2　DKac-FPae 井酸压施工曲线(续)

## 5. 压后效果

经差异化分段酸压改造后，该井测试获得稳定气产量 $3.13\times10^4m^3/d$，相比同层位邻井产量提升 3 倍以上(表 10-2-3)。从微地震监测结果来看，微地震事件点分布均匀且集中(图 10-2-3)，但识别定位出的有效微地震事件较少，仅 113 个，这主要由于该井采用裸眼封隔器完井，酸压时裂缝起裂位置不确定，碳酸盐岩地层破裂主要以酸溶蚀作用为主，剪切破裂为辅，因此产生的微地震事件较少，而且地表主要为沙漠地形，低降速度层厚度大，对地震波吸收作用强，尽管将检波器埋置在沙中，但信号能量衰减大，接收到微地震事件也较少。尽管微地震事件点较少，但基本能反映裂缝的走向与趋势。从微地震事件展布特征看，区域最大主应力方向在 55°~85°范围，裂缝方位基本与井轨迹成 82°夹角，井轨迹方位合理；裂缝网格长度为 89~143m，宽度 48~86m，高度 40~57m(表 10-2-4)，基本达到了预期效果。通过震源机制反演得到每个微地震事件破裂的类型、倾角及方位，将破裂方位相近、相邻的微裂缝连在一起，孤立的微裂缝被排除掉，建立微地震有效微裂缝网格，计算有效的压裂改造体积 E-SRV 为 $5.2\times10^5m^3$。

表 10-2-3　DKac-FPae 井与邻井酸压效果对比

| 井号 | 层位 | 完井方式 | 水平段长/m | 酸压技术 | 排量/($m^3$/min) | 入地酸量/$m^3$ | 测试产量/($10^4m^3$/d) |
|---|---|---|---|---|---|---|---|
| AP1 | 马五 5 亚段 | 裸眼完井 | 1000 | 差异化分段酸压 | 2~8 | 1770 | 3.13 |
| X-34 | 马五 5 亚段 | 裸眼完井 | 1800 | 多级注入酸压 | 3.7~7 | 3516 | 0.99 |

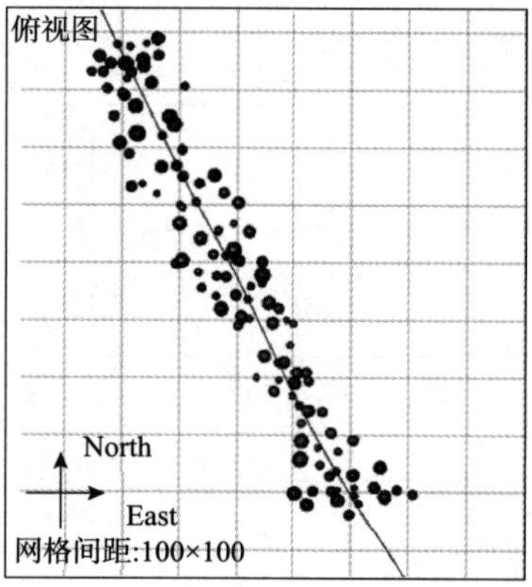


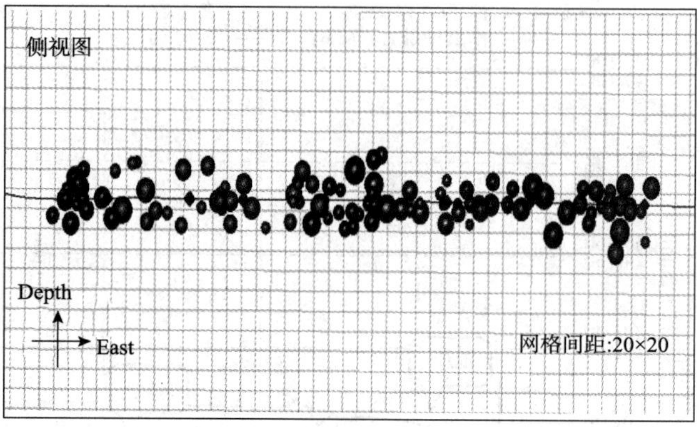


图 10-2-3　DKac-FPae 井微地震监测示意图

表 10-2-4　DKac-FPae 井微地震事件点及改造体积统计表

| 级数 | 事件个数 | 长/m | 宽/m | 高/m | 方位/(°) | E-SRV/$m^3$ |
|---|---|---|---|---|---|---|
| 1 | 12 | 110 | 48 | 40 | 55 | 80018 |
| 2 | 14 | 130 | 86 | 50 | 65 | 19997 |
| 3 | 11 | 143 | 77 | 43 | 70 | 60000 |
| 4 | 14 | 135 | 80 | 52 | 72 | 59986 |
| 5 | 13 | 115 | 68 | 48 | 78 | 159984 |
| 6 | 11 | 89 | 79 | 57 | 83 | 20003 |
| 7 | 10 | 95 | 63 | 47 | 75 | 20006 |
| 8 | 11 | 109 | 70 | 51 | 68 | 20003 |
| 9 | 17 | 89 | 79 | 57 | 85 | 80016 |

# 参考文献

[1]李凤杰，杜凌春，赵俊兴，等. 鄂尔多斯盆地苏东地区马家沟组五段5亚段白云岩成因[J]. 石油学报，2016，37(03)：328～338.

[2]杨西燕，包洪平，任军峰，等. 鄂尔多斯盆地马家沟组马五_ 5亚段白云岩类型及稳定同位素特征[J]. 天然气地球科学，2015，26(04)：650～656.

[3]任军峰，杨文敬，丁雪峰，等. 鄂尔多斯盆地马家沟组白云岩储层特征及成因机理[J]. 成都理工大学学报(自然科学版)，2016，43(03)：274～281.

[4]张喜，张廷山，雷卞军，等. 鄂尔多斯盆地西北部奥陶系马五5亚段颗粒白云岩特征及成因[J]. 石油勘探与开发，2019，46(06)：1115～1127.

[5]吴东旭，吴兴宁，王少依，等. 鄂尔多斯盆地奥陶系颗粒滩白云岩储层特征及主控因素[J]. 海相油气地质，2017，22(02)：40～50.

[6]何江，方少仙，侯方浩，等. 风化壳古岩溶垂向分带与储集层评价预测——以鄂尔多斯盆地中部气田区马家沟组马五_ 5—马五_ 1亚段为例[J]. 石油勘探与开发，2013，40(05)：534～542.

[7]王琪，许勇，刘新社，等. 岩溶背景下的优质天然气储层形成机理及主控因素——以鄂尔多斯盆地奥陶系马家沟组马五_ 4～1储层为例[J]. 天然气地球科学，2016，27(12)：2103～2114.

[8]王禹诺，任军峰，杨文敬，等. 鄂尔多斯盆地中东部奥陶系马家沟组天然气成藏特征及勘探潜力[J]. 海相油气地质，2015，20(04)：29～37.

[9]孙宜朴，李维，张军涛，等. 鄂尔多斯盆地马家沟组风化壳气层特征分析[J]. 西安石油大学学报(自然科学版)，2015，30(03)：41～46+99+8.

[10]李国蓉. 从成岩角度看鄂尔多斯马家沟组碳酸盐岩中的裂缝及其储集意义[J]. 岩相古地理，1997，17(03)：46～53.

[11]王起琮，赵淑萍，魏钦廉，等. 鄂尔多斯盆地中奥陶统马家沟组海相碳酸盐岩储集层特征[J]. 古地理学报，2012，14(02)：229～242.

[12]邓孝亮，杨希冰，尤丽，等. 北部湾盆地涠西南凹陷始新统流沙港组一段低渗储层特征及控制因素[J]. 石油实验地质，2021，43(04)：628～637.

[13]徐敏，孙细宁，王冠男. 鄂尔多斯盆地子长地区盒8、山1段储层特征[J]. 辽宁化工，2021，50(07)：990～994.

[14]郭彦如，赵振宇，徐旺林，等. 鄂尔多斯盆地奥陶系层序地层格架[J]. 沉积学报，2014，32(01)：44～60.

[15]郭彦如，赵振宇，付金华，等. 鄂尔多斯盆地奥陶纪层序岩相古地理[J]. 石油学报，2012，33(S2)：95～109.

[16]于洲，丁振纯，吴东旭，等. 鄂尔多斯盆地中东部奥陶系马家沟组沉积相演化模式研究[J]. 海相油气地质，2017，22(03)：12～22.

[17]何江，赵忠军，乔琳，等. 白云岩储层中蒸发矿物的赋存形式与成因演化——以鄂尔多斯盆地中部

气田区马家沟组为例[J]. 石油与天然气地质，2013，34(05)：659～666.

[18]付斯一，张成弓，陈洪德，等. 鄂尔多斯盆地中东部奥陶系马家沟组五段盐下白云岩储集层特征及其形成演化[J]. 石油勘探与开发，2019，46(06)：1087～1098.

[19]张银德，周文，邓昆，等. 鄂尔多斯盆地高桥构造平缓地区奥陶系碳酸盐岩岩溶古地貌特征与储层分布[J]. 岩石学报，2014，30(03)：757～767.

[20]牛童. 鄂尔多斯盆地东部马家沟组岩溶古地貌与天然气成藏机制研究. 南京大学硕士学位论文，2019.

[21]上官于谦. 鄂尔多斯盆地大牛地气田马家沟中组合储层特征及分布规律. 成都理工大学硕士学位论文，2018.

[22]苗胜东. 鄂尔多斯盆地中东部奥陶系中下组合构造特征及控气性. 西安石油大学硕士学位论文，2018.

[23]李凯. 陕北盐盆马家沟组五段6亚段含盐韵律特征及找钾意义. 中国地质大学(北京)硕士学位论文，2018.

[24]龙文骏. 鄂尔多斯盆地中东部地区马五6－10沉积微相特征及其演化规律的研究. 长江大学硕士学位论文，2017.

[25]雷涛，邓虎成，吴冬，等. 鄂尔多斯盆地大牛地气田奥陶系马家沟组中下组合沉积模式. 古地理学报，22(3)：523～538.

[26]白晓亮. 大牛地气田奥陶系马五5亚段白云岩成因及储层形成机理. 西南石油大学博士学位论文，2016.

[27]包洪平，杨帆，白海峰，等. 细分小层岩相古地理编图的沉积学研究及油气勘探意义：以鄂尔多斯地区中东部奥陶系马家沟组马五段为例. 岩石学报，2017，33(4)：1094～1106.

[28]冯增昭. 单因素分析多因素综合作图法：定量岩相古地理重建. 古地理学报，2004，6(1)：3～19.

[29]冯增昭，鲍志东. 鄂尔多斯奥陶纪马家沟期岩相古地理. 沉积学报，1999，17(1)：1～8.

[30]付金华，李士祥，刘显阳，等. 鄂尔多斯盆地上三叠统延长组长9油层组沉积相及其演化. 古地理学报，2012，14(3)：269～284.

[31]付金华，吴兴宁，孙六一，等. 鄂尔多斯盆地马家沟组中组合岩相古地理新认识及油气勘探意义. 天然气工业，2017，37(3)：9～16.

[32]付斯一，张成弓，陈洪德，等. 鄂尔多斯盆地中东部奥陶系马家沟组五段盐下白云岩储集层特征及其形成演化. 石油勘探与开发，2019，46(6)：1～12.

[33]郭艳琴，李文厚，郭彬程，等. 鄂尔多斯盆地沉积体系与古地理演化. 古地理学报，2019，21(2)：293～320.

[34]郭彦如，赵振宇，付金华，等. 鄂尔多斯盆地奥陶纪层序岩相古地理. 石油学报，2012，33(增刊2)：95～109.

[35]李百强，王起琮，张小莉，等. 白云岩成岩相与地球化学特征：以鄂尔多斯盆地中东部马家沟组马五5－马五1亚段为例. 沉积学报，2018，36(3)：608～616.

[36]王果，仲向云，张成弓，等. 鄂尔多斯盆地东南部马家沟组上组合沉积微相特征及展布规律. 成都理工大学学报(自然科学版)，2019，46(3)：326～333.

[37]王起琮，张宇，杨奕华，等. 鄂尔多斯盆地马家沟组层序地层与岩相分布. 西北大学学报(自然科学版)，2018，48(4)：568～577.

[38]魏新善，陈洪德，张道锋，等. 致密碳酸盐岩储集层特征与天然气勘探潜力：以鄂尔多斯盆地伊陕斜坡东部奥陶系马家沟组为例. 石油勘探与开发，2017，44(3)：319～329.

[39]吴冬，朱筱敏，马爱钰，等. 鄂尔多斯盆地合水—塔尔湾地区长6～长10油层组沉积相研究. 中国地质，2015，42(6)：1822～1836.

[40]吴伟涛，王一，赵靖舟，等. 鄂尔多斯盆地中部奥陶系马家沟组中组合天然气成藏规律. 天然气地球科学，2019，30(6)：828～839.

[41]杨华，席胜利，魏新善，等. 鄂尔多斯多旋回叠合盆地演化与天然气富集. 中国石油勘探，2006，21(1)：17～24.

[42]于洲，丁振纯，王利花，等. 鄂尔多斯盆地奥陶系马家沟组五段膏盐下白云岩储层形成的主控因素. 石油与天然气地质，2018，39(6)：1213～1224.

[43]张晓涛. 鄂尔多斯盆地马家沟组碳酸盐岩台地测井沉积相识别研究. 中国石油大学(北京)硕士学位论文，2016.

[44]赵文智，沈安江，胡安平，等. 塔里木、四川和鄂尔多斯盆地海相碳酸盐岩规模储层发育地质背景初探. 岩石学报，2015，31(11)：3496～3508.

[45]朱筱敏，邓秀芹，刘自亮，等. 大型坳陷湖盆浅水辫状河三角洲沉积特征及模式：以鄂尔多斯盆地陇东地区延长组为例. 地学前缘，2013，20(2)：19～28.

[46]陈刚，潘保芝. 碳酸盐岩储层温度特征及温度测井资料应用研究[D]. 吉林：吉林大学地球探测与信息技术学院，2013，01.

[47]周文，闫长辉，王世泽，等. 油气藏现今地应力场评价方法及应用[M]. 北京：地质出版社，2007，10～11.

[48]白晓亮. 大牛地气田奥陶系马五5亚段白云岩成因及储层形成机理[D]. 成都：西南石油大学，2016.

[49]付金华，范立勇，刘新社，等. 鄂尔多斯盆地天然气勘探新进展、前景展望和对策措施[J]. 中国石油勘探，2019，24(04)：418～430.

[50]郭彦如，赵振宇，张月巧，等. 鄂尔多斯盆地海相烃源岩系发育特征与勘探新领域[J]. 石油学报，2016，37(08)：939～951＋1068.

[51]雷群，胥云，蒋廷学，等. 用于提高低－特低渗透油气藏改造效果的缝网压裂技术[J]. 石油学报，2009，30(2)：237～241.

[52]李兆敏，蔡文斌，张琪，等. 水平井压裂裂缝起裂及裂缝延伸规律研究[J]. 西安石油学报(自然科学版)，2008，23(5)：46～48.

[53]罗天雨，王嘉淮，赵金洲，等. 天然裂缝对水力压裂的影响研究[J]. 石油天然气学报，2007，29(5)：141～143.

[54]姚飞，陈勉，吴晓东，等. 天然裂缝性地层水力裂缝延伸物理模拟研究[J]. 石油钻采工艺，2008，30(3)：83～86.

[55]李勇明，纪禄军，郭建春，等. 压裂液滤失的二维数值模拟[J]. 西南石油学院学报，2000，22(2)：43～45.

[56]翟云芳. 渗流力学[M]. 北京：石油工业出版社，2003，80～90.

[57]孔祥言. 高等渗流力学[M]. 合肥：中国科学技术大学出版社，1999，294～308.

[58]韩大匡，陈钦雷. 油藏数值模拟方法[M]. 北京：石油工业出版社，1993，56～73，110～138.

[59]郭大立，赵金洲，等. 压裂后压降分析的三维模型和数学拟合方法[J]. 天然气工业，2001，21(5)：49～52.
[60]苏铭德，黄素逸. 计算流体力学基础[M]. 北京：清华大学出版社，1997，48～62.
[61]孔珑. 工程流体力学[M]. 第二版. 北京：中国电力出版社，1992，102～140.
[62]方娅，刘继延. 酸液添加剂现状及发展趋势[J]. 钻井液与完井液，2000，5(1)：25～30
[63]黄黎明，李德仪，原青民. 酸液胶凝剂 CT1－6 的合成及应用研究[J]. 油田化学，1991，4(1)：300～305.
[64]王海涛，李相方，伊向艺，等. 可携砂酸压交联酸酸液体系的室内研究(英文)[J]. 陕西科技大学学报(自然科学版)，2009，06(03)：6～11.
[65]EickmeierJR，ErsoyD，RameyHJJr. wellbore Temperatures and Heat Losses During ProductionorInjection[J]. cdn. pet. tech，1970，9(2)：115.
[66]Gu Fagang，Ren Shuquan，Zhao Zhenfeng. Anewanaly sisofpressuredeclineforacid fracturing[R]. SPE，30455，1997.
[67]侯博恒，施松杉. 碳酸盐岩酸化压裂 CO 量的计算[J]. 断块油气田，2013，20(5)：656～658.
[68]周福建. 碳酸盐岩油气藏转向酸化酸压理论与应用. 北京：科学出版社，2021.
[69]张波，温庆志，罗明良，等. 压裂助排工艺优化设计研究. 油田化学，2012，29(1)：69～74.
[70]张斌，王志矿，庄维礼，等. 前置液氮压裂技术在吐哈油田的应用. 油气井测试，6(1)：36～38.
[71]王坤杰，含纤维酸液封堵性能研究. 西南石油大学硕士学位论文，2018.
[72]窦雪颖，塔河油田暂堵转向酸压工艺研究. 中国石油大学(北京)硕士学位论文，2018.